环境空气质量自动监测数据审核复核技术要求与典型案例分析

中国环境监测总站　编著

中国环境出版集团·北京

图书在版编目（CIP）数据

环境空气质量自动监测数据审核复核技术要求与典型案例分析 / 中国环境监测总站编著 . -- 北京：中国环境出版集团，2024. 11. -- ISBN 978-7-5111-6078-2

Ⅰ. X831

中国国家版本馆 CIP 数据核字第 2024AS4469 号

责任编辑 曲　婷
封面设计 彭　杉

出版发行	中国环境出版集团
	（100062　北京市东城区广渠门内大街 16 号）
	网　　址：http://www.cesp.com.cn.
	电子邮箱：bjgl@cesp.com.cn.
	联系电话：010-67112765（编辑管理部）
	010-67112736（第五分社）
	发行热线：010-67125803，010-67113405（传真）
印　　刷	北京中科印刷有限公司
经　　销	各地新华书店
版　　次	2024 年 11 月第 1 版
印　　次	2024 年 11 月第 1 次印刷
开　　本	787×1092　1/16
印　　张	14.75
字　　数	245 千字
定　　价	90 元

中国环境出版集团郑重承诺：
中国环境出版集团合作的印刷单位、材料单位均具有中国环境标志产品认证。

编委会

前　言

　　党的十八大以来，生态文明建设正式纳入中国特色社会主义事业"五位一体"总体布局中，生态环境保护的重视程度达到空前水平。生态环境监测是生态环境保护的基础，是生态文明建设的重要支撑。中央深改组审议通过了关于生态环境监测网络建设、省以下环保机构监测监察执法垂直管理、提高环境监测数据质量三份重要改革文件，基本搭建形成了生态环境监测管理和制度体系的"四梁八柱"，我国生态环境监测事业迅速发展，各项工作均取得了明显进展。

　　2012 年，《环境空气质量标准》（GB 3095—2012）颁布实施后，我国组织开展空气质量新标准能力建设，目前已建成一个覆盖全国 339 个地级及以上城市的 1 734 个国家城市环境空气质量监测点位（以下简称国控城市点位），监测数据实时发布并上传至国家、省、市三级环境监测管理平台，为指引公众健康出行、评价城市环境空气质量状况、考核大气污染治理成效提供了重要依据。

　　2013 年，《大气污染防治行动计划》（国发〔2013〕37 号）提出构建以环境质量改善为核心的目标责任考核体系，随后出台的《大气污染防治行动计划实施情况考核办法（试行）》（国办发〔2014〕21 号）、《大气污染防治行动计划实施情况考核办法（试行）实施细则》（环发〔2014〕107 号）等一系列政策文件，将空气质量改善程度作为检验大气污染防治工作成效的最终标准。

环境监测数据是客观评价环境质量状况、反映污染治理成效、实施环境管理与决策的基本依据。2016 年，国控城市点位监测事权完成上收，国控城市点位监测数据作为考核地方大气环境治理工作成效的依据，作用越来越凸显。因此，保障监测数据的质量至关重要。

国控城市点位运维管理工作直接影响环境空气监测数据质量。随着监测模式的转变，为保障监测数据质量，加强对运维工作的精细化管理、提高运维管理水平显得尤为重要。为规范国控城市点位运行管理，保障环境空气自动监测数据"真、准、全"，中国环境监测总站开展了国家环境空气质量监测网运维管理体系研究，从无到有建立并完善运维管理制度体系，保证监测数据"真、准、全"，有力支撑评价考核。系统构建了较为完善的运维管理制度体系，对监测数据生产全过程进行有效监管。在运维管理实践中，通过不断摸索与总结，统一了监测运维各个环节的质控技术要求，细化了工作流程。建立了以运维单位开展内部质控、中国环境监测总站组织开展外部质控监督的内控和外控并行的运维质控体系。运维管理重点围绕点位管理、仪器管理、人员管理、运维质控与数据审核 5 个方面，共建立 30 余项运维管理制度。对点位、人员、仪器严格规范管理，运维全过程留痕，仪器运行状态实时监控，质控结果在线自动分析。实时数据"一点三发"，第一时间直传国家、省、市级管理平台，且数据完全一致。每日在线开展国控城市点位前一日 24 小时的 6 项指标实时监测数据逐一审核复核，数据审核人员实名制，数据审核记录全程在线留痕。建立数据审核制度，规范数据审核流程，统一数据审核技术要求，研发自动审核＋人工辅助数据审核分析方法，保证数据审核质量。通过"人防＋技防"有效预防人为干扰，一经发现严肃处理。有效保证国控城市点位正常、连续、稳定运行，数据质量准确、可靠，有力支撑大气污染防治目标责任考核。

为了及时交流成果、分享经验，推进更高层次技术开发应用，我们将国家环境空气质量监测网城市站数据审核的有关经验、关键技术以及应用成果，充分总结凝练并著书出版，旨在见教于环境监测与环境科学领域的同人和专家学者，并供从事环境监测、运维工作相关技术人员以及相关科研人员、高校师生参考。

在本书撰写过程中，我们参考借鉴了国内同行、专家的研究成果，除参考文献中所列正式刊登的论文、论著外，还有部分内容源自相关的业务讲座、会议材料等，对未正式发表的资料内容，不再一一列明出处，恳请有关作者谅解，并深表谢意。

本书中，部分数据合计数或占比数由于小数位取舍不同而产生的计算误差，均未做机械调整。

本书力求科学严谨，最大限度地服务当前工作，但受编著者知识和业务水平所限，难免存在一些不足之处，敬请广大读者和同行、专家批评指正。

目 录

Contents

vi

环境空气质量自动监测数据审核复核技术要求与典型案例分析
HUANJING KONGQI ZHILIANG ZIDONG JIANCE SHUJU SHENHE FUHE JISHU YAOQIU YU DIANXING ANLI FENXI

第一章
数据审核技术要求

SHUJU SHENHE JISHU YAOQIU

监测数据质量，提高环境监测数据公信力和权威性，促进环境管理水平全面提升。

为了落实提高监测数据质量，保障监测数据真实反映环境空气质量，保证国家环境空气质量监测网城市站监测数据"真、准、全"，原环境保护部印发了《国家环境空气质量监测网自动监测数据审核及复核技术要求》（暂行）；生态环境部印发了《国家环境空气质量监测网城市站运行管理办法》；总站印发了《国家环境空气质量监测网城市站运行管理技术要求（试行）》《国家环境空气质量监测网城市点位数据审核复核工作规定》《地方生态环境部门申请国家环境空气质量监测网城市点位异常数据复核技术规定（试行）》《国家环境空气质量监测网城市站数据审核质量评级办法》等技术规定，组织建立数据审核、复核工作制度体系，研发异常数据自动识别算法，通过"自动审核＋人工辅助审核"的工作模式提高数据复核的效率和准确性，建立了"运维单位初审、总站组织复审和终审"的三级数据审核制度，明确了责任分工，规范了数据审核、复核的工作流程及技术要求。

1. 数据三级审核工作制度

（1）数据初审

由运维单位审核人员每日对运维点位数据进行初审，按照审核规则将仪器维护、故障、质量不受控、恢复期等数据审核为无效，对满足修约规则的数据进行修约。准确备注点位周边环境情况和仪器运行状况，复核不通过的数据，根据复核批注补充说明数据异常原因和判断数据有效性依据。所有监测数据均需要审核，并且将审核结果及时保存上报。

（2）数据复审

总站组织复核人员每日在线复核运维单位初审上报的数据，若对审核结果无异议，则通过复核，保存复核结果。若复核发现存在异常数据，则退回运维单位，重新提交初审结果。初审人员提交审核结果后，复核人员进行二次复核，二次复核是对二次审核上报反馈情况进行分析，对于合理的情况给予通过，保存复核结果；若反馈理由不合理，应综合分析点位数据情况，根据审核规范综合判断数据的有效性。

（3）数据终审

针对数据异常点位，总站不定期组织召开异常数据技术审核会，结合运维单位反馈情况、现场检查情况、网络检查情况、数据分析结果，对异常数据进行综合分析判定，会议讨论确定最终数据的有效性。

2.异常数据分级审核工作制度

为了规范国控城市点位数据审核及复核工作，保证监测数据真实、准确、客观地反映城市空气质量状况，总站建立异常数据分级审核工作机制，按照管理职级逐级审核，对审核结果负责。

3.数据异常点位检查整改工作制度

对数据持续异常点位和审核上报原因不能解释数据异常原因的点位，派发运维单位异常数据检查单。运维单位接到检查单后两日内完成检查，三日内提交报告，如需开展比对，报告提交时间可顺延。报告应包括检查内容及结果，确认数据有效性及整改情况；报告应注明检查负责人、报告审核人、报告签发人。

对地方申请异常数据复核或者运维单位检查整改后数据仍存疑的点位，派发现场检查单位异常数据核查单。现场检查单位开展现场质控检查，现场检查单位在完成现场检查任务后三日内提交检查结果。若检查发现监测仪器存在异常情况，运维单位应根据检查结果进行整改检查，原则上两日内完成整改检查，三日内提交整改检查报告。

4.运维单位数据审核质量评级工作制度

为了加强运维管理，督促运维单位落实数据生产者责任，及时发现监测异常及数据异常，提升数据审核质量，保证国家环境空气质量监测网城市站监测数据"真、准、全"，总站建立了数据审核质量评级制度。组织对运维单位数据审核人员每日数据审核质量实时在线评级，并定期对各单位数据审核质量评级结果进行通报，将审核人员审核质量评级情况向各单位反馈。根据管理要求，将多次被评级为"差"及以下的数据审核人员列入黑名单，禁止其从事国家环境空气质量监测网城市站数据审核相关工作，将运维单位数据审核质量的评估结果纳入运维单位服务质量星级评价管理。

5.数据复核质量监督检查工作制度

为了保证数据复核质量，保证监测数据真实、准确，能够客观反映城市空气质量状况，建立了数据复核质量监督检查工作制度，通过内部监督检查等方式提高数据复核质量。

质量监督检查由从事国控城市点位数据复核三年以上、复核质量较好的复核人员专职开展，每周对复核组成员的数据复核质量情况进行检查，将检查过程中发现的长期异常数据和复核未发现的异常数据反馈给相应的复核人员，复核人员对异常数据进行核实，根据数据情况进行派单检查和数据复核，并记录质量监督检查台账，质量监督检查人员监督复核组完成异常数据复核和台账填写。

6. 数据复核质量交叉检查和回顾自查工作制度

为了保证数据复核质量，提高复核组成员数据复核能力，统一数据复核尺度，建立了数据复核质量交叉检查和回顾自查工作制度。

数据复核人员内部开展交叉互查数据审核质量，检查人员将发现的问题反馈给被检查人员核实确认，根据复核规则对异常数据进行复核或者派单检查，完成数据交叉检查后记录台账。

每月数据复核入库后，复核人员内部开展已复核数据回顾自查，检查是否存在长期异常和明显异常数据，保证数据复核质量。

7. 数据质量回顾性分析工作制度

针对国控城市点位长时间存在系统性问题的情况，如点位数据缓慢偏离同城其他点位、城市数据质量整体偏低或偏高于周边城市等，需要通过长时间回顾性分析确认点位或城市数据有无异常。

（1）站点尺度数据质量回顾性分析

根据已审核点位日均值数据，将点位逐个与同城其他点位进行比较，分析数据趋势变化情况，结合地理位置和周边环境、运维情况、设备更换、参数变化等综合判断数据是否存在问题，若发现问题，根据数据情况判断是否派发运维单位异常数据检查单、现场检查单位异常数据核查单和手工比对单位数据比对单，根据数据情况、仪器运行情况、运维单位检查反馈结果、现场检查单位核查反馈结果和手工比对单位比对反馈结果等综合判断数据有效性。

（2）城市尺度数据质量回顾性分析

通过已审核城市日均值、月均值数据，将全国每个城市和周边城市进行比较分析，并结合历史数据、地理位置和周边环境、运维情况、设备更换、参数变化等综合分析，从而找出疑似异常的城市和项目，根据数据异常情况判断是否派发运维单位异常数据检查单、现场检查单位异常数据核查单和手工比对单位数据比对单，根据数据情况、仪器运行情况、运维单位检查反馈结果、现场检查单位核查反馈结果和手工比对单位比对反馈结果等综合判断数据的有效性。

8.地方生态环境部门申请异常数据复核工作制度

为进一步规范国控城市点位数据审核及复核工作，保证监测数据真实、准确、客观反映城市空气质量状况，建立地方生态环境部门申请异常数据复核工作制度。

地方生态环境部门负责分析本区域内环境空气质量变化趋势，发现监测数据异常，应由省级生态环境部门统一向总站提出数据复核申请。原则上申请应在监测数据产生后一周内提出，当月数据最迟应于次月 1 日 12 时前提出。申请材料应客观、真实，包括但不限于数据异常的理由、分析过程、异常数据列表，以及周边现场照片等辅助技术支持材料。

总站收到相关异常数据复核申请后，根据异常数据情况，组织相关单位开展复核。运维单位核查相关运维情况、网络检查单位开展网络监测复核，三日内提供书面反馈意见；根据情况组织现场检查单位开展现场质控检查或组织开展手工比对核查工作。结合运维单位反馈情况、现场检查情况、网络检查情况、数据分析结果对异常数据进行综合分析判定，复核结果反馈相关省级生态环境部门。

二、数据审核技术要求

（一）数据审核原则

保证审核数据的准确性，严格区分无效数据与有效数据，数据审核依据充分，在规定时间内完成审核工作并提交结果。

（二）数据审核内容

审核国控城市点位的 6 项监测项目的小时浓度值，即二氧化硫（SO_2）、二氧化氮（NO_2）、一氧化碳（CO）、臭氧（O_3）、可吸入颗粒物（PM_{10}）、细颗粒物（$PM_{2.5}$）。

（三）数据审核人员

为保证数据审核、复核工作的可追溯性，审核平台实行实名注册制。所有参与数据审核、复核工作的人员须进行实名注册，以真实姓名作为用户名。

8

环境空气质量自动监测数据审核复核技术要求与典型案例分析
HUANJING KONGQI ZHILIANG ZIDONG JIANCE SHUJU SHENHE FUHE JISHU YAOQIU YU DIANXING ANLI FENXI

（四）数据审核流程

数据审核及复核工作流程如图 1-2-1 所示。

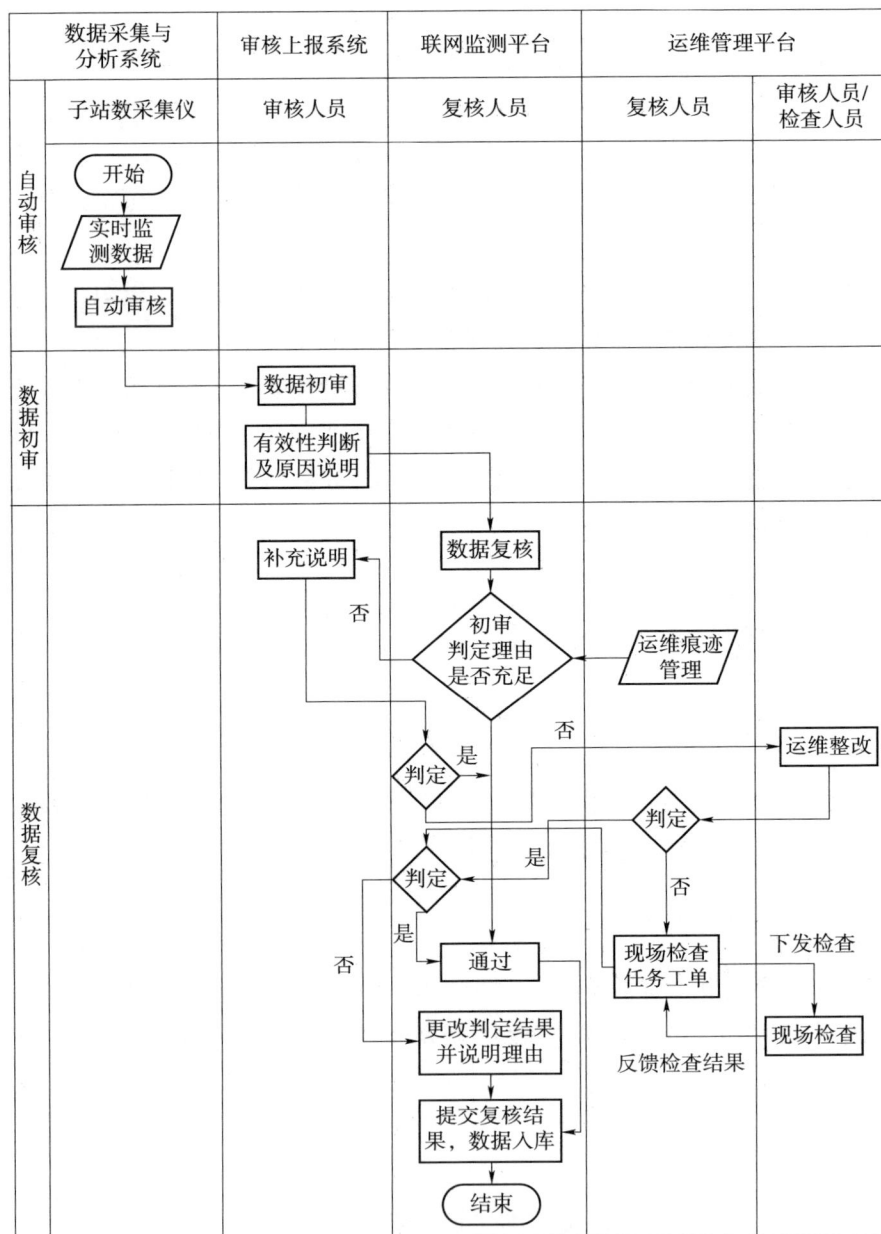

图 1-2-1　数据审核及复核工作流程

1.自动审核

系统会对数据进行自动审核，对维护数据进行标识，对不满足修约规则的数据标注无效等预处理。

2.数据初审

审核人员对所负责的点位数据进行人工审核，根据现场运维情况及数据审核规范对无效数据及修约数据进行审核。对于有效性发生变化的数据，应详细备注审核原因，将审核结果和审核原因一起保存上报。对于有效性不变的数据，可直接将原始数据上报，也可备注点位情况后再上报。

3.数据复核

数据复核人员在复核平台中根据数据审核规范对审核人员审核上报的数据进行复核，对审核结果无异议，则通过并提交复核。

若复核发现仍存在异常的数据，则退回异常数据并提交复核批注。返回审核节点由审核人员补充说明异常原因后再次提交审核。复核人员进行二次复核，对审核人员反馈的原因进行分析，若原因合理，给予通过，提交复核；若原因不合理，综合分析点位数据情况，根据审核规范综合判断数据有效性。

4.异常数据处理

对于部分点位数据异常问题严重或持续时间较长的情况，数据复核人员可直接通过运维管理平台派发现场检查任务工单给运维单位或现场检查单位，并且跟踪检查后监测数据变化趋势。最终根据检查报告结果和数据情况等综合判断数据有效性。

（五）数据审核时间

1.数据初次审核报送时间

每日12时前，完成前一日6项监测数据的审核与报送。由于网络故障等因素当天未能完成数据审核报送的，可顺延一日审核报送，最多顺延两日（如9日产生的数据，应于10日12时前完成审核，最迟于12日12时前完成审核报送），如图1-2-2所示。

8日	数据生产日 9日	数据审核报送时段		12时后	13日
		10日	11日	12时	

图 1-2-2 数据初次审核报送时间示意图

每月1日18时前，需要将上月所有数据审核上报。

2. 数据复核不通过，二次审核报送时间

对于初次审核报送后复核不通过的数据，应于第二日12时前（如10日复核不通过的数据应于11日12时前），再次审核并报送，最多顺延两日。

每月1日18时前，需要将上月所有复核不通过的数据审核上报。对依然未通过复核的数据，以总站最终复核结果为准，总站每月1日完成上月所有数据复核入库。

3. 未按时上报数据

未在规定时间内完成审核和上报的数据，将不能通过平台上报。运维单位应于数据产生一周内，用规定格式以正式文件的形式向总站书面报送审核结果及未能按时完成审核的原因。需书面报送的月底数据，应于次月1日18时前将审核结果报送总站（如9月30日需要书面报送的审核数据，应于10月1日18时前报送总站）。未按时上报的数据，以总站最终复核结果为准。

三、数据有效性判定规则

（一）数据统计的有效性规定

（1）应采取措施保证监测数据的准确性、连续性和完整性，确保全面、客观地反映监测结果。所有有效数据均应参加统计和评价，不得选择性地舍弃不利数据以及人为干预监测和评价结果。

（2）采用自动监测仪器监测时，监测仪器应全年365天（闰年366天）连续运行。在监测仪器校准、停电和监测仪器故障，以及其他不可抗拒的因素导致不能获得连续监测数据时，应采取有效措施确保及时恢复。

（3）异常值的判断和处理应符合《环境监测质量管理技术导则》（HJ 630—2011）的规定。对于监测过程中缺失和删除的数据均应说明原因，并保留详细的原始数据记录，以备数据审核。

《环境监测质量管理技术导则》（HJ 630—2011）5.6.3 异常值的判断和处理：异常值的判断和处理执行《数据的统计处理和解释 正态样本离群值的判断和处理》（GB/T 4883—2008），当出现异常高值时，应查找原因，原因不明的异常高值不应随意剔除。

（4）不应以数据离群作为数据无效的理由。

《数据的统计处理和解释　正态样本离群值的判断和处理》（GB/T 4883—2008）对离群值的判断：样本中的一个或几个观测值，它们距离其他观测值较远，暗示它们可能来自不同的总体。但是单个点位的空气污染物浓度值在时间和空间上非正态分布，并不适用该判断和处理方法。

（5）在任何情况下，有效的污染物数据均应符合表 1-3-1 中的最低要求，否则应视为无效数据。

表 1-3-1　污染物浓度数据有效性的最低要求统计表

污染物项目	平均时间	数据有效性规定
二氧化硫（SO_2）、二氧化氮（NO_2）、颗粒物（粒径≤10 μm）（PM_{10}）、颗粒物（粒径≤2.5 μm）（$PM_{2.5}$）、氮氧化物（NO_x）	年平均	每年至少有 324 个日平均浓度值 每月至少有 27 个日平均浓度值 2 月至少有 25 个日平均浓度值
二氧化硫（SO_2）、二氧化氮（NO_2）、一氧化碳（CO）、颗粒物（粒径≤10 μm）（PM_{10}）、颗粒物（粒径≤2.5 μm）（$PM_{2.5}$）、氮氧化物（NO_x）	24 小时平均	每日至少有 20 个小时平均浓度值或采样时间
臭氧（O_3）	8 小时平均	每 8 h 至少有 6 个小时平均浓度值
二氧化硫（SO_2）、二氧化氮（NO_2）、一氧化碳（CO）、臭氧（O_3）、氮氧化物（NO_x）	1 小时平均	每小时至少有 45 min 的采样时间

（6）自然日内 O_3 日最大 8 小时平均的有效性规定为当日 8 时至 24 时至少有 14 个有效小时平均浓度值。当不满足 14 个有效数据时，若日最大 8 小时平均浓度超过二级浓度限值标准时，统计结果仍有效。

（7）日历年内 O_3 日最大 8 小时平均的特定百分位数的有效性规定为日历年内至少有 324 个 O_3 日最大 8 小时平均值，每月至少有 27 个 O_3 日最大 8 小时平均值（2 月至少有 25 个 O_3 日最大 8 小时平均值）。日历年内 SO_2、NO_2、PM_{10}、$PM_{2.5}$、CO 日均值的特定百分位数统计的有效性规定为日历年内至少有 324 个日平均值，每月至少有 27 个日平均值（2 月至少有 25 个日平均值）。

（8）统计评价项目的城市尺度浓度时，所有有效监测的城市点位必须全部参加统计和评价，且有效监测点位的数量不得低于城市点位总数量的75%（总数量小于4个时，不得低于50%）；若不满足该有效性要求，该项污染物的城市日均值按照有效数据点位的最大值计算。

（二）数据无效判断依据

（1）监测仪器启动到运行稳定期间的数据；

（2）仪器通零气、标气或者用标准膜检查、校准期间的数据；

（3）经质控检查确认质量不受控的数据；

（4）仪器故障状态下的数据。

（三）数据有效判断依据

1. 带标识数据的处理

对于采集的带有原始标识的数据，系统在审核时，会将带标识的数据自动判断为无效数据。人工审核时，应根据不同情况进行判断处理。

对于系统软件自动审核处理为无效的数据，人工审核时需恢复为有效数据的，可人工去除系统标识，同时需在备注信息栏中填写恢复数据有效性的原因，与审核结果一起提交。填写审核原因时，描述要详细、具体，能够说明与无效数据之间的关系。特别是仪器故障、监测仪器维护等，更需要详细具体。

去除系统标识的操作仅限于审核后的数据，原始数据库中的标识无法清除。

2. 小时值零值、负值的处理

（1）处理规则

当环境空气中各项污染物浓度均处于极低水平，部分监测仪器小时监测结果出现零值或负值时，可按规则对数据进行修正，恢复数据的有效性。

在监测仪器故障、运行不稳定或其他监测质量不受控情况下出现的零值和负值，均按无效数据处理。

（2）修约规则

按照《环境空气气态污染物（SO_2、NO_2、O_3、CO）连续自动监测系统技术要求及检测方法》（HJ 654—2013）的规定，根据仪器24小时零点漂移、最低检出限、背景浓度值等指标确定修约规则，具体修约规则见表1-3-2。

表 1-3-2　污染物浓度小时值零值、负值修约规则

项目	浓度区间	审核结果
二氧化硫（SO$_2$）	≤-14 μg/m³	无效
	-14～0 μg/m³	3 μg
二氧化氮（NO$_2$）	≤-10 μg/m³	无效
	-10～0 μg/m³	2 μg
臭氧（O$_3$）	≤-10 μg/m³	无效
	-10～0 μg/m³	2 μg
一氧化碳（CO）	≤-1 mg/m³	无效
	-1～0 mg/m³	0.3 mg
颗粒物（PM$_{10}$或PM$_{2.5}$）	≤-5 μg/m³	无效
	-5～0 μg/m³	2 μg

四、数据管理

（一）数据预处理

1.子站预处理

国控城市点位数采软件实时采集自动监测仪器的监测数据和气象参数数据，并根据计算规则分别对各项污染物原始 5 分钟值、小时值进行计算。数采记录运维人员执行的质控任务信息，将质控对应的时段数据进行标识。子站数采还会对仪器报警、连接不良、自动回补、测量值低于或高于仪器性能指标合格范围等时段的数据进行标识，数据标识及含义见表 1-4-1。

表 1-4-1　国控城市点位数采标识

序号	标识	标识说明	备注
1	H	有效数据不足	按照 5 分钟、1 小时、1 日等各种时标时段数据平均值计算要求（一般为 3/4 总数），所获取的有效数据个数不足
2	W	等待数据恢复	等待采样、输送、分析/检测等运行过程就绪
3	BB	连接不良	工控机在设定等待时间内没有接收到所需信息代码

　　原始数据经过人工审核、复核后生成审核后数据，在审核、复核过程中，所有数据有效性发生变化以及补录的数据均需要填写审核理由，系统将记录审核备注和审核结果。去除系统标识的行为仅限于审核后数据，原始数据库中的标识无法清除。审核后数据和审核记录保存在审核值数据库中。

第二章

数据审核技术方法

SHUJU SHENHE JISHU FANGFA

点位监测数据上传到平台后，除负值、零值等特别异常的值会被平台自动识别并做无效处理外，还存在一些离群数据需要审核、复核，并由分析人员判断数据是否异常。分析方法包括数据变化趋势分析、位置与环境分析、仪器分析、气象条件分析、运维分析、比对结果分析等，分析时需综合考虑多种因素来判断数据是否异常。

其中，数据变化趋势分析包括多点位单项污染物数据变化趋势分析、多点位多项污染物数据变化趋势分析、多点位历史同期数据变化趋势分析以及单点位相关污染物分析等；位置与环境分析包括与相邻点位比较分析、目标城市与周边城市比较分析等；运维分析包括日常运维情况分析、运维单位整改情况分析、现场检查情况分析等。

一、多点位单项污染物数据变化趋势分析

在国家环境空气质量监测网中，一般情况下城市内多个点位的单项污染物浓度水平及变化趋势较为一致，具有良好的相关性。一般可以通过同城点位单项污染物数据变化的趋势分析，比较和识别异常点位。

正常情况下，城市内部各点位单项污染物的整体数据趋势较为一致，如图 2-1-1 所示。无论是从小时值、日均值还是月均值对城市内部点位数据趋势进行观察，污染物数据变化趋势均具有一致性。

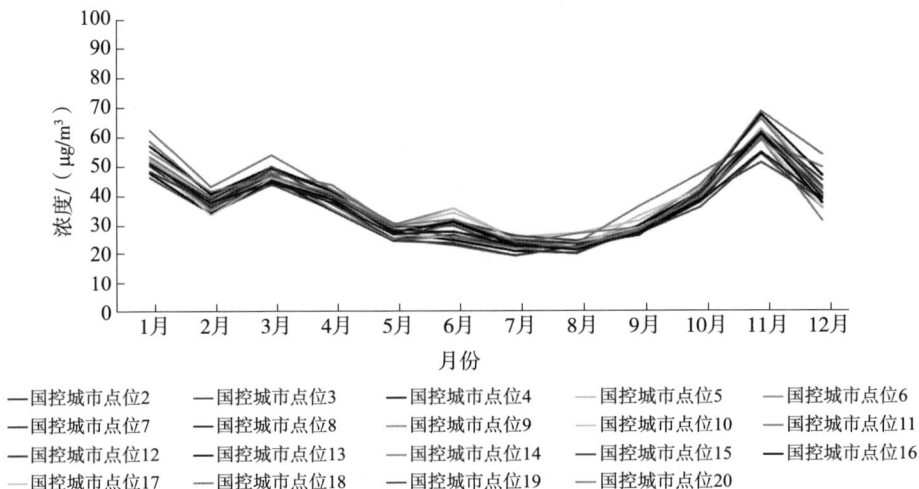

图 2-1-1　2022 年 1—12 月某市各点位 $PM_{2.5}$ 月均值

如图 2-1-2 所示，"国控城市点位 1" $PM_{2.5}$ 在 2022 年 2 月、3 月、11 月和 12 月较同城其他点位分层。

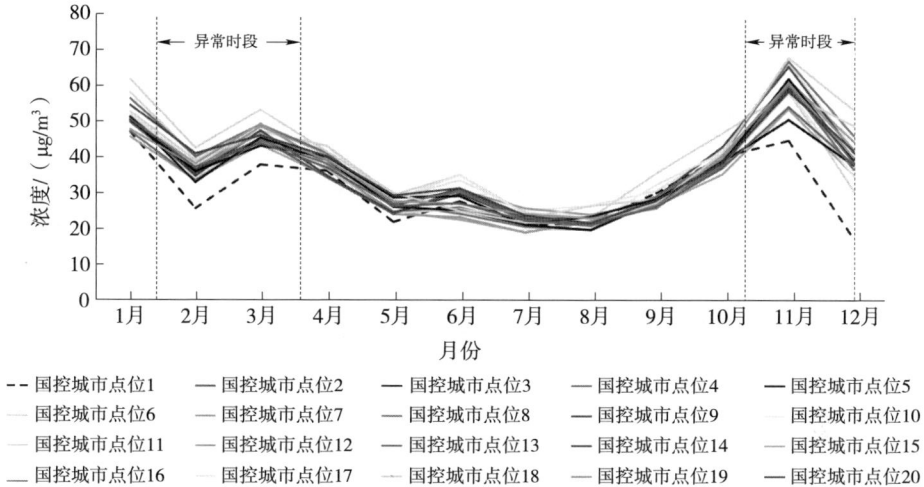

图 2-1-2　2022 年 1—12 月某市各点位 $PM_{2.5}$ 月均值

日均值的变化趋势与月均值相似，如图 2-1-3 所示，2020 年 3 月 25—31 日，"国控城市点位 1" $PM_{2.5}$ 数据与其他 3 个点位相比偏低分层，其他 3 个点位数据基本一致，表明该时间段内"国控城市点位 1"的 $PM_{2.5}$ 数据可能存在异常。

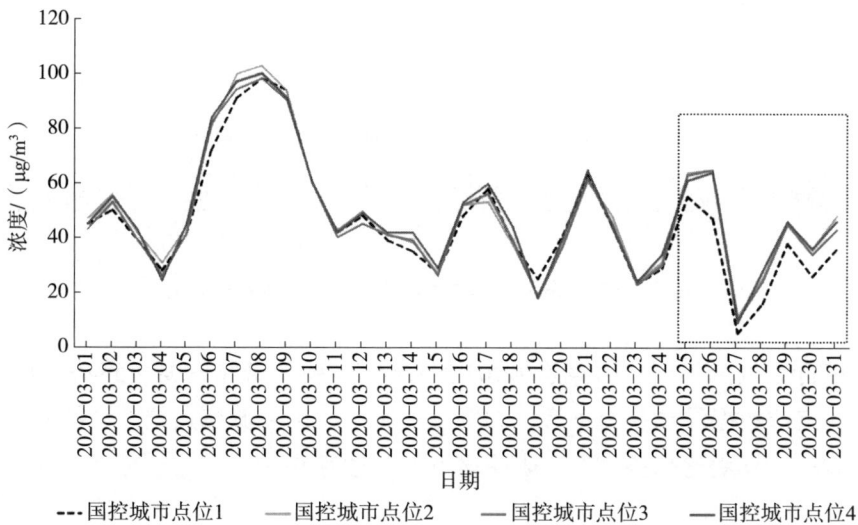

图 2-1-3　2020 年 3 月 1—31 日某市各点位 $PM_{2.5}$ 日均值

20

环境空气质量自动监测数据审核复核技术要求与典型案例分析
HUANJING KONGQI ZHILIANG ZIDONG JIANCE SHUJU SHENHE FUHE JISHU YAOQIU YU DIANXING ANLI FENXI

二、多点位多项污染物数据变化趋势分析

一般情况下，城市内多点位多项污染物的变化趋势比较一致，如图 2-2-1 所示，实线代表的 3 个国控城市点位的多项污染物数据趋势比较一致；而"国控城市点位 1"受周边污染影响，多项污染物数据变化趋势与其他点位不一致，但是该点位各项污染物数据表现为同升同降，在本例中"国控城市点位 1"$PM_{2.5}$、PM_{10} 和 CO 数据出现了多次升降，污染物浓度变化幅度超过同城其他点位，变化趋势也与其他点位不同，尤其在 6—11 时及 15—18 时波动较大，且在 6—11 时，NO_2 也出现较大波动。

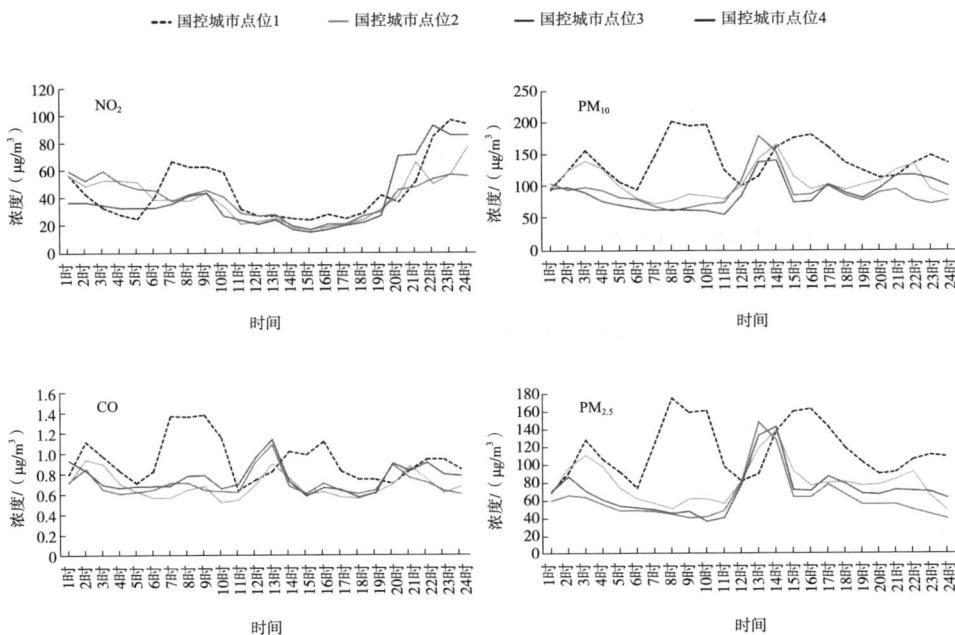

图 2-2-1　多点位多项污染物小时值数据变化趋势

进行数据分析时，可查看城市内多点位多项污染物的变化趋势，从而判断某一点位数据波动是否正常，如图 2-2-1 中"国控城市点位 1"多项污染物均有波动，且变化趋势一致，表明该点位周边存在污染。

三、多点位历史同期数据变化趋势分析

部分城市的个别点位，在特定的季节数据变化趋势会有特有的表现，比如在秋冬季，颗粒物数据偏高分层；在春季，扬沙导致 PM_{10} 数据短时间飙升；在秋收后或春耕前，焚烧秸秆导致多项污染物数据升高等。上述情况可参考历史同期数据进行分析。

图 2-3-1 为 2020—2022 年北方某市 $PM_{2.5}$ 月均值。在每年 11 月至次年4 月采暖季期间，"国控城市点位 1" $PM_{2.5}$ 数据较同城其他点位偏高分层。该点位周边为居民自采暖，相较于集中供暖区域，煤炭燃烧使污染物排放严重，导致其数据偏高。

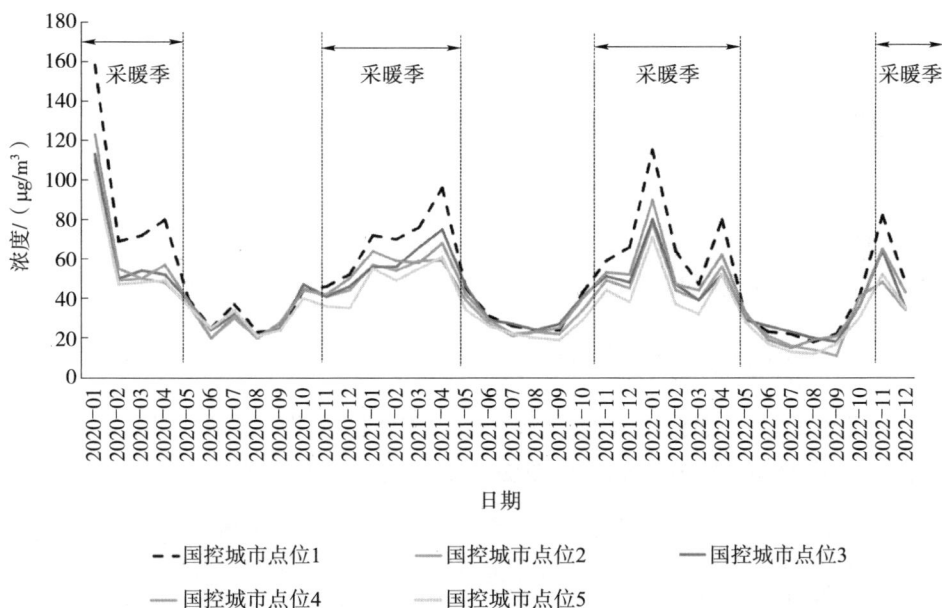

图 2-3-1　2020—2022 年北方某市 $PM_{2.5}$ 月均值

图 2-3-2 为 2020—2022 年西北方某市每年 3 月的 PM_{10} 日均值。在每年3 月该市两个点位都有多天 PM_{10} 浓度爆表，日均值超过 500 μg/m³，为沙尘天气导致。

22

环境空气质量自动监测数据审核复核技术要求与典型案例分析
HUANJING KONGQI ZHILIANG ZIDONG JIANCE SHUJU SHENHE FUHE JISHU YAOQIU YU DIANXING ANLI FENXI

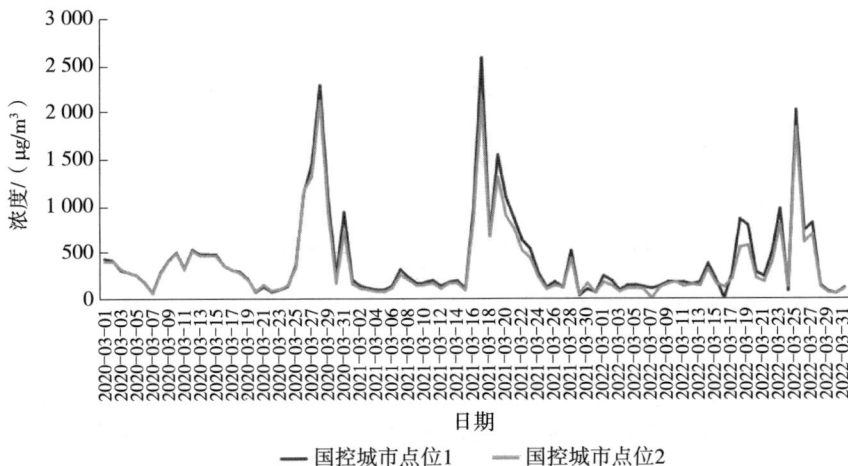

图 2-3-2　2020—2022 年历年 3 月西北方某市 PM$_{10}$ 日均值

四、单点位相关污染物分析

应用多点位污染物变化趋势比较分析，可筛查出同一城市变化水平及趋势明显异常监测项目及点位，再结合单点位相关污染物变化趋势比较分析，对数据有效性进行判断。

（一）颗粒物相关性分析

一般情况下，颗粒物（PM$_{10}$ 和 PM$_{2.5}$）数据之间有较好的正相关性，二者浓度呈同步波动，同升同降，如图 2-4-1 所示。

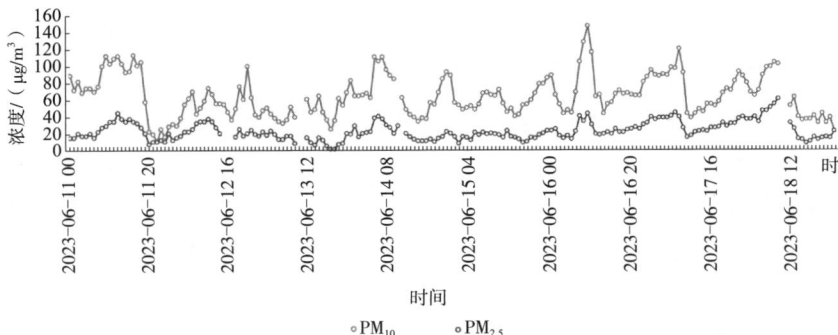

图 2-4-1　2023 年 6 月 11—18 日某点位 PM$_{10}$ 与 PM$_{2.5}$ 小时值

当 PM_{10} 与 $PM_{2.5}$ 数据不再同步波动时，则考虑其中一项数据异常。如图 2-4-2 所示，方框内 PM_{10} 数据突升，然后波动变小，与 $PM_{2.5}$ 数据相关性变差，与前后时段相比有明显差异，表明该段时间的 PM_{10} 数据异常。

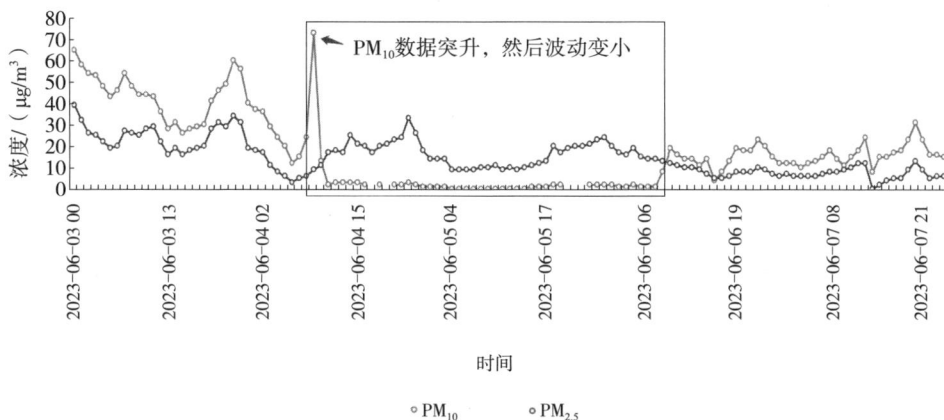

图 2-4-2　2023 年 6 月 3—7 日某点位 PM_{10} 与 $PM_{2.5}$ 小时值

（二）颗粒物倒挂分析

PM_{10} 是指当量直径小于等于 10 μm 的颗粒物，而 $PM_{2.5}$ 是指当量直径小于等于 2.5 μm 的颗粒物，从理论上说，同时监测时 $PM_{2.5}$ 浓度应该低于 PM_{10} 浓度，但是在实际监测中会出现某小时 $PM_{2.5}$ 浓度高于 PM_{10} 浓度的情况，即颗粒物倒挂。

颗粒物倒挂的原因可归纳为以下几个方面：

1.使用不同的监测方法

PM_{10} 使用的监测方法和 $PM_{2.5}$ 不同，如监测 PM_{10} 使用微量振荡天平法，而监测 $PM_{2.5}$ 使用 β 射线法，由于两者监测方法原理的差异性和各自方法的局限性，在湿度急剧变化时，使用微量振荡天平法监测 PM_{10}，监测结果会迅速降低或者出现负值，而使用 β 射线法特别是带动态加热系统的 β 射线法监测 $PM_{2.5}$，监测结果仍处于正常监测范围，因此会出现颗粒物倒挂现象。

2.是否带补偿装置的差异

由于 $PM_{2.5}$ 和 PM_{10} 被纳入空气质量标准的时间不同，二者的监测方法认证是独立开展的，PM_{10} 普遍采用传统的微量振荡天平法和 β 射线法在线监测设备。而 $PM_{2.5}$ 监测必须采用带补偿装置（FDMS）的微量振荡天平法或带动态加热系统的 β 射线法，带补偿装置的仪器会对监测过程中可能出现的挥发损失进行补偿，$PM_{2.5}$ 中半挥发性物质占较大比重，如果 $PM_{2.5}$ 的测量捕捉到半挥发性的成分，而 PM_{10} 的测量没有捕捉到，将会导致 $PM_{2.5}$ 的监测结果高于 PM_{10}。

3.高温高湿气象条件

相对湿度一直是影响颗粒物质量浓度监测准确性的重要因素。当环境空气中湿度较大或温度较高时，测尘仪在空调开放的环境下，采样流量的相对湿度可能会远高于室外的相对湿度，如果加热温度偏低，出现水汽凝结，传统 β 射线法的监测数据可能会远高于实际浓度。如果加热系统温度过高，将会使大气中的可挥发性颗粒物产生较大损失。因此，在高温高湿气象条件下，如果颗粒物含水量较高（质量浓度可能也处于较高水平），在监测设备中难以快速有效地去除，使颗粒物质量浓度监测结果加大误差，可能导致 $PM_{2.5}$ 和 PM_{10} 倒挂。

4.监测仪器的影响

为保证数据准确、可靠，PM_{10}/$PM_{2.5}$ 连续监测设备需按照厂商提供的维护清单和维护操作指导书进行定期校准和维护。如果不能对仪器进行定期校准和维护，就不能保证监测数据的准确性，可能出现 $PM_{2.5}$ 和 PM_{10} 倒挂。采用 β 射线法进行监测时，为了保证精确测量 $PM_{2.5}$ 的浓度，求得挥发降低浓度与湿度增加浓度之间的平衡，$PM_{2.5}$ 监测仪需要测量环境内相关气象条件，并且对监测仪的采样系统进样湿度进行实时监控。而全国各地环境条件并不相同，如果对进样系统的相对湿度设置不同，监测结果也会不同，相对湿度设置越高，监测结果也会越高，可能会出现 $PM_{2.5}$ 和 PM_{10} 倒挂。

分析颗粒物是否倒挂，可通过计算颗粒物占比来进行，即 $PM_{2.5}$ 浓度与 PM_{10} 浓度的比值，如果占比大于 1，则颗粒物发生倒挂。例如，2023 年 1 月 22 日 16 时某点位颗粒物占比异常偏高，发生倒挂，与前后时段差异明显，见表 2-4-1，则 16 时的 $PM_{2.5}$ 或 PM_{10} 数据可能存在异常。在日常审核或者分析过程中，可通过颗粒物占比对颗粒物数据进行初步判断。

同一城市不同点位周边环境、监测仪器等不同，会发生某些点位颗粒物倒挂而其他点位正常的现象，若某点位出现季节性倒挂，如夏季高温高湿时经常倒挂，则可能由于其周边环境与其他点位存在差异，如临近海边、湖边等湿度大的地方，相较于其他点位，湿气不易挥发；若某点位偶发颗粒物倒挂，之前未出现类似情况，则需检查监测仪器是否运行异常。

表 2-4-1　2023 年 1 月 22 日 13—19 时某点位颗粒物浓度占比

颗粒物浓度	13 时	14 时	15 时	16 时	17 时	18 时	19 时
$PM_{2.5}$ 浓度 / （μg/m³）	178	139	117	105	107	97	95
PM_{10} 浓度 / （μg/m³）	224	174	131	10	122	105	104
$PM_{2.5}$ 或 PM_{10} 浓度占比 /%	79.5	79.9	89.3	1 050.0	87.7	92.4	91.3

当点位或城市颗粒物日均值倒挂，则倒挂情况较为严重，需重点分析倒挂时段的颗粒物数据及监测仪器各项参数是否异常，并对监测仪器进行检查。

（三）气态相关性分析

1. O_3 和 NO_x

O_3 与 NO_x 的浓度呈现出明显的负相关性。NO_x 是通过光化学反应生成臭氧的前体物质，如式（2-1）~式（2-3）所示。在近地面 O_3 形成的化学反应中，在光照条件下，NO_x 作为反应的中间物质，两个反应同时进行，因此两者表现出较强的相关性。

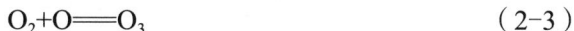

$$NO+O_3 = NO_2+O_2 \qquad (2-1)$$

$$NO_2+hv = NO+O \qquad (2-2)$$

$$O_2+O = O_3 \qquad (2-3)$$

一般情况下，O_3 和 NO_2 浓度具有较好的负相关性，其小时值表现尤其明显，会明显地表示出 O_3 浓度升高的同时 NO_2 浓度下降。

图 2-4-3 为 2023 年 2 月 15—27 日"国控城市点位 1"NO_2 与 O_3 小时值，由图可知，NO_2 与 O_3 小时值的负相关性良好，在 O_3 升高时段，NO_2 的浓度呈现出明显的下降趋势。

26

环境空气质量自动监测数据审核复核技术要求与典型案例分析
HUANJING KONGQI ZHILIANG ZIDONG JIANCE SHUJU SHENHE FUHE JISHU YAOQIU YU DIANXING ANLI FENXI

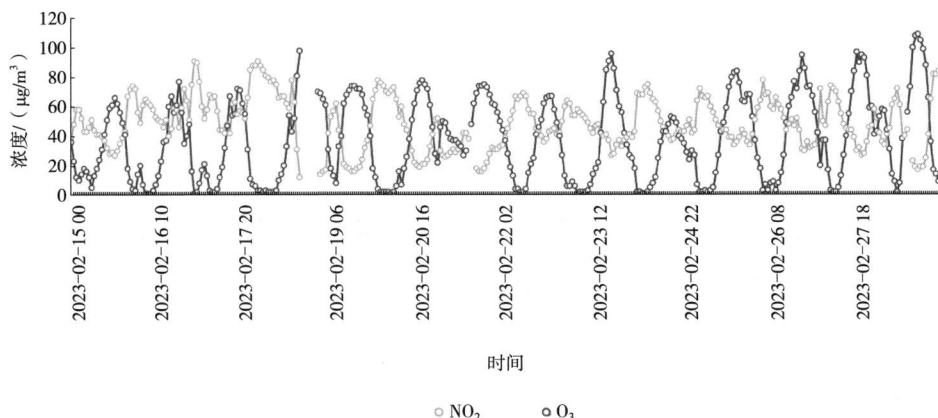

图 2-4-3　2023 年 2 月 15—27 日"国控城市点位 1"NO₂ 与 O₃ 小时值

NO 会消耗 O₃ 生成 NO₂，受 NO 浓度升高影响，O₃ 浓度会下降，如图 2-4-4 所示。

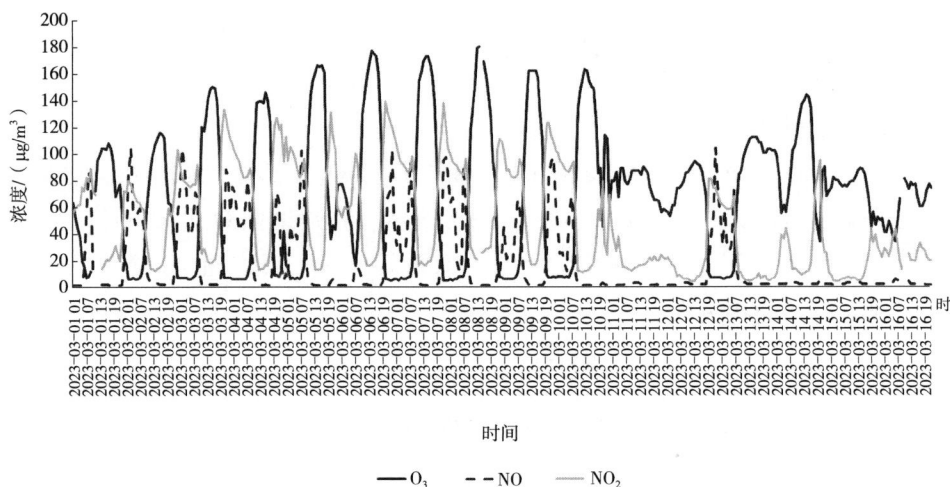

图 2-4-4　2023 年 3 月 1—16 日"国控城市点位 1"O₃ 与 NO、NO₂ 小时值

2. 二氧化硫、二氧化氮、一氧化碳

当点位周围存在污染源时，SO₂、NO₂、CO 会出现同步升高的情况，如图 2-4-5 所示，2023 年 1 月 22—23 日，"国控城市点位 1"SO₂、NO₂ 和 CO 浓度出现同时升高的现象。

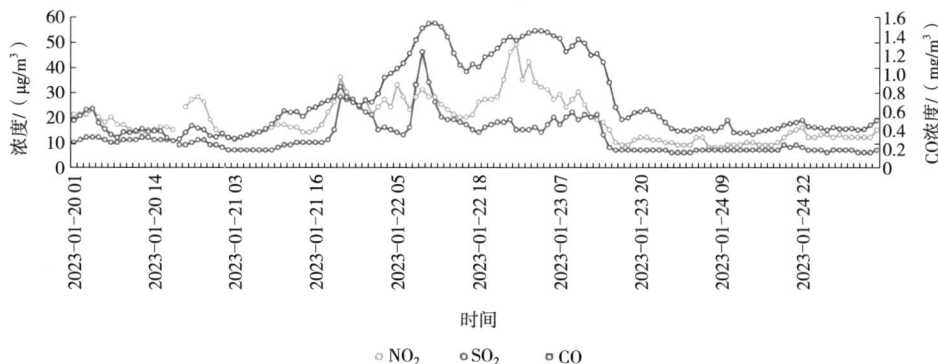

图 2-4-5　2023 年 1 月 20—24 日"国控城市点位 1"SO_2、NO_2 与 CO 小时值

五、与相邻点位比较分析

一般情况下，城市各国控城市点位各项监测物数据变化趋势基本一致，但是也存在特殊情况，如北京、上海、天津等大型城市点位数量较多，城市内不同区域的数据变化趋势不同；或者有些城市的个别点位位于郊区，与城市其他点位距离较远，且周边环境较好，与城市中心点位的数据可比性较差。针对以上两种情况，主要有两种分析方法：城市内部点位分区分析和城市之间点位对比分析。

（一）城市内部点位分区分析

根据国控城市点位周围的局部环境特征和空间位置距离特性，城市内各点位间的空气状况更易受点位周围局部环境因素影响，距离较近的点位之间污染物的排放情况较为相似，并且污染物在大气中的扩散、迁移、流动和转化的过程也存在一致性。因此，将点位间的距离作为分区的主要依据，将大型城市中距离较近的点位划分为多个区域。

图 2-5-1 为天津市点位分区示意图，不同的颜色表示不同的分区，由图可知，天津市一共分为 4 个区域，分别为市中心区域、北部郊区、南部郊区、东部临海区域。

图 2-5-2 为 2021 年 1 月某市各分区点位 $PM_{2.5}$ 日均值，从图中可以明显看出，3 个分区的点位数据在浓度较高时分层明显，分区三的浓度最高，分区

二的浓度最低，各分区内点位趋势基本一致，数据具有可比性。

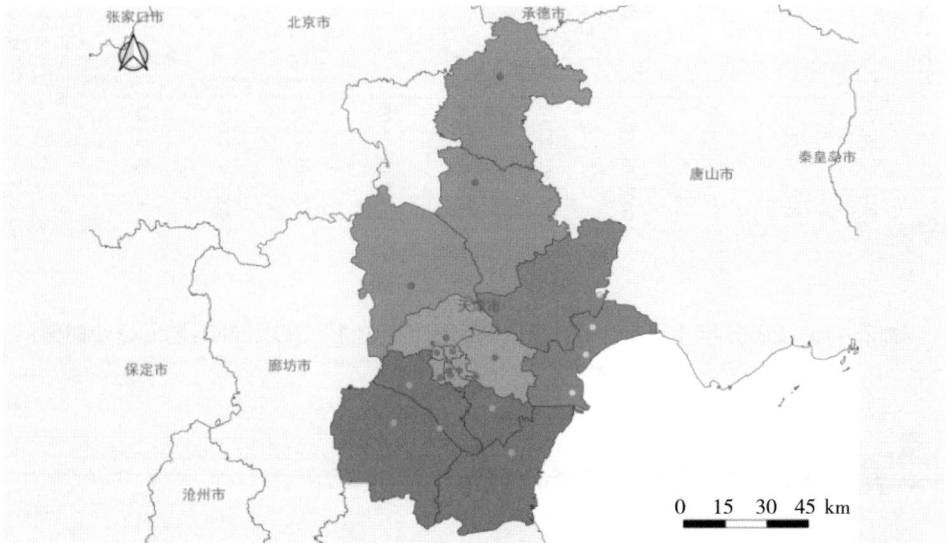

图 2-5-1　天津市点位分区示意图

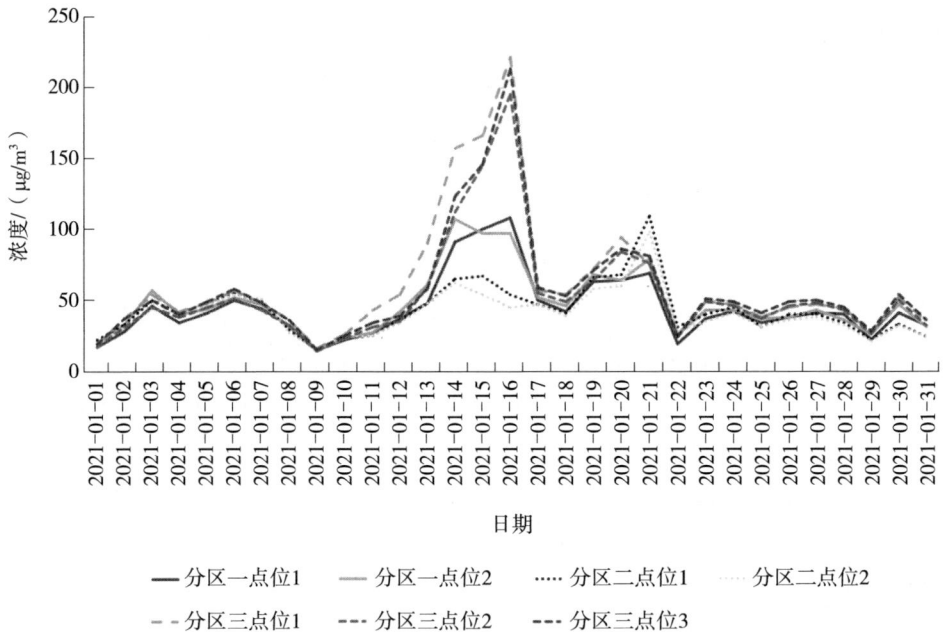

图 2-5-2　2021 年 1 月某市各分区点位 PM$_{2.5}$ 日均值

（二）城市之间点位对比分析

部分国控城市点位远离市区，与本市其他国控城市点位距离较远，数据与其他国控城市点位差异较大、可比性差，如图 2-5-3 所示。该点位同一区域内有一个邻近的省控点位，则可与该省控点位进行比对分析。图中标注数值为某时刻各点位的 O_3 浓度，城区的 3 个点位 O_3 浓度分别为 78 μg/m³、78 μg/m³ 和 80 μg/m³，"国控城市点位 1"的 O_3 浓度为 56 μg/m³，与其相邻的省控点位 O_3 浓度为 61 μg/m³，后者数据更接近城区点位的 O_3 浓度。

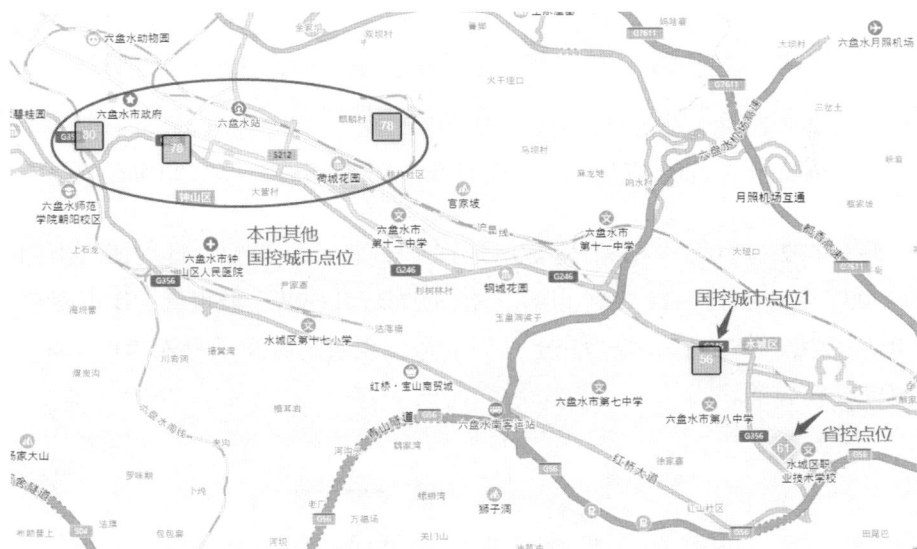

图 2-5-3　某市国控城市点位与省控点位 O_3 小时值

六、目标城市与周边城市比较分析

目标城市与周边城市比较分析法与相邻点位比较分析法类似，相邻点位比较是城市内多个国控城市点位相互比较分析，但有些城市只有一个点位，可以将该市与周边城市进行比较分析。

图 2-6-1 为 2021 年 6 月 1—20 日 A 市国控城市点位 $PM_{2.5}$ 日均值，A 市仅有一个国控城市点位，无法与城市内其他点位进行比较，故可将其与周边城市进行比较，判断 A 市唯一点位数据是否异常。

环境空气质量自动监测数据审核复核技术要求与典型案例分析

HUANJING KONGQI ZHILIANG ZIDONG JIANCE SHUJU SHENHE FUHE JISHU YAOQIU YU DIANXING ANLI FENXI

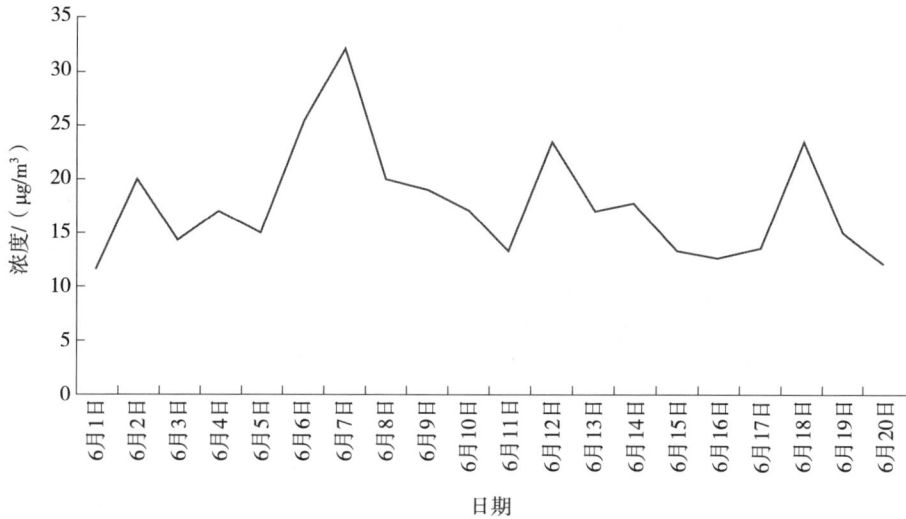

图 2-6-1　2021 年 6 月 1—20 日 A 市国控城市点位 $PM_{2.5}$ 日均值

图 2-6-2 为 2021 年 6 月 1—20 日 A 市与周边城市 $PM_{2.5}$ 日均值。由图可知，2021 年 6 月 12—14 日 A 市的 $PM_{2.5}$ 数据较其他两个城市低，B 市和 C 市的 $PM_{2.5}$ 数据基本一致，均为先上升后下降，表明该时间段内 A 市的 $PM_{2.5}$ 数据可能存在异常。

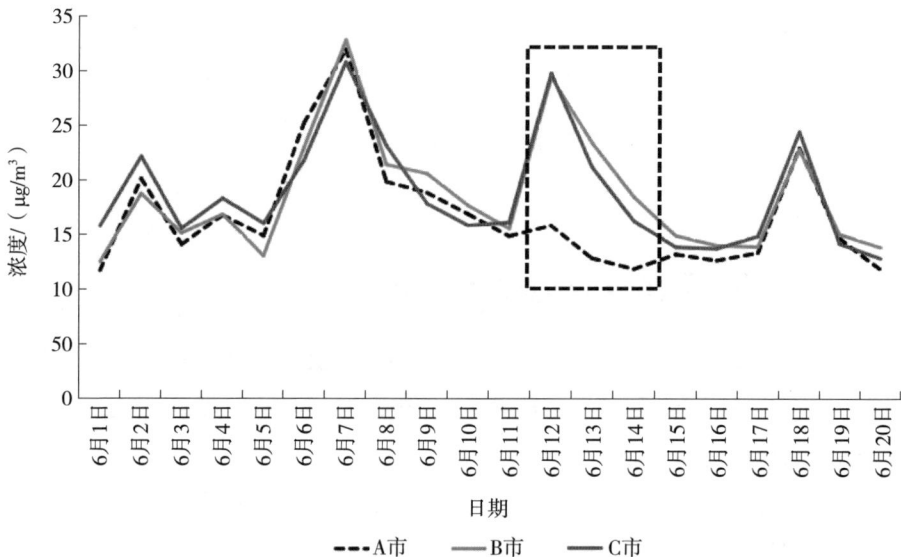

—— A市　—— B市　—— C市

图 2-6-2　2021 年 6 月 1—20 日 A 市与周边城市 $PM_{2.5}$ 日均值

七、地理位置及周边环境分析

点位的地理位置和周边环境可能对 6 项污染物的监测数据产生一定的影响，有些点位位于工业区，周边存在污染物排放，如图 2-7-1 所示；有些点位位于城市郊区，在山脚、湖泊、公园等空气质量相对较好的位置，如图 2-7-2 所示；有些点位远离城市中心，如图 2-7-3 所示。上述点位的监测数据与同城市其他点位可能存在差异，通过分析城市各点位位置分布，结合点位周边环境情况，可综合判断分析数据是否异常。

图 2-7-1　国控城市点位 1 周边卫星图

图 2-7-2　国控城市点位 2 周边卫星图

32

环境空气质量自动监测数据审核复核技术要求与典型案例分析
HUANJING KONGQI ZHILIANG ZIDONG JIANCE SHUJU SHENHE FUHE JISHU YAOQIU YU DIANXING ANLI FENXI

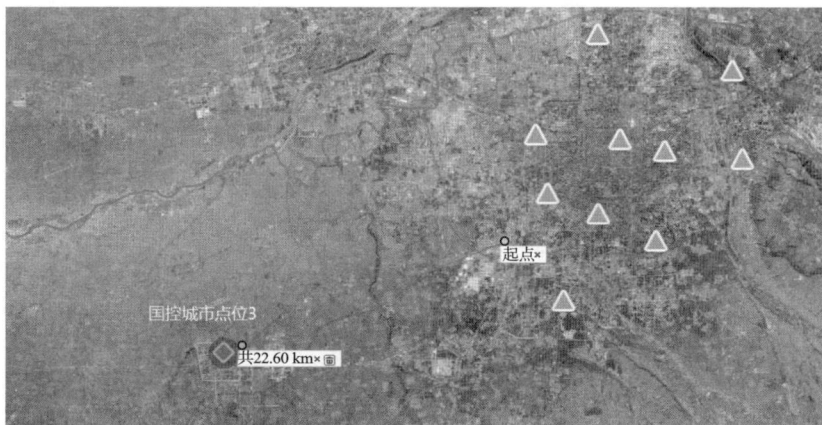

图 2-7-3　国控城市点位 3 与其他点位位置

图 2-7-4 为点位周边存在污染源的现场施工图，如建筑施工、大型机械施工、电焊作业等，监测数据会出现同步升高情况，通常为污染导致。

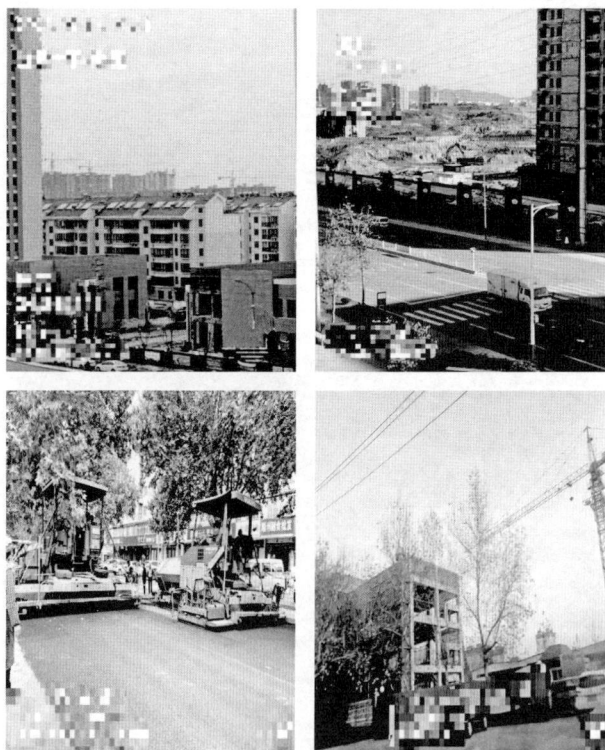

图 2-7-4　国控城市点位周边环境施工图

　　与图 2-7-4 中点位周边存在污染源不同，图 2-7-5 中的点位位于风景区、高山、湖泊等污染较少的位置，各项污染物监测数据一般会低于同城其他点位，且在一天中不同时段的 O_3 浓度变化趋势可能与同城其他点位不一致。

图 2-7-5　国控城市点位周边环境

八、监测仪器使用情况分析

　　颗粒物监测仪器种类繁多，同一城市内各国控城市点位使用的监测仪器品牌和型号、监测原理、仪器参数设置等不一致，可能会导致点位监测数据存在一定的差异。

　　图 2-8-1 为 2021 年 8 月 27 日—9 月 15 日某市 3 个国控城市点位 PM_{10} 日均值。"国控城市点位 1" PM_{10} 日均值对比同城其他点位长期存在明显分层现象，尤其是高浓度时段数据分层较明显，经核实"国控城市点位 1" PM_{10} 监测设备加热方式为动态加热（启动加热湿度为 35%），其他点位为固定加热（50℃），环境空气湿度较大时，加热方式的不同会导致数据出现差异（图 2-8-2）。

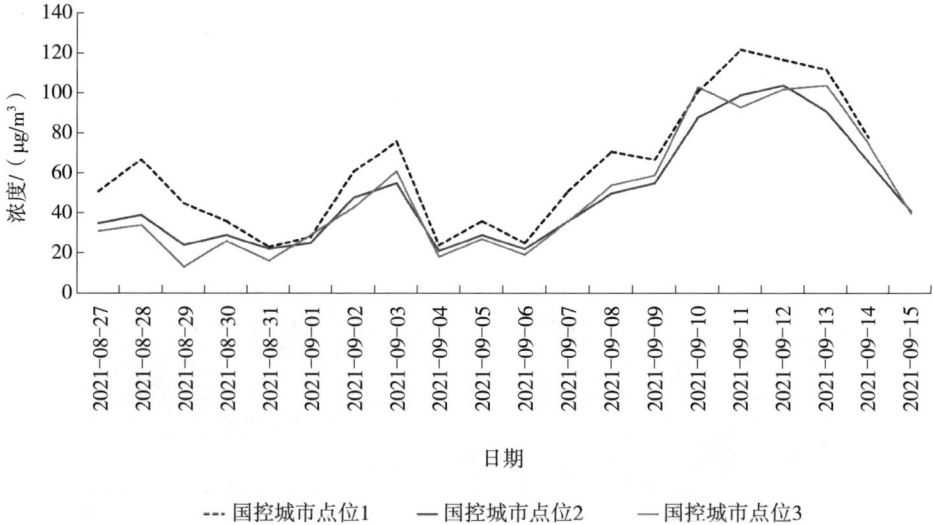

图 2-8-1　2021 年 8 月 27 日—9 月 15 日某市各点位 PM$_{10}$ 日均值

图 2-8-2　2021 年 8 月 27 日—9 月 15 日某市各点位 PM$_{10}$ 监测设备相对湿度

除以上仪器自身特性会导致监测数据出现差异外，还存在因仪器运行状态异常导致数据质量不受控的情况。

图 2-8-3 为 2020 年 5 月 1—17 日某市 7 个国控城市点位 PM$_{10}$ 日均值。

自 2020 年 5 月 5 日起"国控城市点位 1"PM$_{10}$ 数据对比同城其他点位存在明显分层现象，与历史数据变化趋势不一致。检查后发现是由于监测仪器旁路过滤器长期未清洗，滤膜负载率较高，从而导致数据异常。

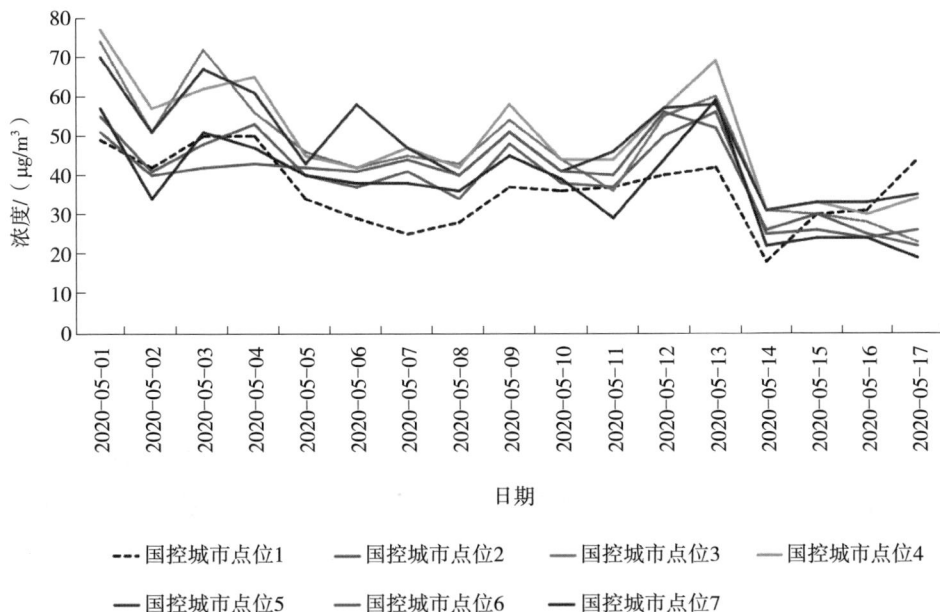

图 2-8-3　2020 年 5 月 1—17 日某市各点位 PM$_{10}$ 日均值

监测原理为振荡天平法的监测仪器滤膜负载率过高会导致监测数据异常：T 品牌监测仪器主流量为 3 L，滤膜负载率应小于 60%；主流量为 1 L，滤膜负载率应小于 25%。

九、监测仪器更换情况分析

在仪器监测过程中，通常由于仪器老化、故障等情况对仪器进行更换，更换后的仪器与原仪器相比会存在品牌、型号、监测原理、参数等不一致的情况，导致同一点位使用不同监测仪器时段的监测数据存在一定的差异。

图 2-9-1 为 2022 年 7 月 10—19 日某市 4 个国控点位 PM$_{2.5}$ 日均值。"国控城市点位 1"在 7 月 14 日 12 时更换为同品牌不同型号的仪器后，PM$_{2.5}$ 数据在高浓度时段低于同城其他点位，与历史数据变化趋势不一致。

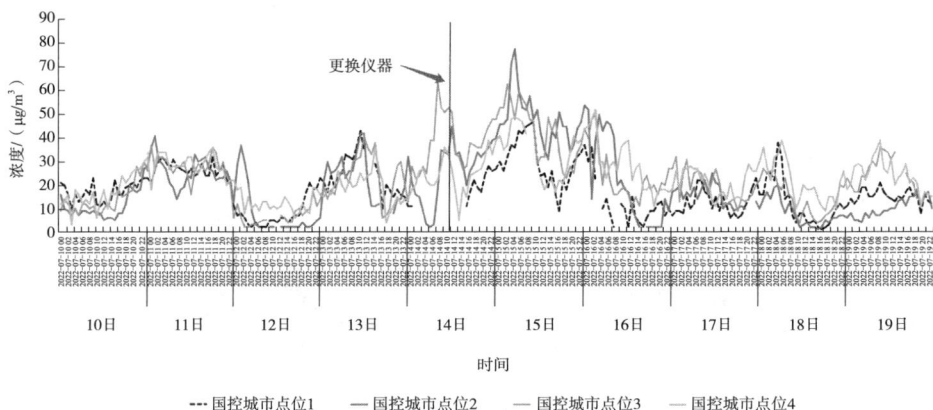

图 2-9-1　2022 年 7 月 10—19 日某市各点位 $PM_{2.5}$ 日均值

　　不同的监测仪器因品牌、型号、监测原理、参数等不一致，在监测同一点位的数据时，可能会出现一定的差异。若点位更换监测仪器，则需对更换前后的数据进行短期和长期的分析，明确导致数据变化的原因，确认更换后的监测仪器有无问题。若存在问题则需进行检查或者再次更换，直至数据恢复正常。

十、气象条件分析

　　国控城市点位的气象参数，包括大气温度、大气压力、大气湿度、降水量、风速、风向等，各参数变化都可能对监测数据造成影响。气象条件在短时间内发生较大改变，如重污染期间大气扩散条件突然变好，或者突然出现沙尘天气等都可能导致数据发生明显变化，前者会使数据从较高水平降为极低水平，后者则会使数据突然上升，主要表现为颗粒物。

　　图 2-10-1 和图 2-10-2 分别为 2021 年 11 月 11 日 0—23 时某市国控城市点位的 $PM_{2.5}$ 和 CO 小时值，图 2-10-3 为当日该市风速小时值。由图可知，该市 3 个国控城市点位的 $PM_{2.5}$ 和 CO 数据在 0—12 时均处于较高浓度水平，13 时受大风影响，3 个国控城市点位的 $PM_{2.5}$ 和 CO 数据均由较高浓度迅速降至较低浓度水平。

　　此外，一些特殊的气象条件可能对监测仪器产生影响，从而导致数据发生明显的变化，如沙尘天气、春季飘柳絮都可能导致监测仪器的采样管进入异物；雨雪天气空气的湿度变化可能对监测仪器的加热装置产生影响；大雾天气可能导致长光程监测原理的仪器光强不足，等等。

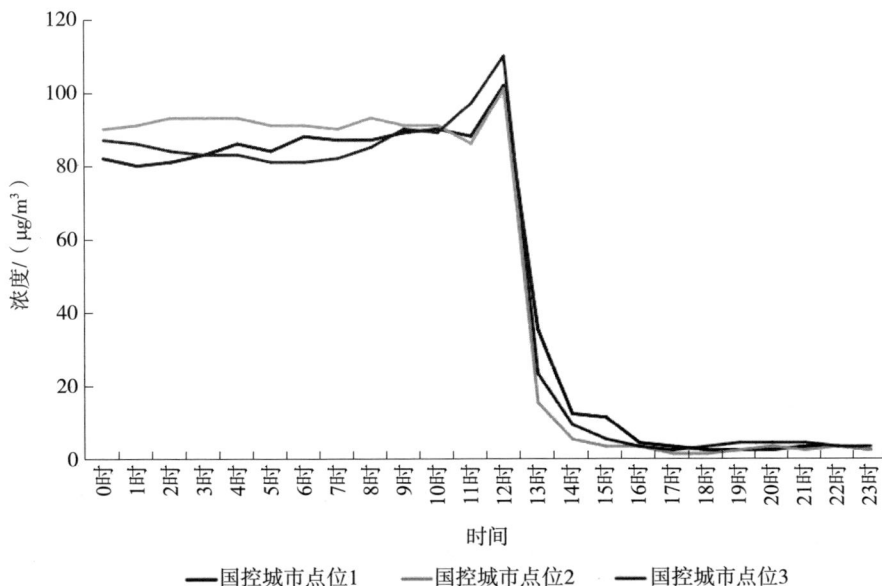

图 2-10-1　2021 年 11 月 11 日 0—23 时某市各点位 PM$_{2.5}$ 小时值

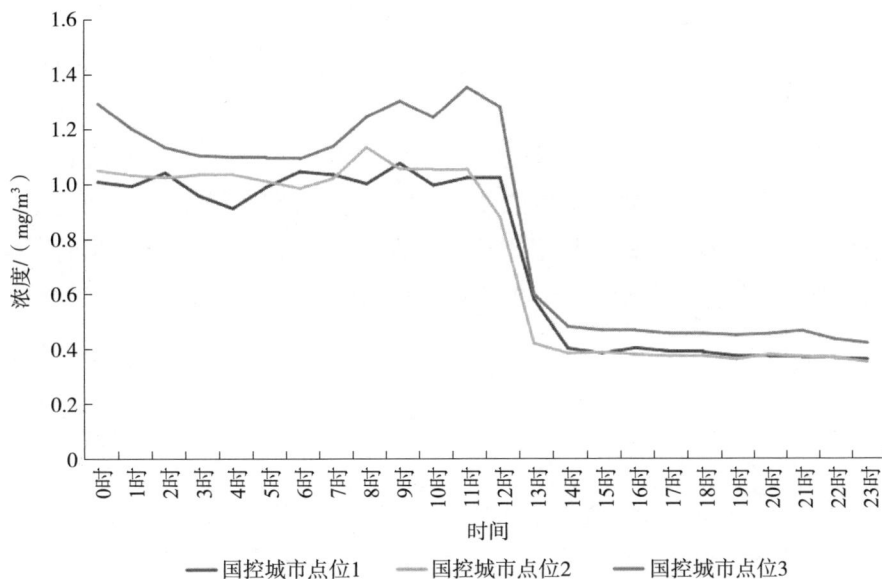

图 2-10-2　2021 年 11 月 11 日 0—23 时某市各点位 CO 小时值

图 2-10-3　2021 年 11 月 11 日 0—23 时某市风速小时值

十一、日常运维情况分析

国控城市点位日常运维工作按周、月、季度、半年等时间维度进行划分，不同时间维度的工作内容不同，针对突发情况，还需要及时到现场对相关仪器进行检查维护。由于各运维单位的运维管理能力及各地运维人员的技术水平不同，导致各地运维及质控水平不一，在日常维护过程中，运维操作不规范或者明显的运维失误会对数据造成一定的影响。例如，对气态监测仪器进行跨度校准的过程中污染物响应浓度未稳定就记录检查结果；或者清洗采样头后未及时装回，都会对监测数据造成一定的影响。因此，在分析数据时，需要考虑运维对数据造成的影响，仪器运维记录如图 2-11-1 和图 2-11-2 所示。

图 2-11-1　仪器运维记录查询界面

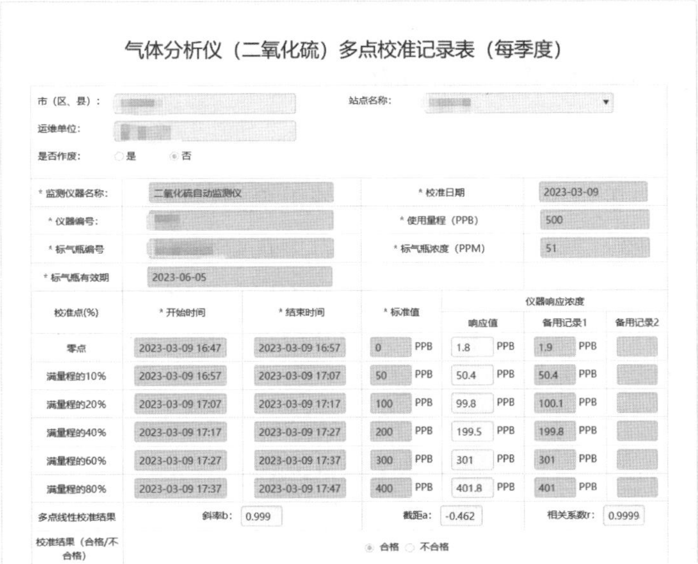

图 2-11-2　仪器详细运维记录查询界面

十二、运维单位整改情况分析

监测仪器日常运行中，受到运维人员的运维水平、仪器本身运行情况、站房周边环境变化等因素影响，监测数据可能会出现短期或长期异常。在数据复核与分析过程中，如果某些点位出现长期数据异常，相关人员需要针对该异常情况给运维单位派发运维整改工单，责令其进行整改检查，数据复核与分析人员根据运维整改报告的检查内容和检查结论，结合数据变化情况，综合分析研判数据异常情况。运维整改情况如图 2-12-1 所示。

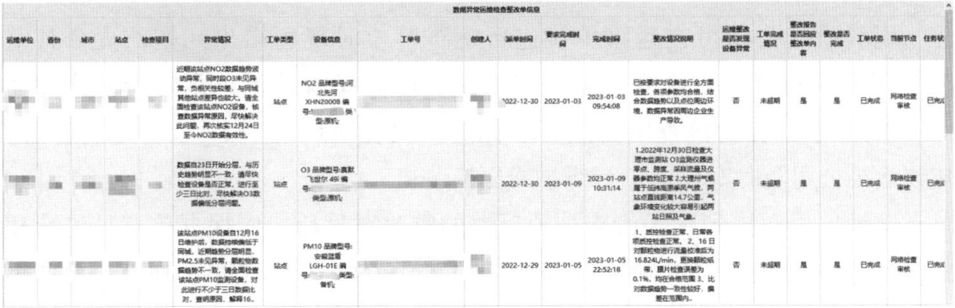

图 2-12-1　运维整改情况查询界面

十三、现场检查情况分析

如果运维单位通过整改检查仍未发现数据异常的原因，相关人员可进一步给现场检查单位派发现场检查计划外工单。现场检查是对运维单位的监督，防止运维单位隐瞒现场异常情况或者干扰监测。现场检查一般分为计划内检查和计划外检查，计划内检查是指现场检查单位周期性地对国控城市点位仪器参数和性能指标进行检查，计划外检查则是在发现数据异常时派发的检查。计划外检查工单见图 2-13-1。

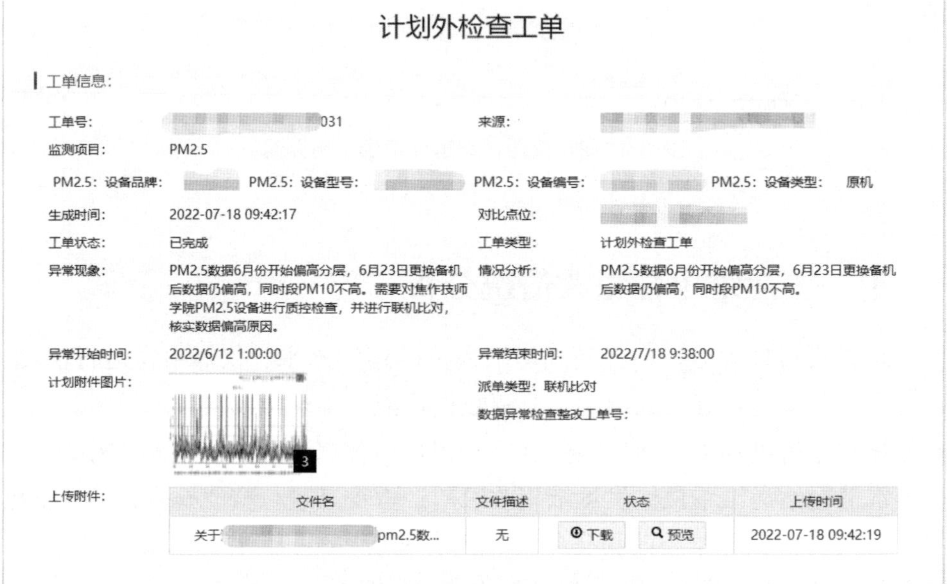

计划外检查工单

工单信息：

工单号：[illegible]031　　来源：[illegible]

监测项目：PM2.5

PM2.5：设备品牌：[illegible]　PM2.5：设备型号：[illegible]　PM2.5：设备编号：[illegible]　PM2.5：设备类型：原机

生成时间：2022-07-18 09:42:17　　对比点位：[illegible]

工单状态：已完成　　工单类型：计划外检查工单

异常现象：PM2.5数据6月份开始偏高分层，6月23日更换备机后数据仍偏高，同时段PM10不高。需要对焦作技师学院PM2.5设备进行质控检查，并进行联机比对，核实数据偏高原因。

情况分析：PM2.5数据6月份开始偏高分层，6月23日更换备机后数据仍偏高，同时段PM10不高。

异常开始时间：2022/6/12 1:00:00　　异常结束时间：2022/7/18 9:38:00

计划附件图片：3

派单类型：联机比对

数据异常检查整改工单号：

上传附件：

文件名	文件描述	状态		上传时间
关于[illegible]pm2.5数...	无	下载	预览	2022-07-18 09:42:19

图 2-13-1　计划外检查工单截图

现场检查公司可在运维单位进行运维整改时现场指出问题，责令其整改并记录，同时可对监测仪器开展比对，核实仪器是否正常运行，比如在图 2-13-2 中，现场检查单位进行了比对，发现该点位 $PM_{2.5}$ 仪器运行异常，建议运维公司及时对仪器进行维护或更换备机。

运维单位在接到现场检查公司反馈的整改意见后，应根据该意见进行相应的处理，保证数据的准确性。比如在图 2-13-3 中，运维单位在点位增加了一台仪器并行运行，与原仪器一起监测数据，核实原仪器是否正常运行。

现场检查单填写：

是否需要数据分析：○ 是　● 否

初步检查情况说明：

站点PM2.5仪器设备各项参数及性能检查，均在正常范围内，PM2.5仪器采样平台有浮灰，放射源上存在明显灰尘，运维人员现场已清理，站房周边存在污染源。

最终结果情况说明：

站点比对期间PM2.5仪器运行异常，比对时间段2022年7月19日-2022年7月23日，建议运维公司及时对PM2.5仪器进行维护或更换备机，保障数据准确性。

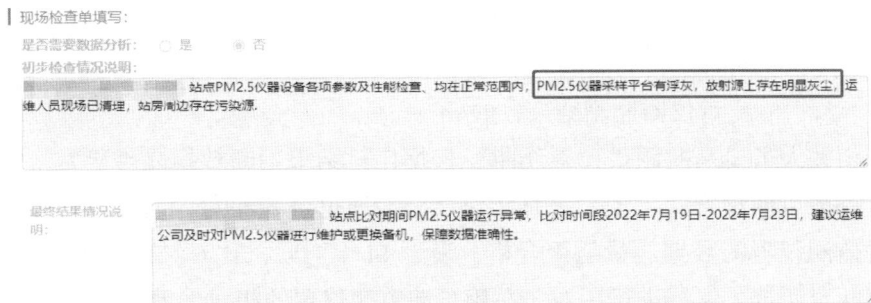

图 2-13-2　现场检查单位计划外检查工单检查结果截图

运维单位整改：

整改报告	文件名	文件描述	状态	上传时间
	关于 PM2.5联...	无	下载 预览	2022-08-19 12:57:12
	关于 PM2.5联...	无	下载 预览	2022-08-19 12:56:59

附件	文件名	文件描述	状态	上传时间
	比对.xlsx	无	下载 预览	2022-08-19 12:57:12
	比对.xlsx	无	下载 预览	2022-08-19 12:56:59

注：附件请上传联机比对小时值表、小时值曲线图、偏差计算表

整改情况说明：已上架 仪器作为PM2.5_2在站点运行。

图 2-13-3　运维单位再次整改情况截图

相关人员应及时跟进现场检查结果，综合分析判断数据的有效性。

十四、比对结果分析

若点位自动监测数据明显异常，可对异常点位进行比对，即利用比对仪器开展同时段、同地点的比对工作，计算自动监测仪器与比对仪器的相对误差，评价当前点位自动监测仪器的数据质量，比对方法包括并行比对、联机比对和手工比对，区别在于比对仪器监测原理等不同，其比对准确性依次递增。自动监测结果与比对仪器监测结果的相对误差计算公式如下：

$$RE = \frac{\rho_C - \rho_M}{\rho_M} \times 100\% \qquad (2-4)$$

式中：RE——同时段自动监测结果与比对仪器监测结果的相对误差，%；

ρ_C——同时段自动监测结果，$\mu g/m^3$；

ρ_M——比对仪器监测结果，$\mu g/m^3$。

相关人员要及时跟进比对结果，根据比对结果判断数据是否异常。比对结果一般以两种方式呈现，一是相对误差，通过设置相对误差的阈值来判断自动监测仪器的数据质量是否合格。表 2-14-1 为联机比对结果偏差计算表，使用两台便携式仪器进行比对，在用自动监测仪器的相对误差为 35.08%，此次比对不合格（监测数据浓度为 20～35 $\mu g/m^3$，判断标准为 ±30%）。

表 2-14-1　联机比对结果偏差计算表

日期	在用自动监测仪器 / （$\mu g/m^3$）	两台便携式仪器日均值 / （$\mu g/m^3$）	均值偏差 /%
2022 年 7 月 11 日	32.9	26.4	24.62
2022 年 7 月 14 日	24.6	20.8	18.27
2022 年 7 月 15 日	38.0	23.5	61.70
合计	31.8	23.6	35.08

二是通过自动监测数据与比对仪器监测数据的变化趋势进行比较分析，如图 2-14-1 所示，该点位自动监测仪器的监测数据在高浓度时偏低，表明自动监测设备存在异常。

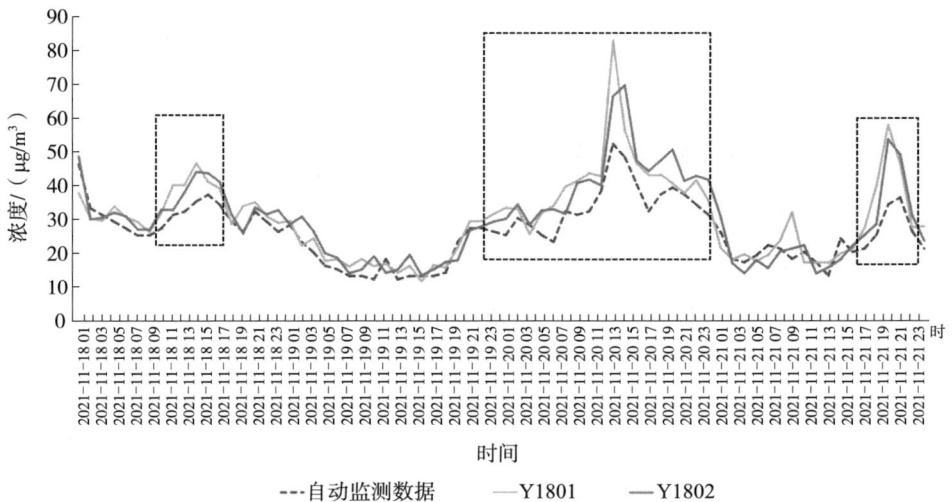

---自动监测数据　　——Y1801　　——Y1802

图 2-14-1　自动监测数据与两台便携式比对仪器的数据变化趋势

第三章
数据审核典型案例分析
SHUJU SHENHE DIANXING ANLI FENXI

　　某点位数据离群一般存在两种情况，一种情况是数据脱离其本身发展趋势，短时间内突然升高或降低，表现得比较明显，这种情况一般是由质控期及质控结束后监测仪器运行不稳定或者环境变化导致的，离群数据多为异常数据；另一种情况是与同城其他点位数据分层，持续时间较长，这种情况比较复杂，可能由一种或多种因素导致，如与同城其他点位仪器有差异、点位位置较远、周边环境不同等，离群数据可能是异常数据，也可能是正常反映点位周边空气质量的数据，需要结合各种情况综合分析。

　　本章将通过引用典型案例的方式对导致数据离群的各方面因素展开分析，主要包括监测仪器、运维质控、人为因素及环境因素，整体结构如图 3-1-1 所示。

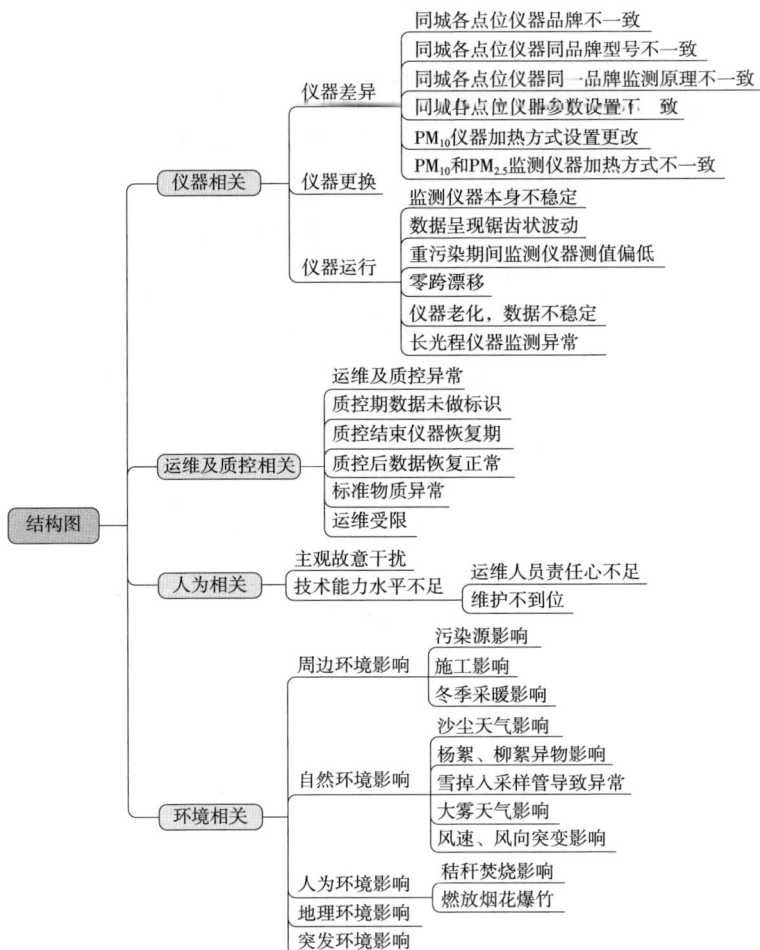

图 3-1-1　数据审核典型案例分析结构

一、仪器相关

监测仪器是否正常运行，将直接影响监测数据的准确性。目前，在全国339个地级及以上城市共设立了 1 734 个国控城市点位，由于各种因素影响，同一城市不同点位的监测仪器存在差异，具体表现在仪器品牌、型号、监测原理、参数设置等不同。仪器的差异会导致监测数据的差异，尤其体现在颗粒物的监测数据上。

除了仪器不同导致数据的差异性，某些品牌的仪器在运行时会因其自身的特性对数据产生影响，如某些品牌仪器监测的数据稳定性略差，小时数据呈现锯齿状波动；某些品牌仪器监测的数据在高浓度时段监测值偏低等。对于气态污染物监测仪器，由于某些气态污染物浓度较低，如 SO_2 和 CO，零跨漂移会凸显数据的异常变化。某些监测原理的仪器除了保证仪器本身正常运行，还要保证其配件正常，如气态污染物长光程监测仪器的配件光谱应及时更换。

（一）仪器差异

1.同城各点位仪器品牌不一致

➤ **案例介绍**

华中地区 A 市"国控城市点位 1" $PM_{2.5}$ 浓度自 2020 年 9 月 24 日较周边其他点位开始出现分层。"国控城市点位 1" $PM_{2.5}$ "监测仪器 1"的品牌与同城其他点位不同，10 月 14 日更换为与同城其他点位相同品牌的"监测仪器 2"后，$PM_{2.5}$ 数据变化趋势与同城其他点位一致，如图 3-1-2 所示。

➤ **案例分析**

本次分析运用了多点位单项污染物数据变化趋势分析和日常运维情况分析两种分析方法。

①多点位单项污染物数据变化趋势分析

2020 年 9 月 24 日之前 A 市"国控城市点位 1" $PM_{2.5}$ 数据变化趋势与同城其他点位一致。自 9 月 24 日开始 A 市 $PM_{2.5}$ 日均值大于 75 $\mu g/m^3$，"国控城市点位 1" $PM_{2.5}$ 浓度较周边其他点位开始出现分层。核实 A 市各点位 $PM_{2.5}$ 监测仪器信息时发现，该点位 $PM_{2.5}$ "监测仪器 1"品牌为 T，同城

其他点位 $PM_{2.5}$ 监测仪器品牌均为 L。10 月 14 日将"国控城市点位 1"的 $PM_{2.5}$"监测仪器 1"更换为与同城其他点位 $PM_{2.5}$ 监测仪器品牌相同的 L"监测仪器 2"后,该点位 $PM_{2.5}$ 数据与同城其他点位 $PM_{2.5}$ 数据变化趋势趋于一致。9 月 2—23 日"国控城市点位 1"$PM_{2.5}$ 累计日均值较同城其他点位的绝对偏差为 -4 $\mu g/m^3$,相对偏差为 -14%;9 月 24 日—10 月 14 日较同城其他点位的绝对偏差为 -21 $\mu g/m^3$,相对偏差为 -37%;10 月 14 日"国控城市点位 1"更换 $PM_{2.5}$ 仪器后,10 月 15 日—11 月 6 日该点位较同城其他点位的绝对偏差为 4 $\mu g/m^3$,相对偏差为 7%,如表 3-1-1、图 3-1-3 所示。

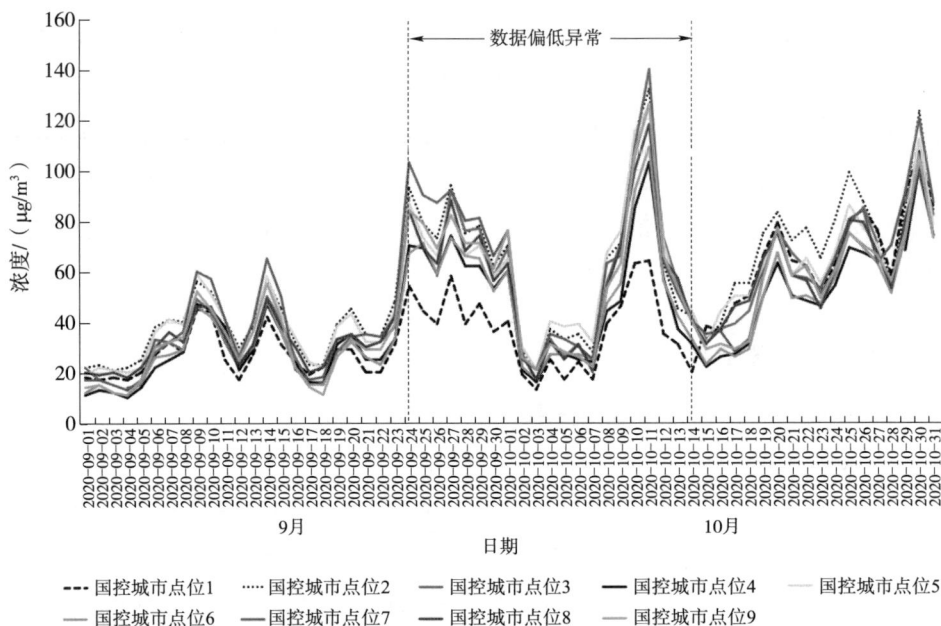

图 3-1-2　2020 年 9 月 1 日—10 月 31 日华中地区 A 市各点位 $PM_{2.5}$ 日均值

表 3-1-1　2020 年 9 月 2 日—11 月 6 日华中地区 A 市 $PM_{2.5}$ 浓度变化

日期	国控城市点位 1/ ($\mu g/m^3$)	其他点位累计日均值 / ($\mu g/m^3$)	绝对偏差 / ($\mu g/m^3$)	相对偏差 /%
2020 年 9 月 2—23 日	26	31	-4	-14
2020 年 9 月 2 日—10 月 14 日	37	58	-21	-37
2020 年 10 月 15 日—11 月 6 日	65	61	4	7

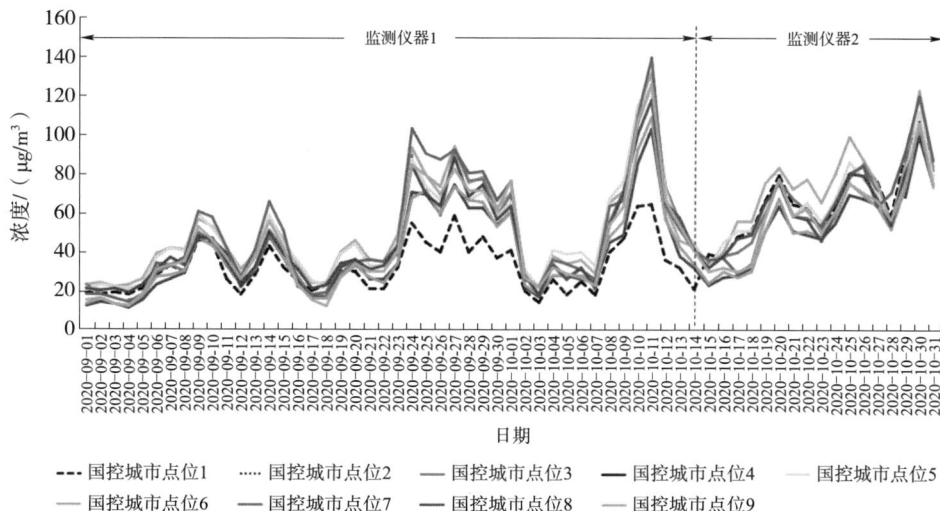

图 3-1-3 2020 年 9 月 1 日—10 月 31 日华中地区 A 市各点位 PM$_{2.5}$ 日均值

②日常运维情况分析

运维人员反馈，2020 年 10 月 1 日、7 日对该点位 PM$_{2.5}$ 监测仪器的流量、采样管温度、纸带、膜片、温湿度大气压等进行了检查，检查结果合格，监测仪器正常。判断该点位数据分层为不同品牌仪器之间的差异性导致。10 月 14 日更换为与同城其他点位相同品牌的 PM$_{2.5}$ 监测仪器后，10 月 15 日数据变化趋势与同城其他点位一致，如图 3-1-4、图 3-1-5 所示。

图 3-1-4 2020 年 10 月 7 日"国控城市点位 1"周巡检工单（PM$_{2.5}$ 监测仪器巡检）

设备故障单

工单信息：

工单号：		来源：	
省份：		城市：	
生成时间：	2020-10-14 22:51:27		
工单状态：	已完成	工单类型：	故障
工单标题：	更换备机		
工单内容：	更换备机		

监测类型：	PM2.5		
站点设备类型：		站点设备品牌：	
站点设备编号：		站点设备型号：	
测量原理：		加热方式：	
故障现象：	数据偏低，为排除环境器差异性		

故障处理：

| 远程处理： | ○是 ◉否 |
| 处理方式： | 更换备机 ▾ |

图 3-1-5　2020 年 10 月 14 日"国控城市点位 1"监测仪器故障工单

2. 同城各点位仪器同品牌型号不一致

> **案例介绍**

2020 年 3 月 1—19 日东北地区 A 市"国控城市点位 1"PM_{10} 数据因监测仪器型号与同城其他国控点位不一致，导致该时段数据存在明显分层，绝对偏差最大为 72 $\mu g/m^3$，3 月 20 日更换为同城其他点位相同型号的监测仪器后数据恢复正常，见图 3-1-6。

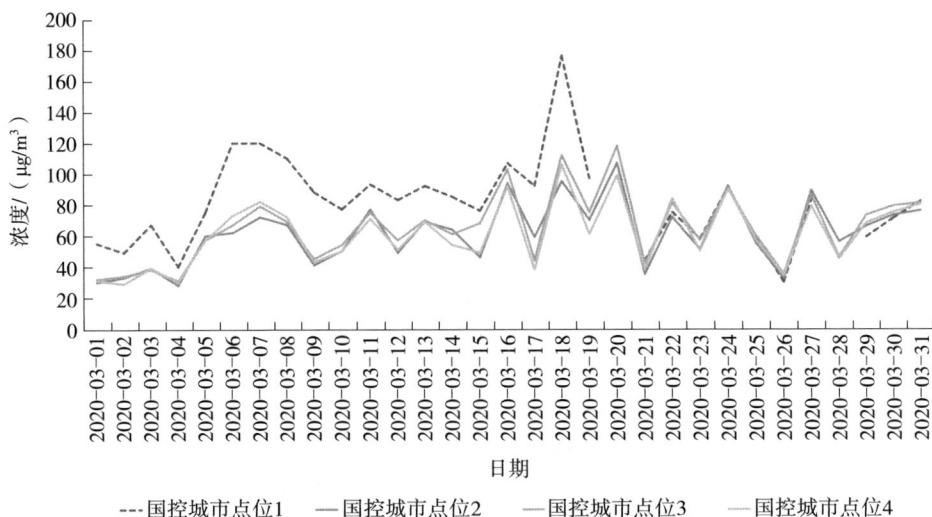

图 3-1-6　2020 年 3 月 1—31 日东北地区 A 市各点位 PM_{10} 日均值

> ➤ 案例分析

本案例使用多点位单项污染物数据变化趋势分析、监测仪器更换情况分析和日常运维情况分析方法，通过与同城其他点位数据变化趋势进行比较，并核实运维情况，确认数据异常。

①多点位单项污染物数据变化趋势分析

2020 年 3 月 1—19 日"国控城市点位 1"PM_{10} 数据与同城其他国控城市点位存在明显分层现象，3 月 20 日后数据与同城其他国控点位浓度水平较为一致，见表 3-1-2。

表 3-1-2　2020 年 3 月"国控城市点位 1"与其他国控城市点位 PM_{10}
更换仪器前后累计浓度及偏差

日期	国控城市点位 1/ （μg/m³）	其他国控城市点位 / （μg/m³）	绝对偏差 / （μg/m³）	相对偏差 /%
2020 年 3 月 1—19 日	91	60	30	50.7
2020 年 3 月 20—31 日	66	69	-3	-4.4

②监测仪器更换情况分析

根据监测仪器情况可知，2020 年 3 月 1—19 日异常时段同城其他点位 PM_{10} 监测仪器均为 T 品牌 S 型号，该点位 PM_{10} 监测仪器为 T 品牌 Q 型号，即监测仪器与同城其他点位为同一品牌但型号不一致；3 月 20 日该点位 PM_{10} 监测仪器更换为 T 品牌 S 型号，即 3 月 20—31 日全市各点位 PM_{10} 监测仪器均为 T 品牌 S 型号。

③日常运维情况分析

查看工单发现，3 月 1 日、9 日对该点位进行了运维巡检，检查项目包括 $PM_{2.5}$、PM_{10} 分析仪相对湿度、温度传感器、压力和动态加热装置等，检查结果均为正常。3 月 20 日该点位进行仪器更换，见图 3-1-7～图 3-1-9。

综上可知，2020 年 3 月 1—19 日该点位 PM_{10} 数据与同城其他国控城市点位存在明显分层为仪器差异（同品牌不同型号）所致。

3. 同城各点位仪器同一品牌监测原理不一致

> ➤ 案例介绍

2020 年 7 月 1—31 日华东地区 A 市"国控城市点位 1"$PM_{2.5}$ 数据因监测

50

环境空气质量自动监测数据审核复核技术要求与典型案例分析
HUANJING KONGQI ZHILIANG ZIDONG JIANCE SHUJU SHENHE FUHE JISHU YAOQIU YU DIANXING ANLI FENXI

仪器原理与同城其他国控城市点位不一致，导致数据变化趋势存在明显差异，该时段"国控城市点位 1"累计日均值浓度为 23 μg/m³，同城其他国控城市点位累计日均值浓度为 19 μg/m³，相对偏差为 21.6%，见图 3-1-10。

检查PM2.5、PM10分析仪相对湿度、温度传感器、压力和动态加热装置是否正常	正常
纸带使用量及处置情况	已使用33周
TEOM滤膜负载及处置情况（FDMS滤膜需与TEOM滤膜同时更换）	\
备注	Y=0.99787x+0.00985

流量值凭证

监测类型	图片	上传时间
PM10		2020-03-01 12:41:11

图 3-1-7　2020 年 3 月 1 日"国控城市点位 1"PM₁₀ 监测仪器运维巡检工单

检查PM2.5、PM10分析仪相对湿度、温度传感器、压力和动态加热装置是否正常	正常
纸带使用量及处置情况	已使用35周
TEOM滤膜负载及处置情况（FDMS滤膜需与TEOM滤膜同时更换）	\
备注	Y=0.99787x+0.00985

流量值凭证

监测类型	图片	上传时间
PM10		2020-03-09 10:31:43

图 3-1-8　2020 年 3 月 9 日"国控城市点位 1"PM₁₀ 监测仪器运维巡检工单

工单号：
省份：
生成时间：　2020-03-20 12:56:59
工单状态：　已完成
工单标题：　原机换回
工单内容：　原机换回

来源：
城市：

工单类型：　　　　故障

监测类型：　PM10
站点设备类型：　备机
站点设备编号：
测量原理：　β射线法
故障现象：　原机换回

站点设备品牌：
站点设备型号：
加热方式：

故障处理：

远程处理：　　○是　　⦿否
处理方式：　　换回原机
更换时间：　　2020-03-20 12:58
待更换设备编号：
待更换设备类型：　原机
待更换设备品牌：
待更换设备型号：
待更换设备测量原理：　β射线法
待更换设备加热方式：
处理说明：　　原机换回

图 3-1-9　2020 年 3 月 20 日"国控城市点位 1"PM$_{10}$监测仪器更换工单

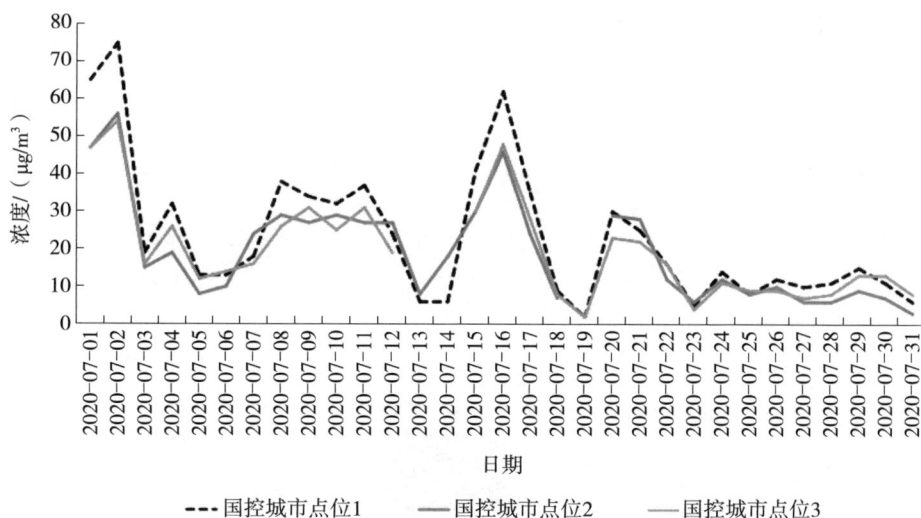

图 3-1-10　2020 年 7 月 1—31 日华东地区 A 市各点位 PM$_{2.5}$日均值

➢ 案例分析

本案例使用多点位单项污染物数据变化趋势分析、监测仪器使用情况分析和日常运维情况分析方法，通过与同城其他点位数据变化趋势进行比较，并核实运维情况，确认数据异常。

①多点位单项污染物数据变化趋势分析

2020 年 7 月 1—31 日“国控城市点位 1”$PM_{2.5}$ 数据与同城其他国控城市点位存在明显差异，见表 3-1-3。

表 3-1-3　2020 年 7 月“国控城市点位 1”与其他国控城市点位 $PM_{2.5}$ 累计浓度及偏差

日期	国控城市点位 1/（μg/m³）	其他国控城市点位 /（μg/m³）	绝对偏差 /（μg/m³）	相对偏差 /%
2020 年 7 月 1—31 日累计均值	23	19	4	21.6

②监测仪器使用情况分析

根据监测仪器情况可知，该市各点位 $PM_{2.5}$ 监测仪器均为 T 品牌，其中“国控城市点位 1”$PM_{2.5}$ 监测仪器原理为振荡天平法（无加热补偿），其他点位 $PM_{2.5}$ 监测仪器原理均为 β 射线法。

③日常运维情况分析

查看工单发现，7 月 2 日、16 日对该国控城市点位进行了运维巡检，检查项目包括 $PM_{2.5}$、PM_{10} 分析仪相对湿度、温度传感器、压力和动态加热装置等，检查结果均为正常，如图 3-1-11、图 3-1-12 所示。

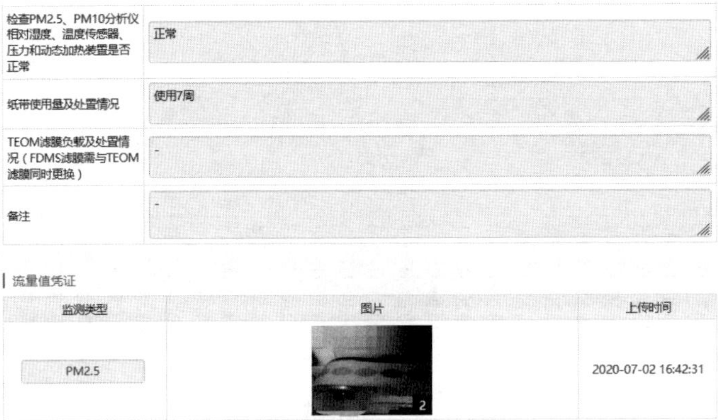

检查PM2.5、PM10分析仪相对湿度、温度传感器、压力和动态加热装置是否正常	正常
纸带使用量及处置情况	使用7周
TEOM滤膜负载及处置情况（FDMS滤膜需与TEOM滤膜同时更换）	-
备注	-

流量值凭证

监测类型	图片	上传时间
PM2.5		2020-07-02 16:42:31

图 3-1-11　2020 年 7 月 2 日“国控城市点位 1”$PM_{2.5}$ 监测仪器运维巡检工单

图 3-1-12　2020 年 7 月 16 日"国控城市点位 1"PM$_{2.5}$ 监测仪器运维巡检工单

综上可知，2020 年 7 月 1—31 日该点位 PM$_{2.5}$ 数据与同城其他国控城市点位存在明显差异为仪器差异（同品牌监测原理不同）所致。

4. 同城各点位仪器参数设置不一致

（1）固定加热温度设置不同

➤ 案例介绍

2021 年 9 月 1 日—12 月 30 日东北地区 A 市"国控城市点位 1"PM$_{10}$ 数据与同城其他国控城市点位相比存在明显差异，该时段累计均值浓度为 74 μg/m^3，其他国控城市点位累计均值浓度为 54 μg/m^3，相对偏差为 34.1%，如图 3-1-13 所示。

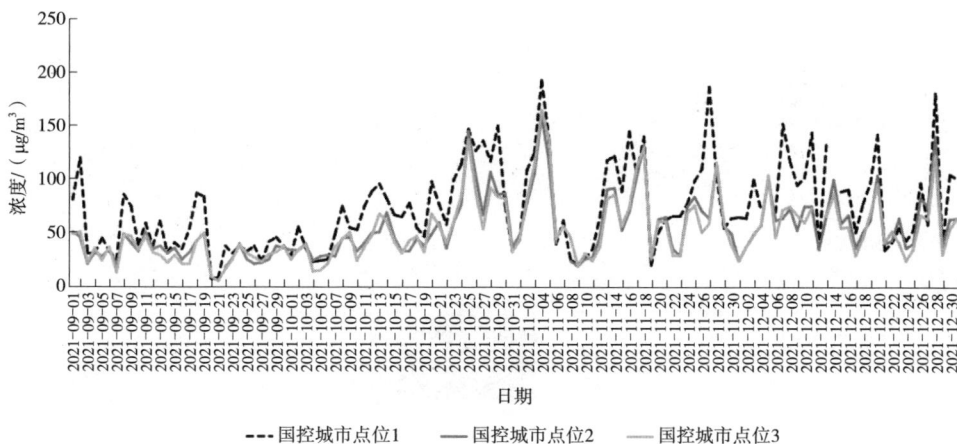

图 3-1-13　2021 年 9 月 1 日—12 月 30 日东北地区 A 市各点位 PM$_{10}$ 日均值

➤ **案例分析**

本案例使用多点位单项污染物数据变化趋势分析、监测仪器使用情况分析和日常运维情况分析方法，通过与同城其他点位数据变化趋势进行比较，并核实运维情况，确认数据异常。

①多点位单项污染物数据变化趋势分析

2021 年 9 月 1 日—12 月 30 日"国控城市点位 1"PM_{10}数据与同城其他国控点位相比存在明显分层。

②监测仪器使用情况分析

根据监测仪器情况可知，该市各点位 PM_{10} 监测仪器均为 T 品牌 S 型号，加热方式均为固定加热，其中"国控城市点位 1"PM_{10} 监测仪器加热参数设置为 37℃，其他点位 PM_{10} 监测仪器加热参数设置均为 40℃。

③日常运维情况分析

查看工单发现，9 月 2 日、10 月 6 日、11 月 6 日及 12 月 23 日该国控城市点位进行运维巡检，其中检查项目包括 $PM_{2.5}$、PM_{10} 分析仪相对湿度、温度传感器、压力和动态加热装置等，检查结果均为正常，见图 3-1-14~图 3-1-17。

综上可知，2021 年 9 月 1 日—12 月 31 日该点位 PM_{10} 数据与同城其他国控城市点位存在明显差异为仪器差异（参数设置不同）所致。

检查PM2.5、PM10分析仪相对湿度、温度传感器、压力和动态加热装置是否正常	是
纸带使用量及处置情况	已使用8周
TEOM滤膜负载及处置情况（FDMS滤膜需与TEOM滤膜同时更换）	\
备注	Y=X/(1+0.0012) P1-P3压力为仪器显示值

流量值凭证		
监测类型	图片	上传时间
PM10		2021-09-02 12:36:49

图 3-1-14 2021 年 9 月 2 日"国控城市点位 1"PM_{10} 监测仪器运维巡检工单

检查PM2.5、PM10分析仪相对湿度、温度传感器、压力和动态加热装置是否正常	是
纸带使用量及处置情况	已使用13周
TEOM滤膜负载及处置情况（FDMS滤膜需与TEOM滤膜同时更换）	\
备注	Y=X/(1+0.0012)　检查2日纸带打点情况及设备运行状态 P1-P3压力为仪器显示值

▎流量值凭证

监测类型	图片	上传时间
PM10		2021-10-06 10:10:23

图 3-1-15　2021 年 10 月 6 日"国控城市点位 1"PM$_{10}$ 监测仪器运维巡检工单

流量异常时校准记录	\
检查PM2.5、PM10分析仪相对湿度、温度传感器、压力和动态加热装置是否正常	是
纸带使用量及处置情况	已使用17周
TEOM滤膜负载及处置情况（FDMS滤膜需与TEOM滤膜同时更换）	\
备注	检查4日纸带打点情况及设备运行状态 Y=X/(1+0.0012) P1-P3压力为仪器显示值

▎流量值凭证

监测类型	图片	上传时间
PM10		2021-11-06 12:47:58

图 3-1-16　2021 年 11 月 6 日"国控城市点位 1"PM$_{10}$ 监测仪器运维巡检工单

检查PM2.5、PM10分析仪相对湿度、温度传感器、压力和动态加热装置是否正常	正常
纸带使用量及处置情况	已使用24周
TEOM滤膜负载及处置情况（FDMS滤膜需与TEOM滤膜同时更换）	\
备注	Y=X/(1+0.0056) P1-P3压力为仪器显示值

流量值凭证		
监测类型	图片	上传时间
PM10		2021-12-23 08:55:29

图 3-1-17　2021 年 12 月 23 日"国控城市点位 1"PM$_{10}$ 监测仪器运维巡检工单

（2）动态加热启动加热湿度设置不同

➢ 案例介绍

2020 年 4 月 3 日，华东地区 A 市"国控城市点位 1"PM$_{2.5}$"监测仪器 1"因部件故障，更换为"监测仪器 2"，8 月 17 日换回"监测仪器 1"。2020 年 4—8 月，"国控城市点位 1"使用 PM$_{2.5}$"监测仪器 2"期间，由于"监测仪器 2"与 A 市其他点位启动加热湿度参数设置不同，该点位 PM$_{2.5}$ 数据与同城其他点位出现偏差，如图 3-1-18 所示。

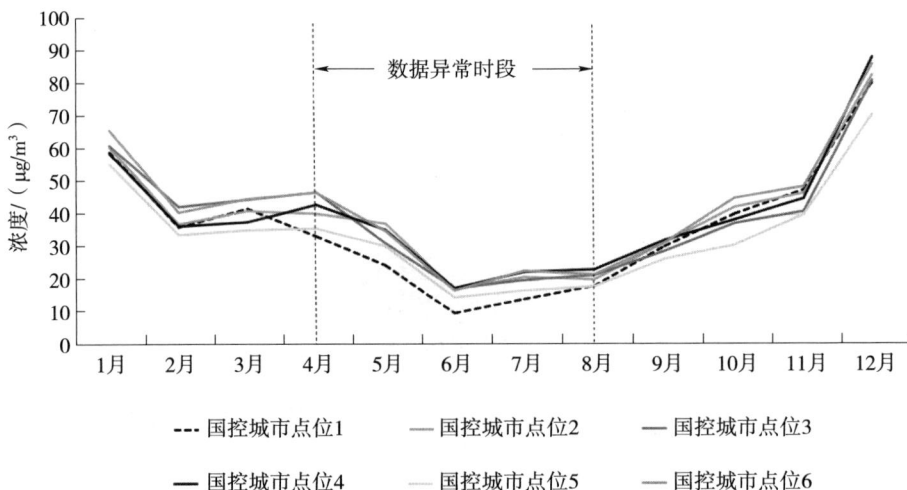

图 3-1-18　2020 年 1—12 月华东地区 A 市各点位 PM$_{2.5}$ 月均值

> **案例分析**

本次分析运用了多点位多项污染物数据变化趋势分析、多点位历史同期数据变化趋势分析、运维单位整改情况分析和监测仪器使用情况分析4种分析方法。

①多点位多项污染物数据变化趋势分析

2020年4月3日之前，"国控城市点位1"PM$_{2.5}$浓度变化趋势与周边其他点位一致。

在2020年4月3日"国控城市点位1"PM$_{2.5}$"监测仪器1"更换为"监测仪器2"后，该点位PM$_{2.5}$浓度变化趋势较同城其他国控城市点位产生偏差。从2020年1—12月华东地区A市各点位PM$_{2.5}$月均值来看，"国控城市点位1"在4—8月较同城其他点位出现明显偏差，如图3-1-19、图3-1-20所示，偏差数据如表3-1-4所示。2020年1—12月该点位PM$_{2.5}$浓度变化趋势与同城其他国控城市点位一致，并未出现偏差，如图3-1-21所示。

2020年8月17日，"国控城市点位1"PM$_{2.5}$"监测仪器2"换回"监测仪器1"后，PM$_{2.5}$数据变化趋势与同城其他国控城市点位一致。

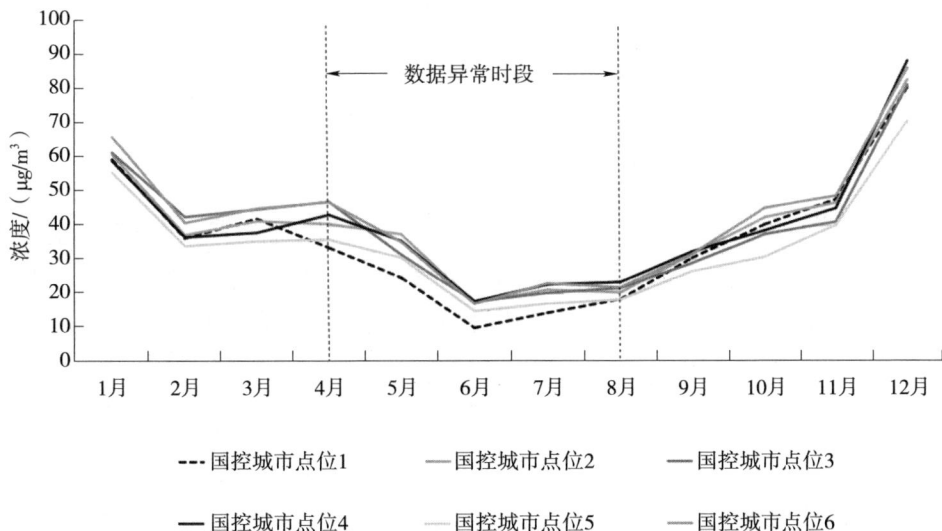

图3-1-19　2020年1—12月华东地区A市各点位PM$_{2.5}$月均值

8

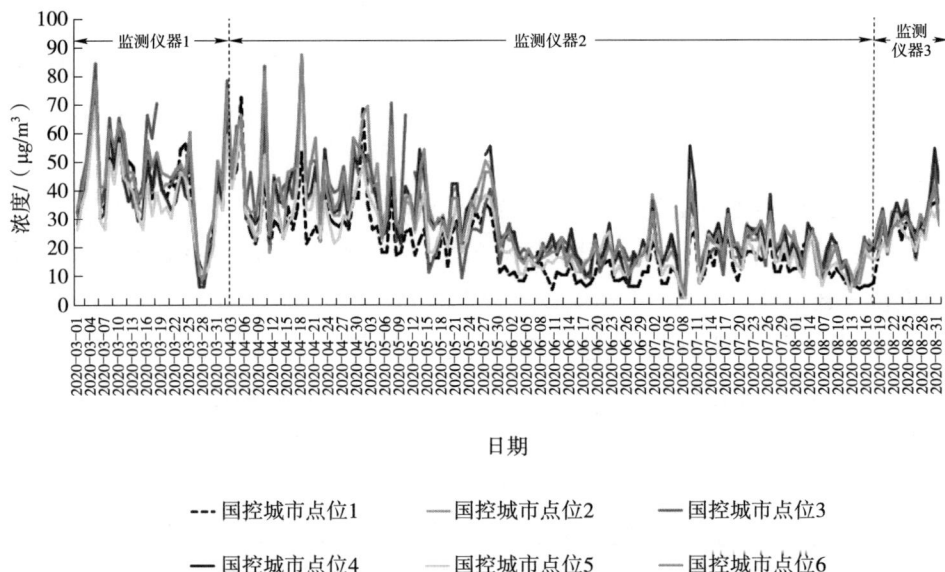

图 3-1-20　2020 年 3 月 1 日—8 月 31 日华东地区 A 市各点位 PM$_{2.5}$ 日均值

表 3-1-4　2020 年 1—12 月华东地区 A 市各点位 PM$_{2.5}$ 浓度变化

	国控城市点位 1/（μg/m³）	国控城市点位 2/（μg/m³）	国控城市点位 3/（μg/m³）	国控城市点位 4/（μg/m³）	国控城市点位 5/（μg/m³）	国控城市点位 6/（μg/m³）	其他点位月均值/（μg/m³）	绝对偏差/（μg/m³）	相对偏差/%
1 月	59	61	61	59	56	66	60	−1	−2
2 月	36	37	43	37	34	41	38	−2	−5
3 月	42	41	45	38	35	45	41	1	3
4 月	34	40	47	43	36	47	43	−9	−21
5 月	25	37	31	35	31	35	34	−9	−27
6 月	10	17	18	18	15	17	17	−7	−41
7 月	14	21	20	23	17	23	21	−6	−31
8 月	18	20	22	23	18	22	21	−3	−13
9 月	30	32	29	32	27	32	30	0	1

续表

	国控城市点位 1/ (μg/m³)	国控城市点位 2/ (μg/m³)	国控城市点位 3/ (μg/m³)	国控城市点位 4/ (μg/m³)	国控城市点位 5/ (μg/m³)	国控城市点位 6/ (μg/m³)	其他点位月均值 / (μg/m³)	绝对偏差 / (μg/m³)	相对偏差 / %
10 月	40	42	37	38	31	45	39	1	4
11 月	48	47	41	45	40	49	44	3	7
12 月	80	83	81	88	71	86	82	−1	−2

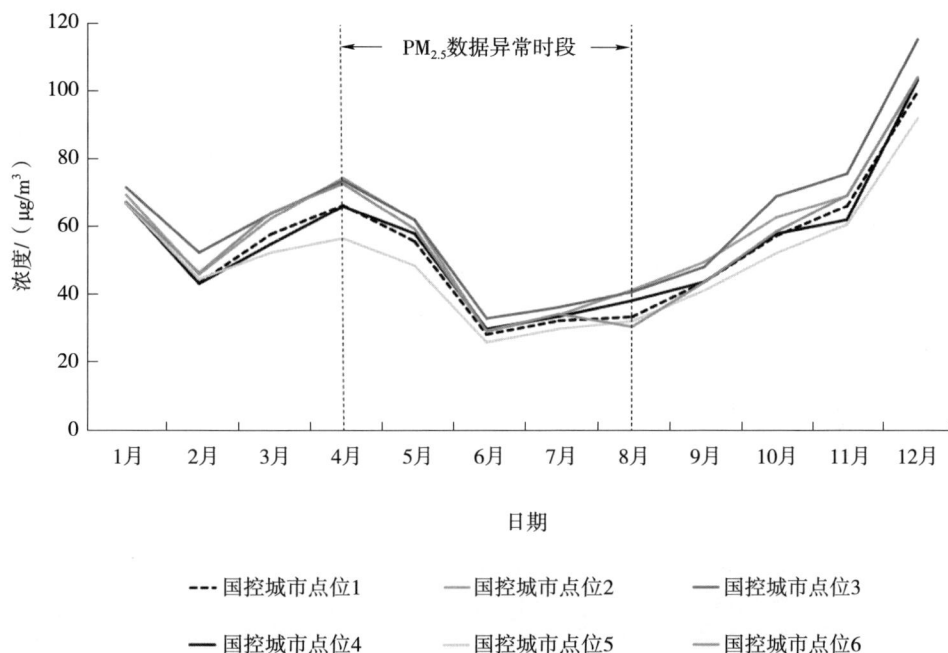

图 3-1-21　2020 年 1—12 月华东地区 A 市各点位 PM$_{2.5}$ 月均值

②多点位历史同期数据变化趋势分析

与历史同期数据相比，2019 年 4—8 月 "国控城市点位 1" PM$_{2.5}$ 数据变化趋势与同城其他国控城市点位一致，无明显差异，如图 3-1-22 所示。

③运维单位整改情况分析

通过核实运维情况，2020 年 4 月 3 日 "国控城市点位 1" PM$_{2.5}$ "监测仪

环境空气质量自动监测数据审核复核技术要求与典型案例分析
HUANJING KONGQI ZHILIANG ZIDONG JIANCE SHUJU SHENHE FUHE JISHU YAOQIU YU DIANXING ANLI FENXI

器 1"因"原机走纸电机不走纸，现场无法及时修复"更换成"监测仪器 2"，具体工单如图 3-1-23 所示。更换监测仪器后，运维人员针对"国控城市点位 1"PM$_{2.5}$ 数据趋势较其他国控点位出现偏差进入点位对监测仪器进行检查，检查结果为合格，具体工单如图 3-1-24 所示。

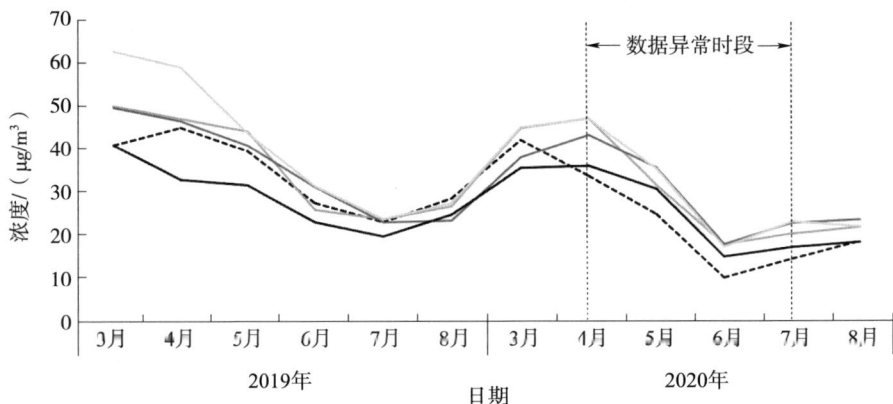

图 3-1-22　2019 年 3 月—8 月和 2020 年 3—8 月华东地区 A 市
各点位 PM$_{2.5}$ 月均值

远程处理：	○ 是　　● 否
处理方式：	更换备机
更换时间：	2020-04-03 19:30
待更换设备编号：	
待更换设备类型：	备机
待更换设备品牌：	
待更换设备型号：	
待更换设备测量原理：	
待更换设备加热方式：	
处理说明：	原机走纸电机不走纸，现场无法及时修复，更换备机
处理记录：	✓ 颗粒物PM2.5自动监测分析仪运行状况检查记录　　✓ 备机更换记录表

图 3-1-23　2020 年 4 月 3 日"国控城市点位 1"监测仪器故障工单

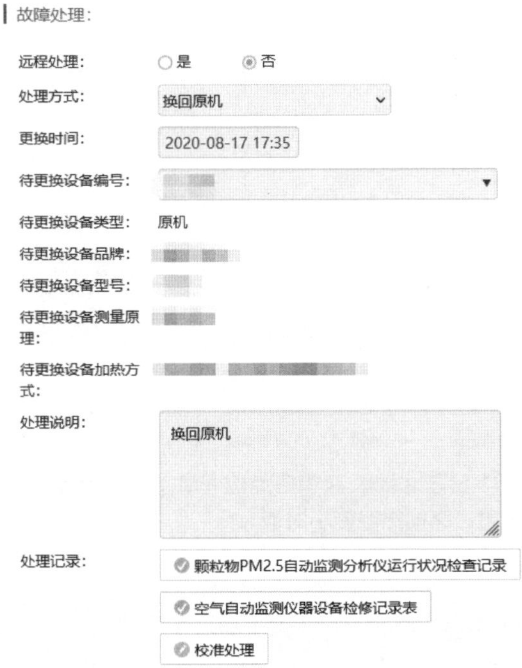

故障处理：

远程处理： ○是 ◉否

处理方式： 换回原机 ▾

更换时间： 2020-08-17 17:35

待更换设备编号： ▾

待更换设备类型： 原机

待更换设备品牌：

待更换设备型号：

待更换设备测量原理：

待更换设备加热方式：

处理说明： 换回原机

处理记录： ◎ 颗粒物PM2.5自动监测分析仪运行状况检查记录

◎ 空气自动监测仪器设备检修记录表

◎ 校准处理

图 3-1-24　2020 年 8 月 17 日"国控城市点位 1"监测仪器故障工单

④监测仪器使用情况分析

$PM_{2.5}$ "监测仪器 1"设置的启动加热湿度为 58%，而 $PM_{2.5}$ "监测仪器 2"设置的启动加热湿度为 35%，同城其他国控城市点位 $PM_{2.5}$ 监测仪器动态加热启动加热湿度均为 58%。

综上可知，"国控城市点位 1" $PM_{2.5}$ 在 2020 年 4 月 3 日—8 月 17 日使用"监测仪器 2"期间，数据与同城其他点位出现偏差的原因主要为"监测仪器 2"与 A 市其他点位启动加热湿度参数设置不同。

（3）最高加热温度设置不同

➤ 案例介绍

东北地区 A 市"国控城市点位 1" $PM_{2.5}$ 监测仪器为 T 品牌 S 型号，最高加热温度为 60℃，其采样管加热温度小时值通常高于 60℃，但数据无明显异常。该市共有 4 个国控城市点位，各点位均使用同品牌同型号 $PM_{2.5}$ 监测仪器，均为原机，同城其他 3 个点位 $PM_{2.5}$ 监测仪器的最高加热温度均设置为 80℃，只有该点位设置为 60℃，见图 3-1-25 和图 3-1-26。

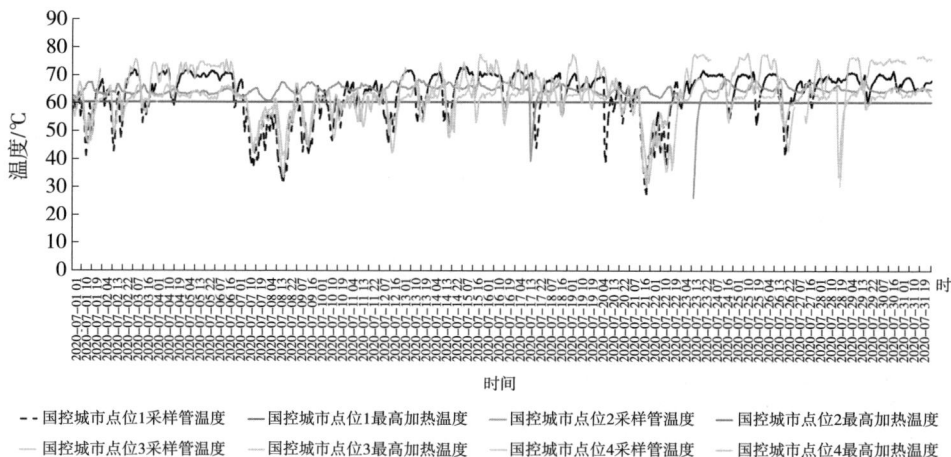

- - 国控城市点位1采样管温度　— 国控城市点位1最高加热温度　— 国控城市点位2采样管温度　— 国控城市点位2最高加热温度
— 国控城市点位3采样管温度　— 国控城市点位3最高加热温度　— 国控城市点位4采样管温度　— 国控城市点位4最高加热温度

图 3-1-25　2020 年 7 月 1—31 日东北地区 A 市各点位 $PM_{2.5}$ 监测仪器
采样管温度和最高加热温度小时值

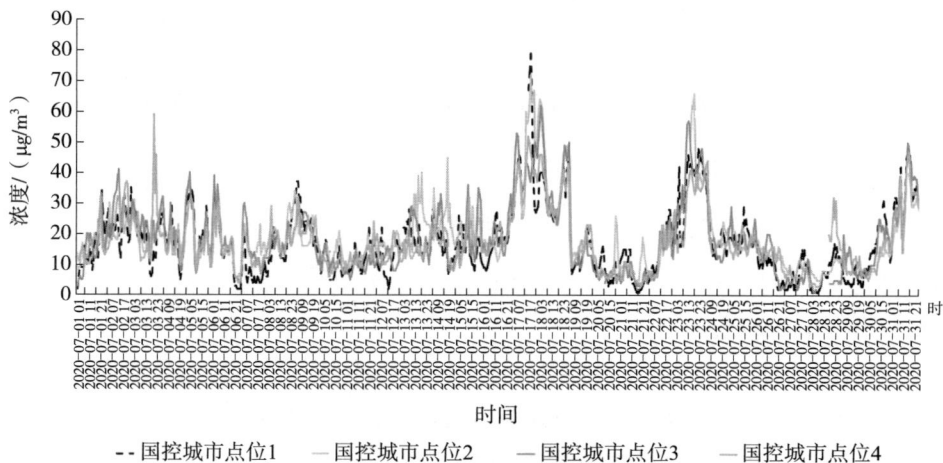

- - 国控城市点位1　— 国控城市点位2　— 国控城市点位3　— 国控城市点位4

图 3-1-26　2020 年 7 月 1—31 日东北地区 A 市各点位 $PM_{2.5}$ 小时值

➤ **案例分析**

　　本案例涉及的分析方法主要为监测仪器使用情况分析、多点位单项污染物数据变化趋势分析和日常运维情况分析。

　　①监测仪器使用情况分析

　　东北地区 A 市 $PM_{2.5}$ 监测仪器均为 S 品牌。"国控城市点位 1" $PM_{2.5}$ 监测仪器最高加热温度为 60℃，同城其他点位监测仪器均为 80℃，如图 3-1-27、

图 3-1-28 所示。2020 年 7 月，该监测仪器的采样管温度偶尔超过最高加热温度，导致仪器报警，PM$_{2.5}$ 数据带有报警标识。

**图 3-1-27　2020 年 7 月 1—31 日东北地区 A 市"国控城市点位 1"
PM$_{2.5}$ 监测仪器最高加热温度**

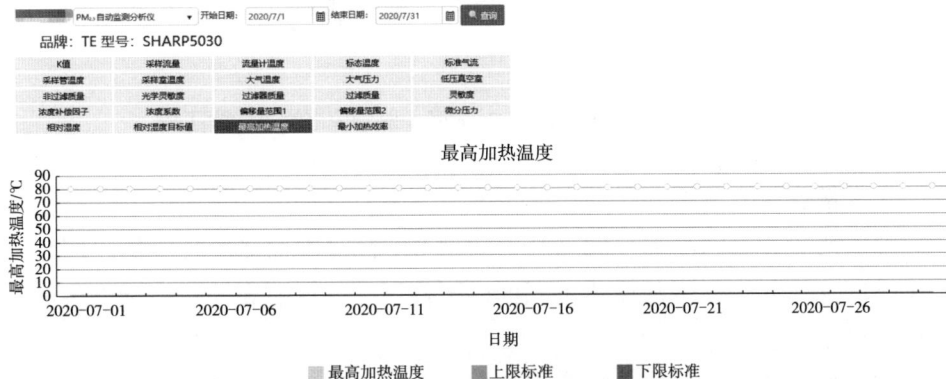

**图 3-1-28　2020 年 7 月 1—31 日东北地区 A 市"国控城市点位 2"
PM$_{2.5}$ 监测仪器最高加热温度**

②多点位单项污染物数据变化趋势分析

"国控城市点位 1"PM$_{2.5}$ 数据变化趋势与同城其他点位一致，该点位 7 月 PM$_{2.5}$ 月均值为 15 μg/m³，同城其他点位月均值为 19 μg/m³，仅相差 4 μg/m³，数据未表现出明显异常。

③日常运维情况分析

数据审核人员与运维人员核实，该报警不影响仪器正常采样，仪器运行

64

环境空气质量自动监测数据审核复核技术要求与典型案例分析
HUANJING KONGQI ZHILIANG ZIDONG JIANCE SHUJU SHENHE FUHE JISHU YAOQIU YU DIANXING ANLI FENXI

正常，如图 3-1-29 所示。

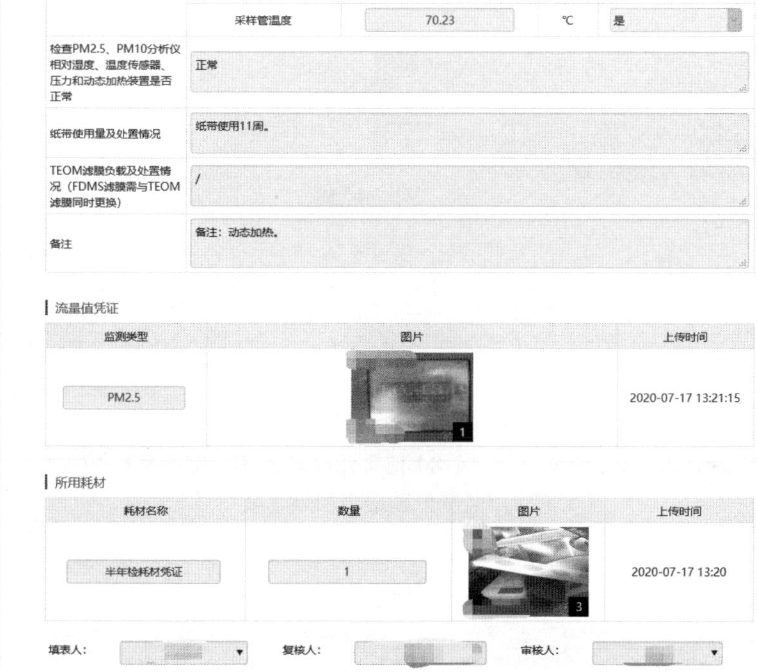

图 3-1-29 "国控城市点位 1" PM$_{2.5}$ 监测仪器运行检查工单

➤ **案例点评**

综上所述，不同品牌、同品牌不同型号、同品牌监测原理不同、同品牌同型号同加热方式但参数设置不同的监测仪器，都可能会导致目标点位监测数据出现差异。

不同型号的监测仪器之间存在差异，例如，加热方式是动态加热还是固定加热、有无无光浊度计等；同品牌监测原理不同的监测仪器之间也存在差异，如 β 射线法是利用 β 射线衰减量测试采样期间增加的颗粒物质量；振荡天平法是通过振荡原件，根据颗粒物的质量不同，出现不同的振荡频率，当颗粒物越来越重时，振荡原件摆动的频率就会越来越慢，通过实时测量振荡频率，测算颗粒物含量的浓度。

若出现由于同城点位仪器品牌、型号等不同导致数据差异的情况，在排除地理条件及点位周边环境影响后，建议指导运维人员对目标点位开展手工比对监测或联机比对监测，以确认数据是否准确有效。

目前，仪器适用性标准较为宽泛，监测仪器厂商参差不齐，为避免由仪器品牌、型号、监测原理、加热方式等不同导致同城数据出现差异，应尽量保证同城各点位使用同一品牌同型号的设备，且加热方式与参数设置相同，不能随意更改监测仪器参数。建议收严仪器适用性标准要求，提高数据监测的精准性。

5. PM_{10} 仪器加热方式设置更改

➤ **案例介绍**

华东地区 A 市"国控城市点位 1"PM_{10} 监测仪器在 2022 年 1 月 18 日更改了加热方式，由固定加热改为动态加热，更改加热方式前该点位 PM_{10} 数据略低于同城其他点位，更改加热方式后与同城其他点位相比数据略高，如图 3-1-30 所示。

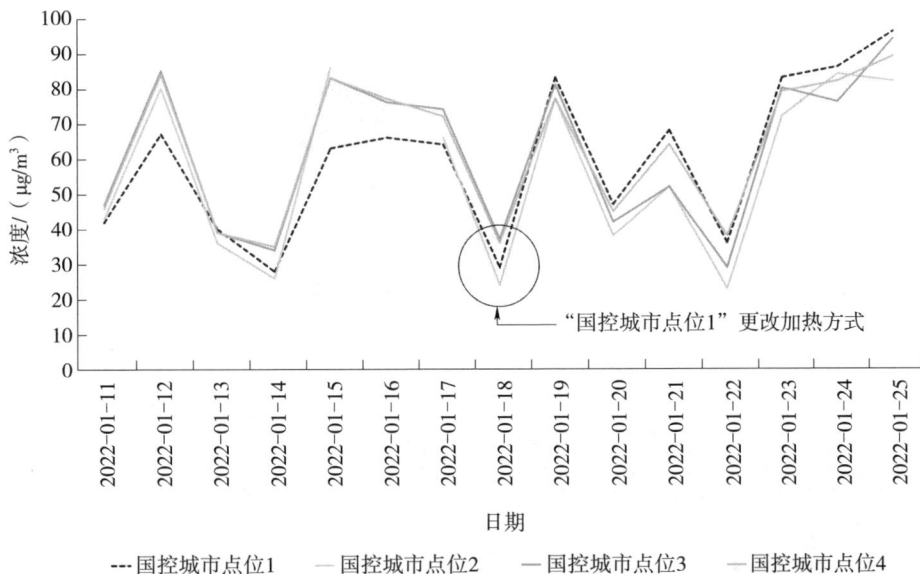

图 3-1-30　更改加热方式前后各点位 PM_{10} 日均值

➤ **案例分析**

本案例涉及的分析方法主要为监测仪器使用情况分析、多点位单项污染物数据变化趋势分析。

①监测仪器使用情况分析

华东地区 A 市共有 4 个国控城市点位，"国控城市点位 1"PM_{10} 为原机 T

监测仪器，更改加热方式前为固定加热，加热温度为 30℃，2022 年 1 月 18 日由固定加热更改为动态加热，加热启动湿度目标值为 35%，如图 3-1-31、图 3-1-32 所示。同城其他点位均为原机 M 监测仪器，加热方式均为动态加热，加热启动湿度目标值为 35%。

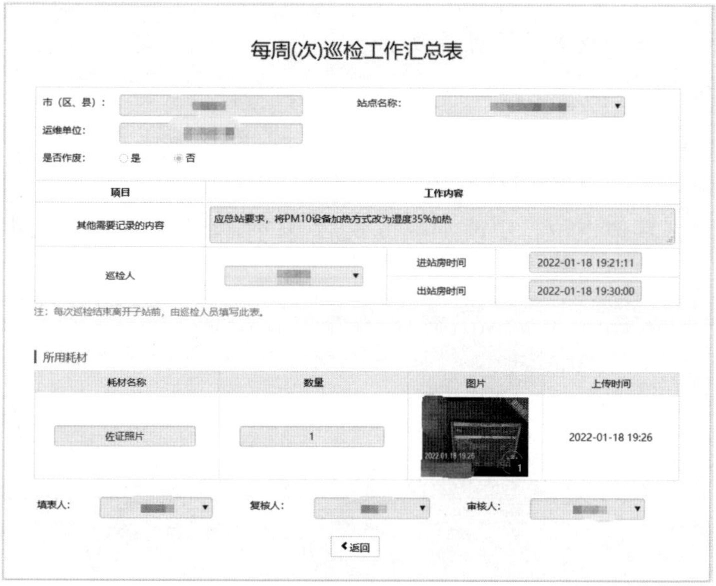

图 3-1-31　更改加热方式信息

图 3-1-32　更改加热方式后监测仪器加热参数

②多点位单项污染物数据变化趋势分析

对更改加热方式前后 7 天的数据进行对比分析，更改加热方式前 7 天（1 月 11—17 日）"国控城市点位 1"PM_{10} 日均浓度均值为 53 μg/m³，同时段同城其他点位均值为 61 μg/m³，相对偏差为 -13.1%；更改加热方式后 7 天（1 月 19—25 日）"国控城市点位 1"PM_{10} 日均浓度均值为 71 μg/m³，同时段同城其他点位均值为 65 μg/m³，相对偏差为 9.2%，见表 3-1-5。"国控城市点位 1"PM_{10} 数据在更改加热方式前后有明显差异，更改加热方式后较同城数据有明显升高。

表 3-1-5　更改加热方式前后 7 天各点位数据变化

时间	国控城市点位 1/（μg/m³）	国控城市点位 2/（μg/m³）	国控城市点位 3/（μg/m³）	国控城市点位 4/（μg/m³）	周边点位均值/（μg/m³）	绝对偏差/（μg/m³）	相对偏差/%
更改加热方式前 7 天	53	56	63	62	61	-8	-13.1
更改加热方式当天（2022 年 1 月 18 日）	29	24	37	36	32	-3	-9.4
更改加热方式后 7 天	71	61	65	68	65	6	9.2

➤ **案例点评**

同一城市内 PM_{10} 监测仪器应尽量设为同一种监测原理。在本案例中，更改加热方式前，"国控城市点位 1"PM_{10} 数据与其他点位存在明显差异，更改加热方式后，监测仪器的加热方式和加热参数（动态加热，加热启动湿度目标值为 35%）与同城其他点位一致，该点位数据发生了较大变化，由同城低浓度变为高浓度，更加真实地反映了该点位的 PM_{10} 监测结果。

随着监测技术的发展，目前使用的 $PM_{2.5}$ 监测仪器均为动态加热，大部分在用的 PM_{10} 监测仪器为动态加热，少部分使用年限较长的 PM_{10} 监测仪器为固定加热。固定加热为持续加热，挥发和半挥发的物质易损失，会导致监测结果与动态加热方式不一致。加热方式不同容易产生颗粒物数据倒挂，更改加热方式能减少倒挂情况的发生。为了考核的客观公正，应保持同城监测设备的监测原理一致，使数据具有可比性。

6. PM_{10} 和 $PM_{2.5}$ 监测仪器加热方式不一致

➤ **案例介绍**

华中地区 A 市"国控城市点位 1"PM_{10} 监测仪器加热方式为固定加热，

$PM_{2.5}$监测仪器加热方式为动态加热，经常发生颗粒物监测数据倒挂。为改善"颗粒物倒挂"情况，在2022年1月19日将该点位PM_{10}监测仪器加热方式调整为动态加热，更改加热方式前该点位PM_{10}数据与同城其他点位相比存在明显差异，更改加热方式后与同城其他点位数据基本一致，"颗粒物倒挂"情况得到较大改善，如图3-1-33所示。

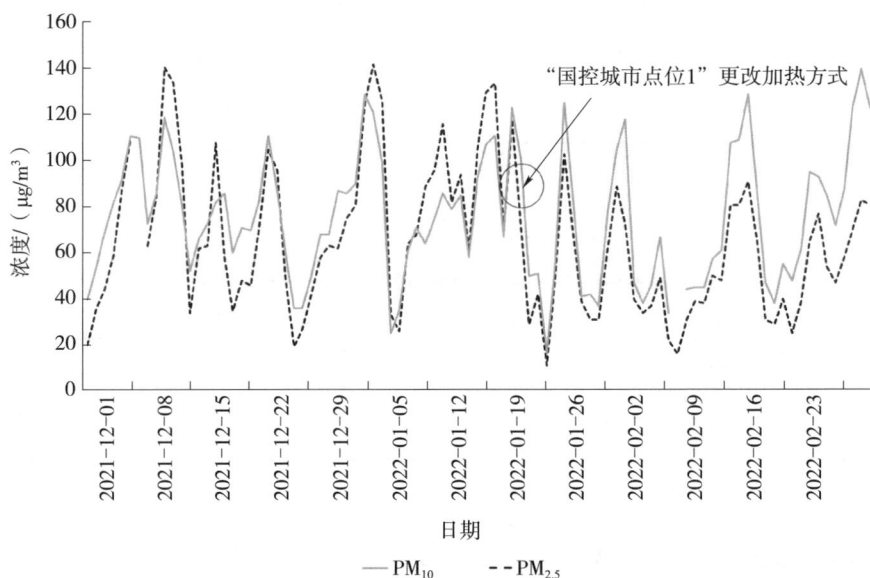

图3-1-33 "国控城市点位1"更改加热方式前后颗粒物日均值

> **案例分析**

本案例中，通过单点位相关污染物分析和多点位多项污染物数据变化趋势分析的方法，对PM_{10}和$PM_{2.5}$监测仪器加热方式不一致的情况进行了分析，说明仪器差异可能会引起"颗粒物倒挂"的情况发生。

①单点位相关污染物分析

华中地区A市共有4个国控城市点位，用PM_{10}监测仪器更改加热方式前后7天的数据作比较分析，更改加热方式前7天（1月12—18日）"国控城市点位1"颗粒物小时值倒挂率为70.8%，倒挂时长为17 h，颗粒物占比为113%；更改加热方式后7天（1月20—26日）"国控城市点位1"颗粒物小时值倒挂率为5.0%，倒挂时长为1 h，颗粒物占比为77%。PM_{10}监测仪器更改加热方式后，颗粒物占比下降，由113%降至77%，明显恢复正常，如

表 3-1-6 所示。

表 3-1-6 修改加热方式前后 7 天各点位数据变化分析

日期	倒挂率 /%	倒挂时长 /h	颗粒物占比 /%
1 月 12—18 日	70.8	17	113
1 月 20—26 日	5.0	1	77

②多点位多项污染物数据变化趋势分析

PM$_{10}$ 监测仪器更改加热方式前，"国控城市点位 1"PM$_{10}$ 数据与同城其他点位出现明显分层，更改加热方式前 7 天（1 月 12—18 日）该点位 PM$_{10}$ 浓度均值为 85 μg/m^3，同城其他点位 PM$_{10}$ 浓度均值为 124 μg/m^3，"国控城市点位 1"PM$_{10}$ 数据较其他点位低 31.5%；更改加热方式后 7 天（1 月 20—26 日）该点位 PM$_{10}$ 浓度均值为 67 μg/m^3，同城其他点位 PM$_{10}$ 浓度均值为 63 μg/m^3，"国控城市点位 1"PM$_{10}$ 数据较其他点位高 6.3%。PM$_{10}$ 监测仪器更改加热方式后，PM$_{10}$ 数据由明显偏低分层变为与同城其他点位基本一致，与 PM$_{2.5}$ 数据变化趋势呈现合理相关性，如图 3-1-34、图 3-1-35 所示。从各点位颗粒物占比来看，"国控城市点位 1"更改加热方式后，与同城其他点位颗粒物占比趋于一致，恢复正常水平，如图 3-1-36 所示。

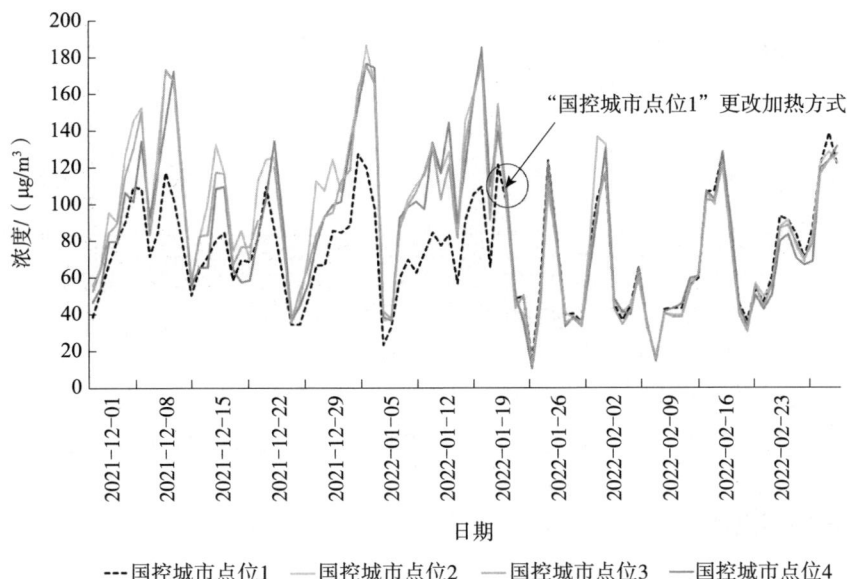

图 3-1-34 "国控城市点位 1"更改加热方式前后 PM$_{10}$ 日均值

70

环境空气质量自动监测数据审核复核技术要求与典型案例分析
HUANJING KONGQI ZHILIANG ZIDONG JIANCE SHUJU SHENHE FUHE JISHU YAOQIU YU DIANXING ANLI FENXI

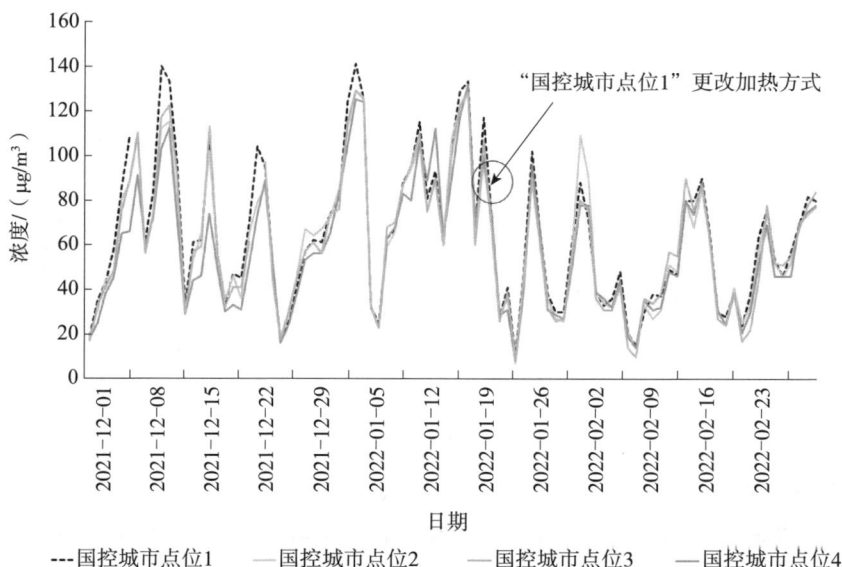

图 3-1-35　"国控城市点位 1"更改加热方式前后 $PM_{2.5}$ 日均值

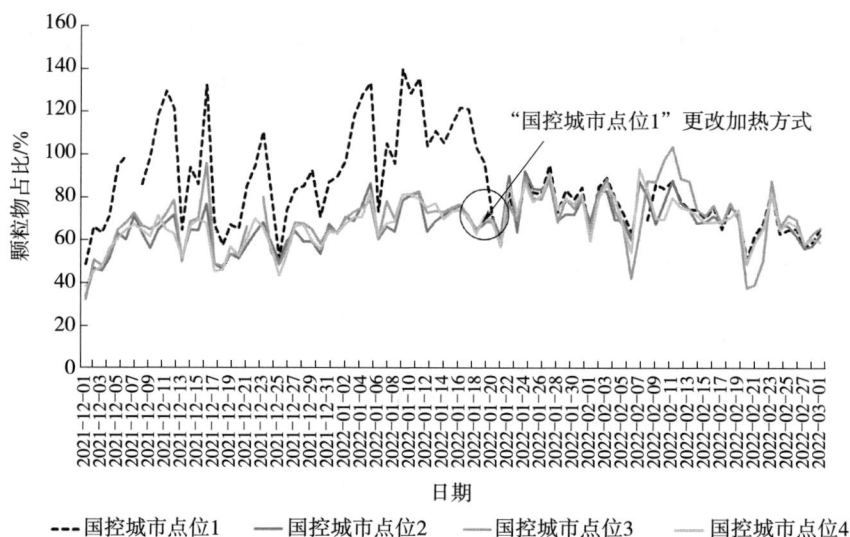

图 3-1-36　"国控城市点位 1"更改加热方式前后各点位颗粒物占比

➤ **案例点评**

　　仪器差异可能会引起"颗粒物倒挂"。"颗粒物倒挂"问题产生的原因有 3 个方面：一是 PM_{10} 和 $PM_{2.5}$ 监测方法存在差异，包括 PM_{10} 和 $PM_{2.5}$ 监测原理不同、仪器采样系统加热方式不同、是否联用膜动态测量系统（FDMS）；二是仪器技术标准要求较为宽松；三是监测仪器品牌配置、使用年限以及运行维护等的影响。

　　根据"颗粒物倒挂"问题产生的原因，针对性地采取不同措施：一是消除监测方法差异，保证同一点位 PM_{10} 与 $PM_{2.5}$ 仪器监测方法一致，如本案例中 PM_{10} 监测仪器加热方式由固定加热调整为与 $PM_{2.5}$ 监测仪器相同的动态加热；二是随着环境空气监测的发展，监测结果也对管理提供了正向反馈，对后续的仪器适用性检测提出了更高要求，需要制定更严格的标准，提高仪器准入市场的门槛；三是采用更新、维修、校准等方式减少"颗粒物倒挂"问题。

（二）仪器更换

案例一

➤ 案例介绍

　　西南地区 A 市"国控城市点位 1"自 2020 年 10 月 6 日 $PM_{2.5}$ 监测仪器由"监测仪器 1"更换为"监测仪器 2"后，$PM_{2.5}$ 监测仪器数据较同城其他点位开始出现偏差。11 月 29 日该点位换回"监测仪器 1"后，$PM_{2.5}$ 数据恢复正常，与同城其他点位基本一致，如图 3-1-37 所示。

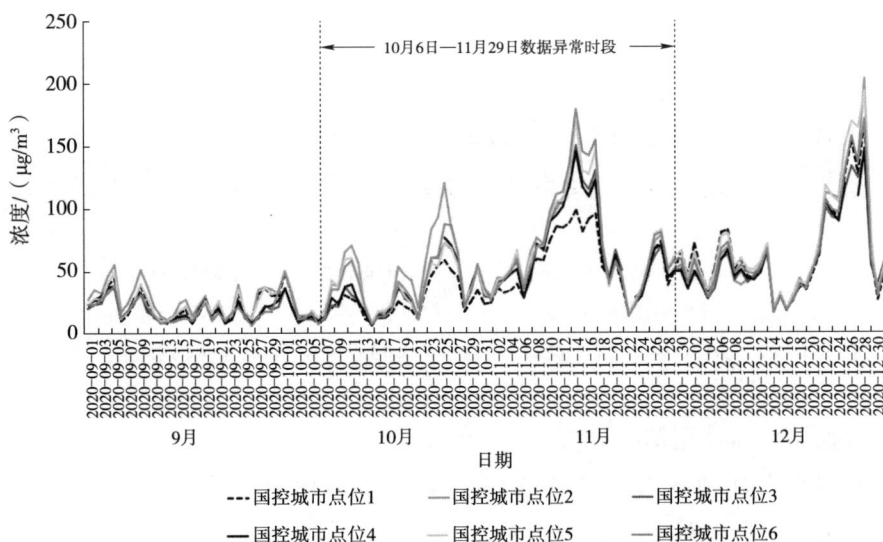

图 3-1-37　2020 年 9 月 1 日—12 月 30 日西南地区 A 市各点位 $PM_{2.5}$ 日均值

➤ **案例分析**

本次分析运用了多点位单项污染物数据变化趋势分析、监测仪器使用情况分析和日常运维情况分析 3 种分析方法。

①多点位单项污染物数据变化趋势分析

"国控城市点位 1"在使用"监测仪器 1"期间，即 2020 年 10 月 6 日之前和 11 月 29 日之后，该点位 $PM_{2.5}$ 浓度变化趋势与同城其他点位一致。

该点位 $PM_{2.5}$ 数据在 2020 年 10 月 6 日—11 月 29 日使用"监测仪器 2"期间，较同城其他点位出现偏差，绝对偏差为 -11 μg/m³，相对偏差为 -21%。对比使用"监测仪器 2"前后相同时间间隔的数据，即在使用"监测仪器 1"的 2020 年 9 月 1 日—10 月 5 日和 2020 年 11 月 30 日—2021 年 12 月 30 日两个时段内，"国控城市点位 1"较同城其他点位 $PM_{2.5}$ 累计日均值浓度的绝对偏差分别为 0 μg/m³ 和 -2 μg/m³，相对偏差分别为 0 和 -3%，差异不大。如图 3-1-38、表 3-1-7 所示。

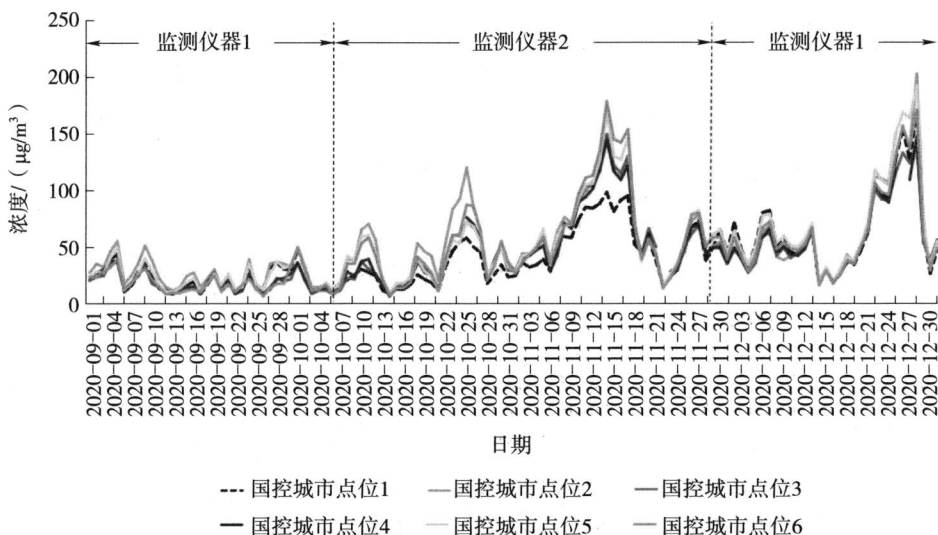

图 3-1-38　2020 年 9 月 1 日—12 月 30 日西南地区 A 市各点位 $PM_{2.5}$ 日均值

②监测仪器使用情况分析

更换前西南地区 A 市各点位 $PM_{2.5}$ 监测仪器均为 T 品牌，10 月 6 日"国控城市点位 1"更换的"监测仪器 2"也为 T 品牌。"监测仪器 1"和"监测仪器 2"相对湿度目标值不同，"监测仪器 1"的相对湿度目标值为 58%，"监测仪器 2"为 35%。2020 年 10 月 6 日—11 月 29 日"国控城市点位 1"使用"监测仪器 2"期间，当相对湿度大于 35% 且小于 58% 时，"监测仪器 2"启动加热，其他点位 $PM_{2.5}$ 监测仪器未加热，导致数据出现偏差。

表 3-1-7 2020 年 8 月 12 日—2021 年 1 月 23 日西南地区 A 市 $PM_{2.5}$ 浓度变化

日期	国控城市点位 1/（μg/m³）	其他点位累计日均值 /（μg/m³）	绝对偏差 /（μg/m³）	相对偏差 /%
2020 年 8 月 12 日—10 月 5 日	20	20	0	0
2020 年 10 月 6 日—11 月 29 日	42	54	−11	−21
2020 年 11 月 30 日—2021 年 1 月 23 日	64	66	−2	−3

11 月 29 日运维人员将"国控城市点位 1"$PM_{2.5}$ 监测仪器换回"监测仪器 1"，工单情况如图 3-1-39 所示。

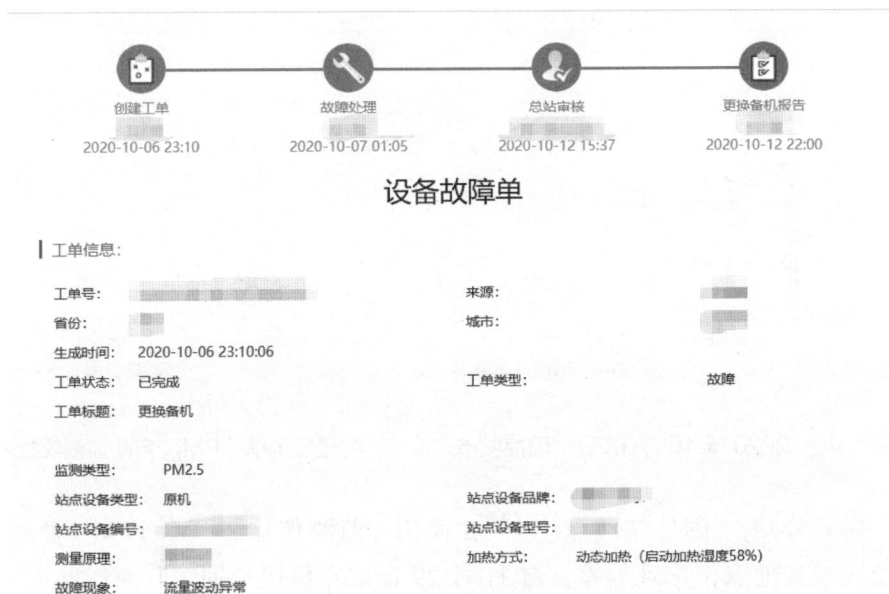

图 3-1-39 2020 年 10 月 6 日"国控城市点位 1"更换 $PM_{2.5}$"监测仪器 2"工单

③日常运维情况分析

10 月 13 日、20 日和 11 月 24 日运维人员分别进入点位进行周巡检，对"监测仪器 2"的流量、采样管温度、温度传感器和纸带进行检查，检查结果均为合格，监测仪器均为正常运行，具体工单如图 3-1-40 所示。

颗粒物 PM₂.₅ 自动监测分析仪运行状况检查记录（每周）

市（区、县）：		站点名称：		▼
运维单位：				
是否作废：	○是 ⊙否			

仪器品牌				
仪器型号(PM2.5)		仪器编号		
检查项目	正常范围	检查值	是否正常	异常时处理记录
流量(Main Flow)	15.87～17.54 L/min	16.87 L/min	是 ∨	/
采样管温度(Air.Temp)	≤50℃	动态加热 ℃	是 ∨	/
其他参数（SHARP5030仪器记录T1～T4，P1～P3）	T1	/		℃
	T2	/		℃
	T3	/		℃
	T4	/		℃
	P1	/		hPa
	P2			hPa

	检查项目	检查值	单位	是否正常
检查项目参数自动获取失败手工补录	流量	16.87	L/min	是 ∨
	采样管温度	动态加热	℃	是 ∨
检查PM2.5、PM10分析仪相对湿度、温度传感器、压力和动态加热装置是否正常	正常			
纸带使用量及处置情况	已使用2周			
TEOM滤膜负载及处置情况（FDMS滤膜需与TEOM滤膜同时更换）	/			
备注	气道温度31.0℃ 流量已带入流量计线性方程			

图 3-1-40 2020 年 10 月 13 日"国控城市点位 1"周巡检工单（PM₂.₅ 自动监测仪检查）

综上可知，"国控城市点位 1"在使用"监测仪器 2"期间 PM₂.₅ 监测数据较同城其他点位出现偏差，自 11 月 29 日该点位更换回"监测仪器 1"后 PM₂.₅ 数据恢复正常，由此可知数据出现偏差主要由仪器更换导致。

【案例二】

➤ 案例介绍

华东地区 A 市"国控城市点位 1"PM₂.₅ 监测仪器在 2021 年 3 月 17 日由

S 品牌备机更换为同品牌同型号原机，更换后该点位 PM$_{2.5}$ 日均值数据从同城
低位升至最高位，如图 3-1-41 所示。

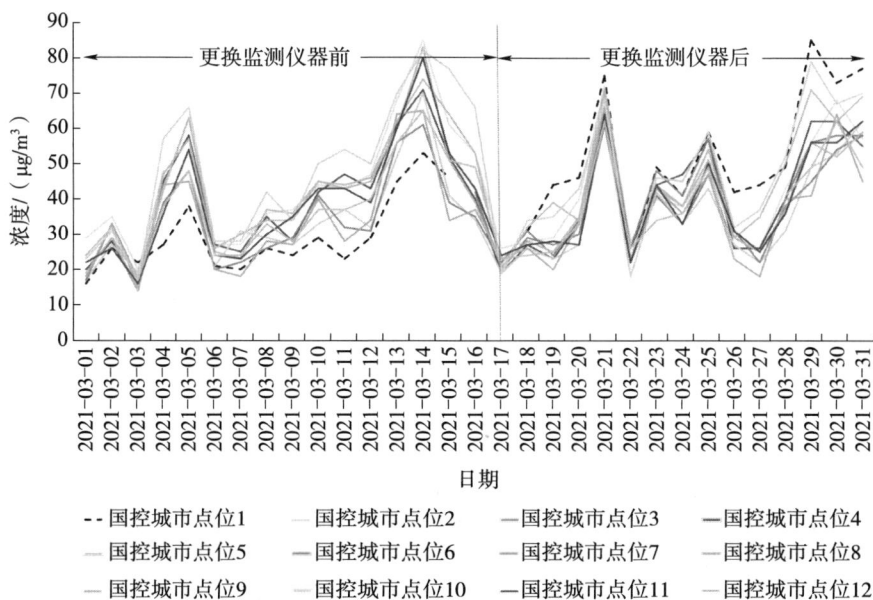

图 3-1-41　"国控城市点位 1"更换监测仪器前后数据变化趋势

➤ **案例分析**

本案例涉及的分析方法主要为多点位单项污染物数据变化趋势分析和监
测仪器更换情况分析。

①多点位单项污染物数据变化趋势分析

华东地区 A 市"国控城市点位 1"PM$_{2.5}$ 监测仪器在 2021 年 3 月 17 日
由 S 品牌备机更换为同品牌同型号原机，更换前 7 天该点位和同城其他点位
日均值的累计均值分别为 36 μg/m^3、49 μg/m^3，更换后 7 天分别为 44 μg/m^3、
37 μg/m^3，更换前后 7 天该点位和同城其他点位相对偏差分别为 -26.5% 和
18.9%，数据变化明显，如表 3-1-8 所示。

表 3-1-8　更换备机前后 7 天"国控城市点位 1"及同城其他点位 PM$_{2.5}$ 浓度均值和偏差

时段	国控城市点位 1/（μg/m^3）	同城其他点位均值 /（μg/m^3）	相对偏差 /%
更换备机前 7 天	36	49	-26.5
更换备机后 7 天	44	37	18.9

②监测仪器更换情况分析

"国控城市点位 1"$PM_{2.5}$ 原机和备机的监测原理一致，均为光散射加 β 射线法，但两者的启动加热相对湿度目标值不一致，原机为 58%，备机为 35%，如图 3-1-42 所示。相对湿度目标值不一致会导致监测仪器更换前后数据出现差异。

设备故障单

工单信息：

工单号：	████████	来源：	████
省份：	██	城市：	████
生成时间：	2021-03-17 10:21:45		
工单状态：	已完成	工单类型：	故障
工单标题：	换回原机		
工单内容：	换回原机		

监测类型：	PM2.5		
站点设备类型：	备机	站点设备品牌：	████
站点设备编号：	████	站点设备型号：	████
测量原理：	β射线法	加热方式：	动态加热（启动加热湿度35%）
故障现象：	换回原机		

故障处理：

远程处理：　○ 是　　◉ 否

处理方式：　换回原机

更换时间：　2021-03-17 10:30

待更换设备编号：　████

待更换设备类型：　原机

待更换设备品牌：　████

待更换设备型号：　████

待更换设备测量原理：　████

图 3-1-42 "国控城市点位 1"更换监测仪器工单

➤ **案例点评**

以上两个案例中均出现了数据趋势在更换监测仪器前后发生明显变化的情况，可见不同监测仪器可能对数据产生一定影响。因此，运维公司要严格对更换监测仪器的评估，特别是监测仪器上架前加强比对，保证监测仪器上架前数据可靠；监测仪器上架后及时开展跟踪分析，确保上架前后数据无明显异常。

为了保证考核的一致性、可靠性，建议同一城市使用同品牌、同型号、同监测原理、同参数的监测仪器，避免监测仪器更换前后的数据出现太大变化。

因点位更换监测仪器导致数据变化趋势与同城其他点位不一致，应及时派单请运维单位对监测仪器进行检查，若各项检查均为合格，则应进行手工比对或联机比对以验证数据的准确性。

（三）仪器运行

1. 监测仪器本身不稳定

➢ **案例介绍**

华北地区 A 市"国控城市点位 1"PM$_{2.5}$数据在 2020 年 4 月 27 日 20 时—28 日 10 时出现连续恒值，浓度为 14 μg/m^3，如图 3-1-43 所示。

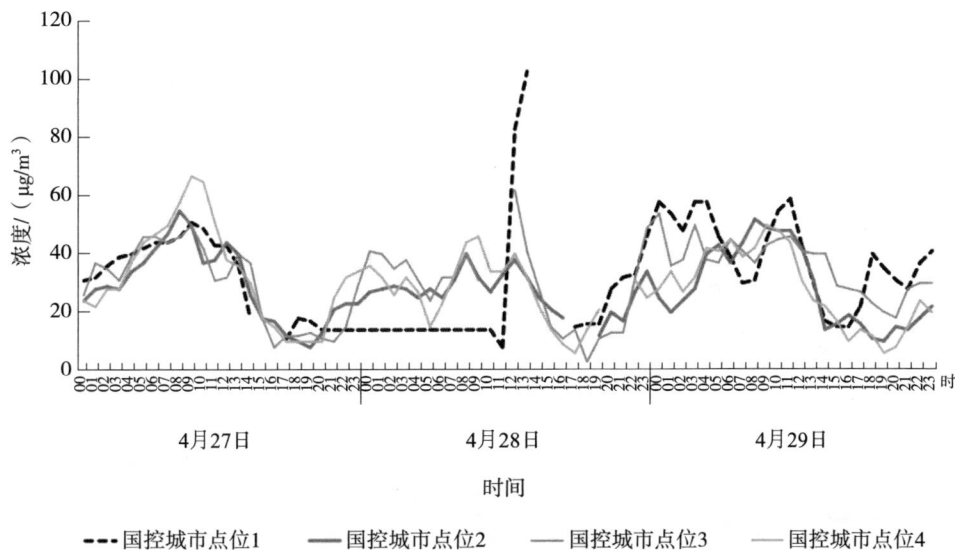

图 3-1-43　2020 年 4 月 27—29 日华北地区 A 市各点位 PM$_{2.5}$小时值

➢ **案例分析**

本案例使用多点位单项污染物数据变化趋势分析和日常运维情况分析方法，通过与同城其他点位数据趋势进行比较，并核实运维情况，确认数据异常。

①多点位单项污染物数据变化趋势分析

2020 年 4 月 27 日 20 时—28 日 10 时，与同城其他点位数据正常波动不同，“国控城市点位 1”$PM_{2.5}$ 小时值持续恒值无变化，如表 3-1-9 所示。

表 3-1-9　2020 年 4 月 27 日 11 时—28 日 19 时“国控城市点位 1”与其他国控点位 $PM_{2.5}$ 小时浓度

时间	国控城市点位 1/（μg/m³）	国控城市点位 2/（μg/m³）	国控城市点位 3/（μg/m³）	国控城市点位 4/（μg/m³）
2020-04-27 10：00—19：00	29	25	25	28
2020-04-27 20：00	14	13	11	10
2020-04-27 21：00	14	21	10	25
……	14	……	……	……
2020-04-28 9：00	14	32	31	46
2020-04-28 10：00	14	27	—	34
2020-04-28 11：00—23：00	38	25	24	23

②日常运维情况分析

查看相关参数可以发现，2020 年 4 月 27 日 20 时—28 日 10 时膜质量参数持续为 0，且该情况出现在 27 日 17 时仪器维护之后。28 日更换控制阀后数据恢复，如图 3-1-44～图 3-1-47 所示。

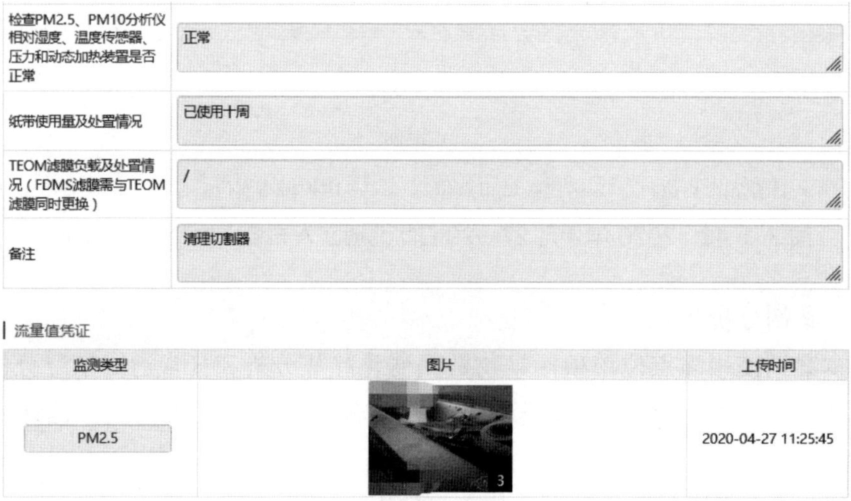

检查PM2.5、PM10分析仪相对湿度、温度传感器、压力和动态加热装置是否正常	正常
纸带使用量及处置情况	已使用十周
TEOM滤膜负载及处置情况（FDMS滤膜需与TEOM滤膜同时更换）	/
备注	清理切割器

流量值凭证

监测类型	图片	上传时间
PM2.5		2020-04-27 11:25:45

图 3-1-44　2020 年 4 月 27 日“国控城市点位 1”$PM_{2.5}$ 监测仪器运维巡检工单

2020-04-27 19:45	10	26	1	27	0.503	103	50	14	0(BB)	-99	873.4	20.5	5	163.5	1	-99	0(BB)
2020-04-27 19:50	10	27	1	28	0.499	106	33	14	0(BB)	-99	873.5	20.4	5	141.6	1.3	-99	0(BB)
2020-04-27 19:55	10	28	1	29	0.499	104	37	14	0(BB)	-99	873.7	20.4	5	138.1	1.5	-99	0(BB)
2020-04-27 20:00	10	31	1	32	0.528	101	40	14	0(BB)	-99	873.6	20.4	5	125.9	1.6	-99	0(BB)

PM2.5 仪器状态数据

品牌： 型号：

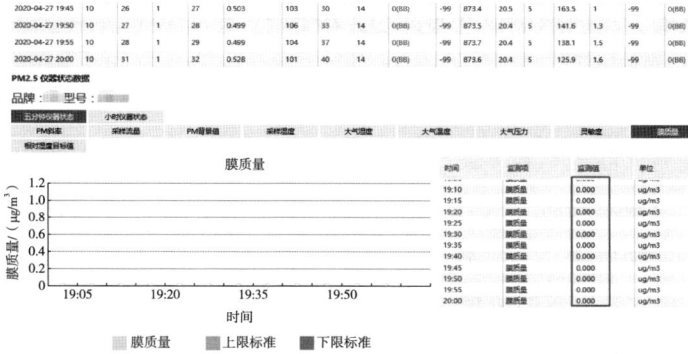

图 3-1-45 2020 年 4 月 27 日"国控城市点位 1"PM$_{2.5}$ 膜质量数据

2020-04-28 09:45	54	58	18	86	1.616	60	111	14	0(BB)	-99	872.9	20	9	5.5	3.4	-99	0(BB)
2020-04-28 09:50	54	60	19	89	1.628	59	115	14	0(BB)	-99	872.4	20.1	10	3.4	1.8	-99	0(BB)
2020-04-28 09:55	55	61	19	91	1.631	56	121	14	0(BB)	-99	872.6	20.2	10	6.5	2.4	-99	0(BB)
2020-04-28 10:00	55	65	22	98	1.571	54	128	14	0(BB)	-99	872.4	20.6	9	29.1	2.2	-99	0(BB)

PM2.5 仪器状态数据

品牌： 型号：

图 3-1-46 2020 年 4 月 28 日"国控城市点位 1"PM$_{2.5}$ 膜质量数据

图 3-1-47 2020 年 4 月 27 日"国控城市点位 1"PM$_{2.5}$ 监测仪器报警工单

综上所述，判断该点位 4 月 27 日 20 时—28 日 10 时 $PM_{2.5}$ 数据为仪器运行不稳定期间数据。

➤ **案例点评**

某些监测仪器进行维护后，数据可能会出现持续恒值无变化情况，即存在仪器运行不稳定特征，无法正常准确地监测数据。针对这种情况，应加强运维管理，提高运维水平，精准发现异常原因。如果仪器性能长期不稳定或者恢复期比较长，应及时更换备机。

建议将同城内各点位监测仪器配置为性能稳定的监测仪器，收严仪器适用性标准，提高数据监测的精准性。

2. 数据呈现锯齿状波动

➤ **案例介绍**

西南地区 A 市"国控城市点位 1"PM_{10} 监测数据在 2020 年 12 月呈现锯齿状波动，且从 12 月 15 日开始频繁出现突降，与 $PM_{2.5}$ 数据一致性较差，如图 3-1-48 所示。

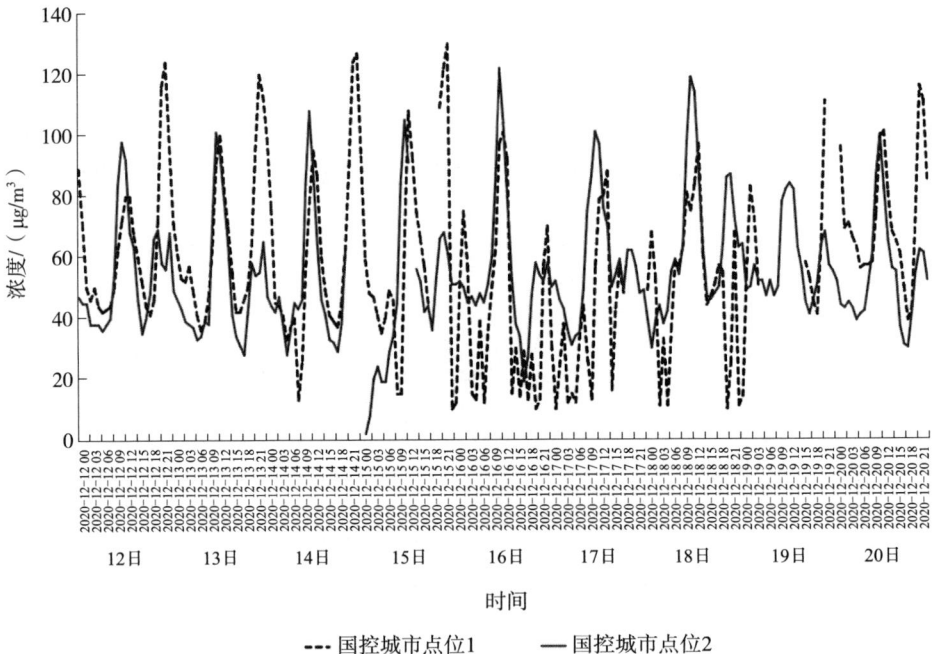

图 3-1-48　2020 年 12 月 12—20 日西南地区 A 市各点位 PM_{10} 小时值

➢ **案例分析**

本次分析运用了多点位单项污染物数据变化趋势分析、单点位相关污染物分析、监测仪器使用情况分析和日常运维情况分析 4 种分析方法。

① 多点位单项污染物数据变化趋势分析

西南地区 A 市共有 2 个国控城市点位，自 2020 年 12 月开始，"国控城市点位 1" PM_{10} 监测数据小时值波动较大，与另一个国控城市点位数据变化趋势一致性较差。2020 年 12 月 "国控城市点位 1" PM_{10} 浓度月均值为 59 μg/m³，较同城其他点位浓度月均值相对偏差大，为 20.4%。2020 年 11 月和 2021 年 1 月 "国控城市点位 1" 较同城其他点位浓度月均值相对偏差小，分别为 11.6% 和 14.3%，如图 3-1-49、表 3-1-10 所示。

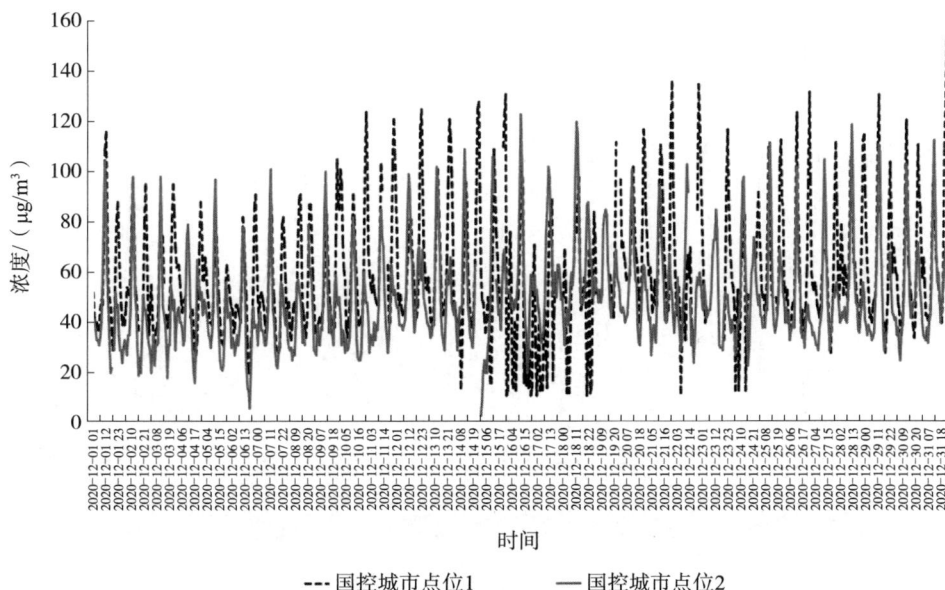

---国控城市点位1　　　——国控城市点位2

图 3-1-49　2020 年 12 月西南地区 A 市各点位 PM_{10} 小时值

表 3-1-10　2020 年 11 月—2021 年 1 月西南地区 A 市 PM_{10} 浓度变化

日期	国控城市点位 1/（μg/m³）	国控城市点位 2/（μg/m³）	周边均值/（μg/m³）	绝对偏差/（μg/m³）	相对偏差 /%
2020 年 11 月	48	43	43	5	11.6

续表

日期	国控城市点位 1/ ($\mu g/m^3$)	国控城市点位 2/ ($\mu g/m^3$)	周边均值 / ($\mu g/m^3$)	绝对偏差 / ($\mu g/m^3$)	相对偏差 /%
2020 年 12 月	59	49	49	10	20.4
2021 年 1 月	72	63	63	9	14.3

②单点位相关污染物分析

通过分析 2020 年 12 月西南地区 A 市"国控城市点位 1"PM_{10} 和 $PM_{2.5}$ 数据变化趋势发现,该点位 $PM_{2.5}$ 与 PM_{10} 数据在 12 月 15—19 日的趋势正相关性较差,且出现多时段"污染物倒挂"情况,如图 3-1-50 所示。

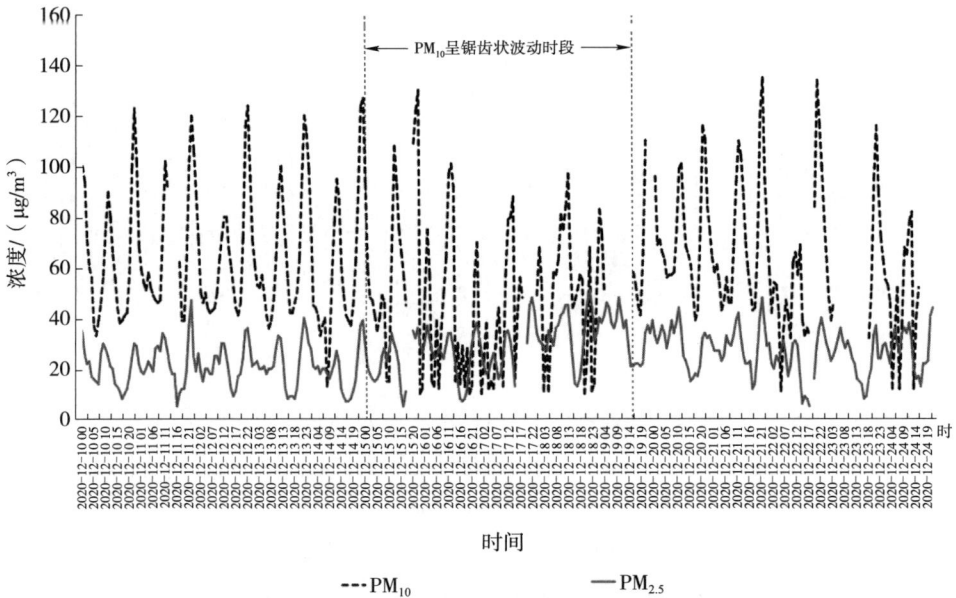

图 3-1-50　2020 年 12 月 10—24 日西南地区 A 市"国控城市点位 1" $PM_{2.5}$ 和 PM_{10} 小时值

③监测仪器使用情况分析

经核实,西南地区 A 市各点位 PM_{10} 运行监测仪器为不同品牌型号(动态加热,启动加热湿度为 35%),$PM_{2.5}$ 运行监测仪器为相同品牌(动态加热,启动加热湿度为 35%)。

④日常运维情况分析

2020 年 12 月 16 日运维单位人员对"国控城市点位 1"PM_{10} 监测仪器的大气压、温度、气密性、流量、膜片、DHS 控制盒、切割器、纸带斑点及仪器参数进行检查，检查结果均为正常。通过核实更换仪器工单，"国控城市点位 1"未更换过 PM_{10} 监测仪器，如图 3-1-51 所示。

图 3-1-51　2020 年 12 月 16 日"国控城市点位 1"PM_{10} 监测仪器计划外巡检工单

> **案例点评**

在同城某点位某项污染物（本案例中为 PM_{10}）监测数据较同城其他点位出现偏差，且该点位该污染物与其具有相关性的监测物的之间数据趋势的相关性变差时，应先在排除地理条件及点位周边环境影响后，则建议运维人员对异常点位开展手工比对监测或联机比对监测，以确认监测数据的准确性，同时对监测仪器进行其他检查。

若比对结果与检查结果均为合格，则考虑短时间内的数据异常波动可能为监测仪器品牌特性或监测仪器准确度降低导致，如本案例中监测仪器监测数据在低浓度时会呈锯齿状波动。建议收严仪器适用性标准，保证数据监测的准确性。

3. 重污染期间监测仪器测值偏低

> **案例介绍**

华北地区 A 市"国控城市点位 1"$PM_{2.5}$ 小时数据因其监测仪器品牌特性

在空气污染较重的 2020 年 1 月 2—11 日，与同城其他点位相比存在明显差异，如图 3-1-52 所示。

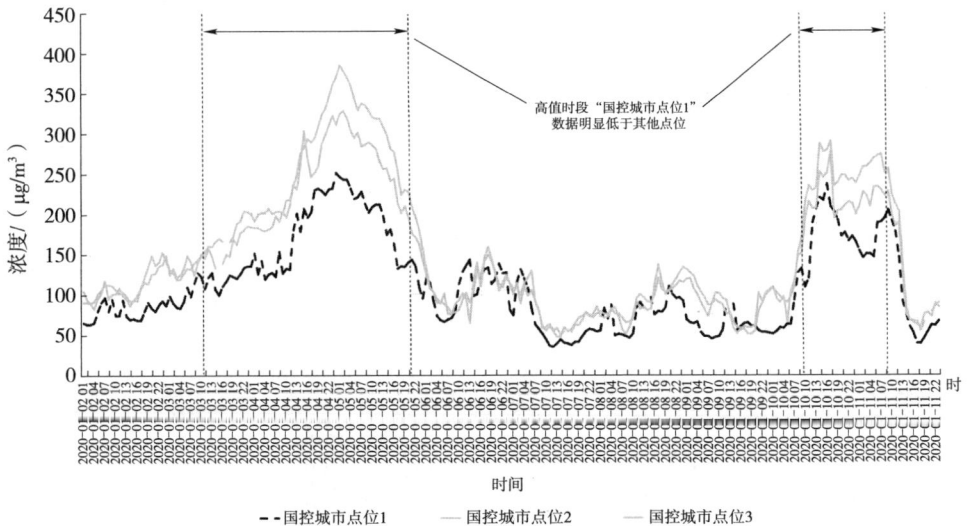

图 3-1-52　2020 年 1 月 2—11 日华北地区 A 市 $PM_{2.5}$ 小时值

> ➤ 案例分析

本案例涉及的分析方法主要为多点位单项污染物数据变化趋势分析、监测仪器使用情况分析和日常运维情况分析。

①多点位单项污染物数据变化趋势分析

当空气污染较重时，以 2020 年 1 月 3—5 日为例，"国控城市点位 1" $PM_{2.5}$ 日均值为 157 $\mu g/m^3$，同城其他点位 $PM_{2.5}$ 日均值为 223 $\mu g/m^3$，该点位与同城其他点位绝对偏差为 -66 $\mu g/m^3$；当空气污染较轻时（每天各点位数据＜100 $\mu g/m^3$），以 1 月 7—9 日为例，"国控城市点位 1" $PM_{2.5}$ 日均值为 65 $\mu g/m^3$，同城其他点位 $PM_{2.5}$ 日均值为 83 $\mu g/m^3$，该点位与同城其他点位绝对偏差为 -18 $\mu g/m^3$。由此可见，"国控城市点位 1" $PM_{2.5}$ 原机数据在污染较重时与同城其他点位差异较大。

查看点位并行监测仪器数据，在空气污染较重的 3—5 日，"国控城市点位 1"的并行 $PM_{2.5}$ 监测仪器均值为 210 $\mu g/m^3$，与同城其他点位绝对偏差为 -13 $\mu g/m^3$；在空气污染较轻的 7—9 日，其并行 $PM_{2.5}$ 监测仪器日均值为 85 $\mu g/m^3$，与同城其他点位绝对偏差为 2 $\mu g/m^3$，具体数据如表 3-1-11 所示。

表 3-1-11　2020 年 1 月 3—9 日华北地区 A 市各点位和并行
监测仪器点位 PM$_{2.5}$ 累计日均值

日期	国控城市点位 1/（μg/m³）	国控城市点位 1-并行/（μg/m³）	同城其他点位均值/（μg/m³）	国控城市点位 1 与同城其他点位的绝对偏差/（μg/m³）	国控城市点位 1 与同城其他点位的相对偏差/%	国控城市点位 1-并行与同城其他点位的绝对偏差/（μg/m³）	国控城市点位 1-并行与同城其他点位的相对偏差/%
3—5 日	157	210	223	-66	-29.6	-13	-5.8
7—9 日	65	85	83	-18	-21.7	2	2.4

由此可见，该点位 PM$_{2.5}$ 并行监测仪器数据和同城其他点位没有出现明显差异，原机监测数据在 PM$_{2.5}$ 高浓度时段存在明显差异，如图 3-1-53 所示。

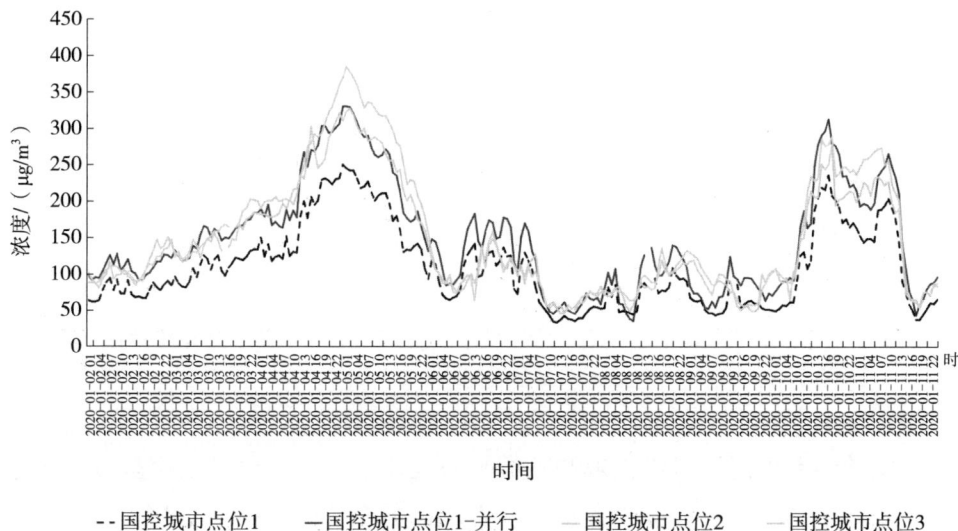

图 3-1-53　2020 年 1 月 2—11 日华北地区 A 市全部国控城市点位和并行监测仪器
点位 PM$_{2.5}$ 小时值

②监测仪器使用情况分析

通过在华北地区 A 市"国控城市点位 1"架设另一台 PM$_{2.5}$ 监测仪器，作为并行监测仪器运行，核实原监测仪器偏低情况是否正常。"国控城市点位 1"

监测仪器为 X 品牌的原机，其并行监测仪器为 L 品牌的备机。

③日常运维情况分析

运维人员在 2020 年 1 月 8 日进行日常运维时，未发现监测仪器运行异常，如图 3-1-54 所示。

检查PM2.5、PM10分析仪相对湿度、温度传感器、压力和动态加热装置是否正常	正常
纸带使用量及处置情况	已使用4周
TEOM滤膜负载及处置情况（FDMS滤膜需与TEOM滤膜同时更换）	/
备注	/

流量值凭证

监测类型	图片	上传时间
PM2.5	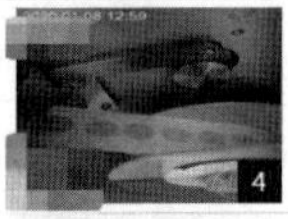	2020-01-08 12:59:14

所用耗材

耗材名称	数量	图片	上传时间
未使用耗材			

填表人： 复核人： 审核人：

返回

图 3-1-54　2020 年 1 月 8 日“国控城市点位 1”$PM_{2.5}$ 监测仪器运维巡检工单

> **案例点评**

在秋冬季重污染时段，观测数据趋势变化情况，可通过运用多点位污染物长时间序列变化趋势分析方法，若发现“国控城市点位 1”$PM_{2.5}$ 数据在高浓度时与同城其他点位相比存在差异，运维公司日常运维均正常，检查仪器未发现问题，则应考虑对原监测仪器进行比对，以评估数据质量，如在本案例中使用并行比对。

数据异常的监测仪器应尽快返厂维修，尤其在重污染期间数据出现明显差异，会导致其不能真实反映空气质量。运维人员需要在重污染期间加强对监测仪器的评估。

4.零跨漂移

➤ **案例介绍**

西南地区 A 市"国控城市点位 1"2021 年 4 月 5 日 22 时—4 月 6 日 12 时 SO_2 数据与同城其他国控点位相比存在明显差异，4 月 6 日进行零跨检查，4 月 7 日数据恢复正常，如图 3-1-55 所示。

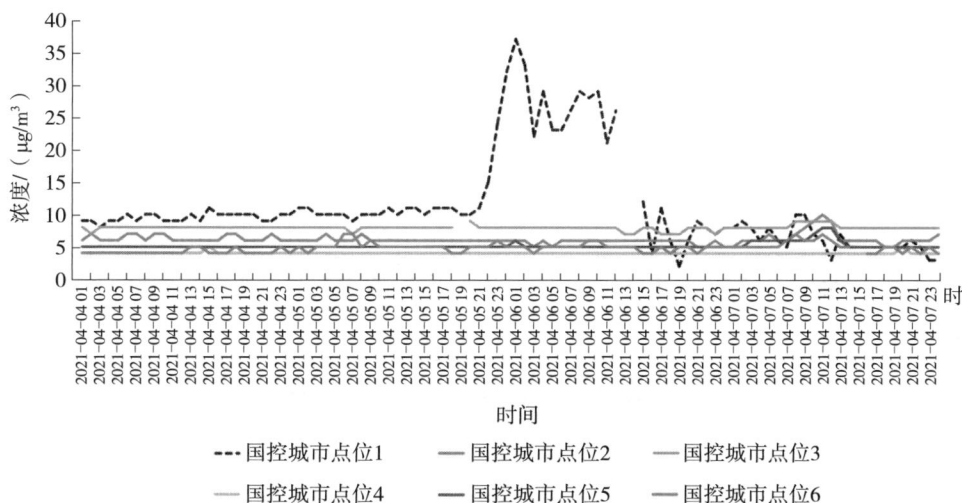

图 3-1-55　2021 年 4 月 4 日 1 时—4 月 7 日 23 时西南地区 A 市各点位 SO_2 小时值

➤ **案例分析**

本案例使用多点位单项污染物数据变化趋势分析和日常运维情况分析方法，通过与同城其他点位数据变化趋势进行比较，并核实运维情况，确认数据异常。

①多点位单项污染物数据变化趋势分析

2021 年 4 月 5 日 22 时—4 月 6 日 12 时"国控城市点位 1" SO_2 小时数据突升，与同城其他国控城市点位相比存在明显差异，同城各点位均使用 T 品牌 S 型号监测仪器。

②日常运维情况分析

经运维人员现场确认，2021 年 4 月 5 日 22 时—4 月 6 日 12 时数据异常由跨度漂移导致，跨度漂移为 16.75%，超过正常范围（±5%），如图 3-1-56、图 3-1-57 所示。

二氧化硫（SO₂）分析仪运行状况检查记录表（每周）

市（区、县）：				站点名称：			
运维单位：							
是否作废：	○是 ⦿否						
仪器品牌：							
仪器型号：				校准日期	2021-04-06		
仪器编号：				使用满量程（PPB）	500		
标气瓶编号：				标气瓶浓度（PPM）	51.3		
标气瓶压力(MPa)	7.25						
校准点	开始时间	结束时间	标准浓度	显示值 响应浓度		标定值 响应浓度	
零点	2021-04-06 11:55	2021-04-06 12:46	0	5.9	PPB	2.9	PPB
满量程的80%	2021-04-06 12:46	2021-04-06 13:40	400	437.8	PPB	400	PPB
零点漂移(PPB)	5.9					PPB	
跨度漂移(%)	9.5					%	
站点校准信息自动获取失败手工补录	零点显示值响应浓度			6.6			PPB
	满量程的80%显示值响应浓度			467			PPB
	零点漂移			6.6			PPB
	跨度漂移			16.75			%

图 3-1-56　2021 年 4 月 6 日"国控城市点位 1"SO₂ 监测仪器运维巡检工单

二氧化硫（SO₂）分析仪运行状况检查记录表（每周）

市（区、县）：				站点名称：			
运维单位：							
是否作废：	○是 ⦿否						
仪器品牌：							
仪器型号：				校准日期	2021-04-07		
仪器编号：				使用满量程（PPB）	500		
标气瓶编号：				标气瓶浓度（PPM）	51.3		
标气瓶压力(MPa)	7.1						
校准点	开始时间	结束时间	标准浓度	显示值 响应浓度		标定值 响应浓度	
零点	2021-04-07 14:57	2021-04-07 15:16	0	1.8	PPB	/	PPB
满量程的80%	2021-04-07 15:16	2021-04-07 16:30	400	400.4	PPB	403	PPB
零点漂移(PPB)	1.8					PPB	
跨度漂移(%)	0.1					%	
站点校准信息自动获取失败手工补录	零点显示值响应浓度			2.4			PPB
	满量程的80%显示值响应浓度			391			PPB
	零点漂移			2.4			PPB
	跨度漂移			-2.25			%

图 3-1-57　2021 年 4 月 7 日"国控城市点位 1"SO₂ 监测仪器运维巡检工单

➤ **案例点评**

气态污染物相比同城其他点位污染物水平出现明显分层的情况，可能是仪器零跨漂移导致，该案例为非周期性漂移，此时运维人员需及时到达现场对仪器进行校准，并持续重点关注仪器情况。除此之外，还有一种情况为周期性漂移，运维人员应长期关注仪器情况，总结仪器漂移规律并定期进行维护。若难以总结规律，可缩短仪器运维周期或更换仪器。

SO_2、NO_2、O_3 零点范围为 ±10 ppb，跨度（80% 量程）范围为 ±5%；CO 零点范围为 ±1 ppm，跨度（80% 量程）范围为 ±5%。

5. 仪器老化，数据不稳定

➢ **案例介绍**

华北地区 A 市"国控城市点位 1"2019 年 11 月 18—20 日 O_3 多个小时数据因监测仪器老化出现异常波动，如图 3-1-58 所示，与同城其他点位数据变化趋势不一致，20 日 11 时更换监测仪器后数据恢复正常。

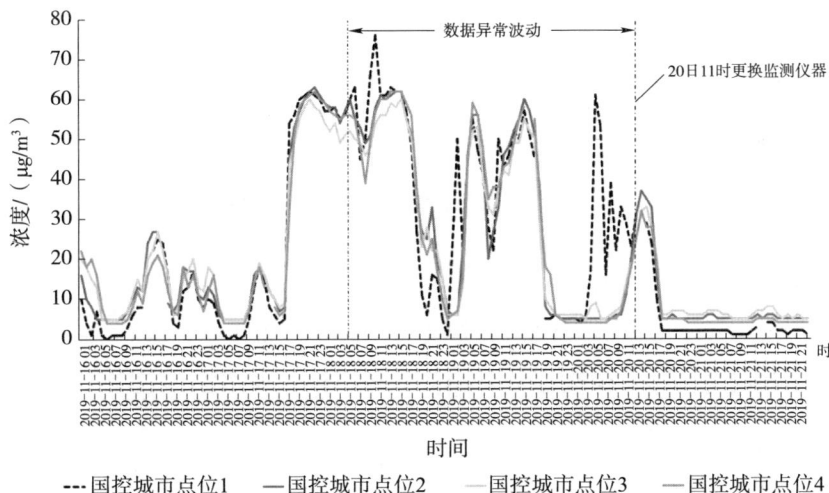

图 3-1-58 2019 年 11 月 16—21 日华北地区 A 市各点位 O_3 小时值

➢ **案例分析**

本案例使用多点位单项污染物数据变化趋势分析、单点位相关污染物分析、日常运维情况分析和监测仪器使用情况分析 4 种分析方法，确认数据波动异常。

①多点位单项污染物数据变化趋势分析

"国控城市点位 1"在 2019 年 11 月 18—20 日多个小时 O_3 数据异常波动，与同城其他点位数据变化趋势不一致。

根据 2019 年 11 月华北地区 A 市各点位 O_3 日均值可知，18 日之前以及 21 日之后，"国控城市点位 1" O_3 浓度一直位于同城较低位置，而在 18—20 日升至同城高位，如图 3-1-59 所示。

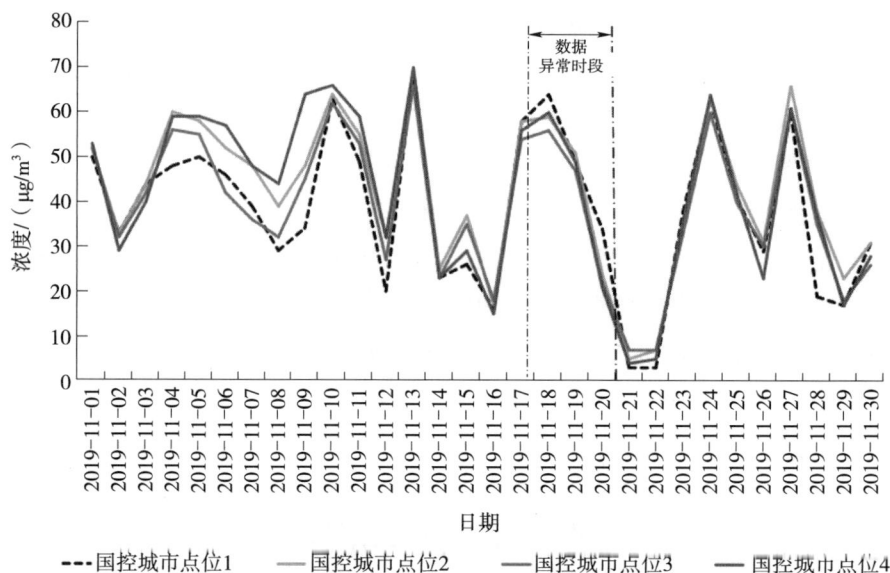

图 3-1-59　2019 年 11 月华北地区 A 市各点位 O$_3$ 日均值

②单点位相关污染物分析

在 2019 年 11 月 18—20 日 O$_3$ 数据异常波动时段，"国控城市点位 1"NO$_2$ 数据与同城其他点位数据变化趋势比较一致，如图 3-1-60 所示。

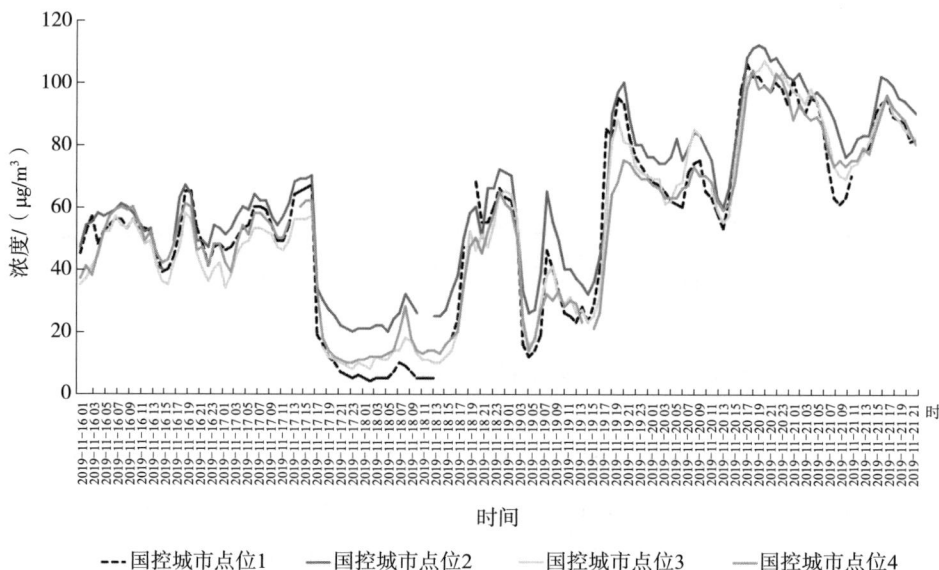

图 3-1-60　2019 年 11 月 16—21 日华北地区 A 市各点位 NO$_2$ 小时值

③日常运维情况分析

2019 年 11 月 16 日和 19 日，运维人员对“国控城市点位 1”O_3 监测仪器进行检查，并进行零点或跨度校准，如图 3-1-61、图 3-1-62 所示。

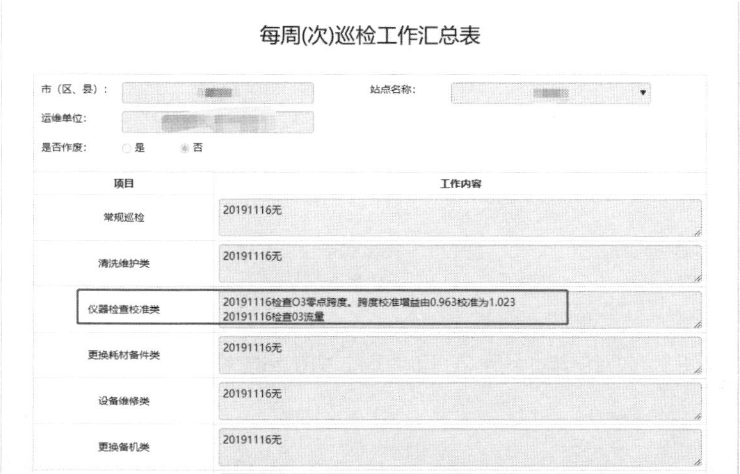
每周(次)巡检工作汇总表

市（区、县）：　　站点名称：

运维单位：

是否作废：是　否

项目	工作内容
常规巡检	20191116无
清洗维护类	20191116无
仪器检查校准类	20191116检查O3零点跨度。跨度校准增益由0.963校准为1.023 20191116检查03流量
更换耗材备件类	20191116无
设备维修类	20191116无
更换备机类	20191116无

图 3-1-61　2019 年 11 月 16 日“国控城市点位 1”运维巡检工单

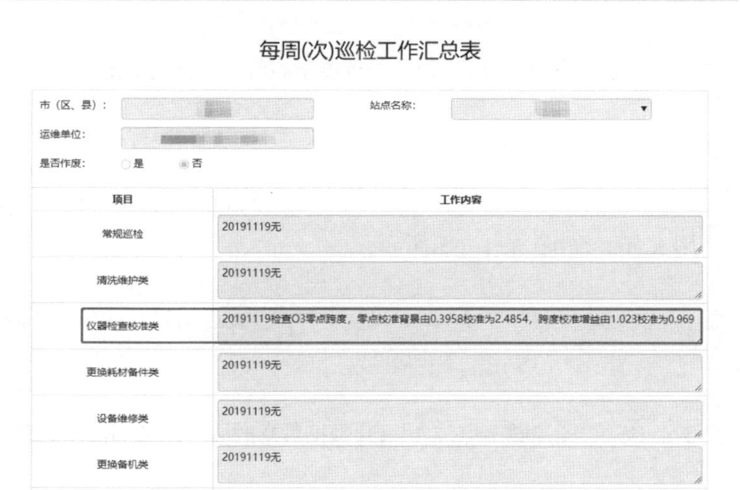
每周(次)巡检工作汇总表

市（区、县）：　　站点名称：

运维单位：

是否作废：是　否

项目	工作内容
常规巡检	20191119无
清洗维护类	20191119无
仪器检查校准类	20191119检查O3零点跨度，零点校准背景由0.3958校准为2.4854，跨度校准增益由1.023校准为0.969
更换耗材备件类	20191119无
设备维修类	20191119无
更换备机类	20191119无

图 3-1-62　2019 年 11 月 19 日“国控城市点位 1”运维巡检工单

2019 年 11 月 20 日 13 时，运维人员对“国控城市点位 1”O_3 监测仪器进行更换，如图 3-1-63、图 3-1-64 所示。

环境空气质量自动监测数据审核复核技术要求与典型案例分析
HUANJING KONGQI ZHILIANG ZIDONG JIANCE SHUJU SHENHE FUHE JISHU YAOQIU YU DIANXING ANLI FENXI

图 3-1-63　2019 年 11 月 20 日"国控城市点位 1"O_3 监测仪器故障工单

图 3-1-64　2019 年 11 月 20 日"国控城市点位 1"O_3 监测仪器更换信息

④监测仪器使用情况分析

"国控城市点位 1"O_3 数据异常时段所用监测仪器为 2011 年购买，至 2019 年已使用 8 年，如图 3-1-65 所示。

图 3-1-65　"国控城市点位 1"O_3 数据异常时段所用监测仪器信息

➤ 案例点评

数据审核或复核人员发现某项污染物小时数据异常波动，应及时与运维单位确认仪器运行情况，保证数据真实、有效。

运维单位应加强对使用年限较长的监测仪器的维护，如因仪器老化导致数据异常，运维单位应及时更换监测仪器，并安排仪器返厂维修。

6. 长光程仪器监测异常

➤ **案例介绍**

2020 年 7 月 21 日运维人员对华东地区 A 市"国控城市点位 1"O_3 监测仪器进行检查维护后，O_3 浓度较同城其他点位开始出现偏差。8 月 10 日运维人员进入点位对该 O_3 监测仪器更新光谱后，数据恢复正常，与同城其他点位一致，如图 3-1-66 所示。

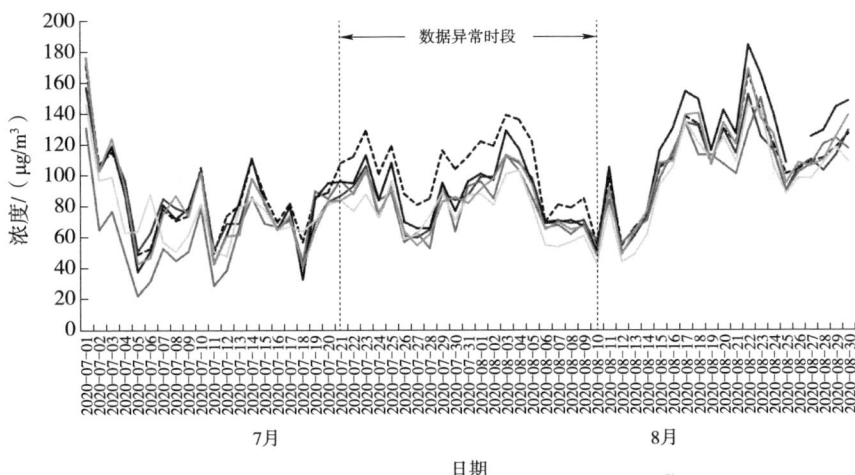

图 3-1-66　2020 年 7 月 1 日—8 月 30 日华东地区 A 市各点位 O_3 日均值

➤ **案例分析**

本案例运用了单点位相关污染物分析、多点位历史同期数据变化趋势分析和日常运维情况分析 3 种方法。

①单点位相关污染物分析

2020 年 7 月 21 日—8 月 10 日"国控城市点位 1"O_3 浓度变化趋势较同城其他点位出现偏差，该时段"国控城市点位 1"O_3 累计日均值浓度为 102 μg/m³，同城其他点位 O_3 累计日均值浓度为 84 μg/m³，相对偏差为 21%。同时段内，该点位 NO_2 浓度变化趋势与 O_3 浓度变化趋势负相关性较差；NO_2 浓度变化趋势与同城其他点位一致，累计日均值与同城其他点位相对偏差并无异常，如图 3-1-67～图 3-1-69、表 3-1-12、表 3-1-13 所示。

環境空气质量自动监测数据审核复核技术要求与典型案例分析
HUANJING KONGQI ZHILIANG ZIDONG JIANCE SHUJU SHENHE FUHE JISHU YAOQIU YU DIANXING ANLI FENXI

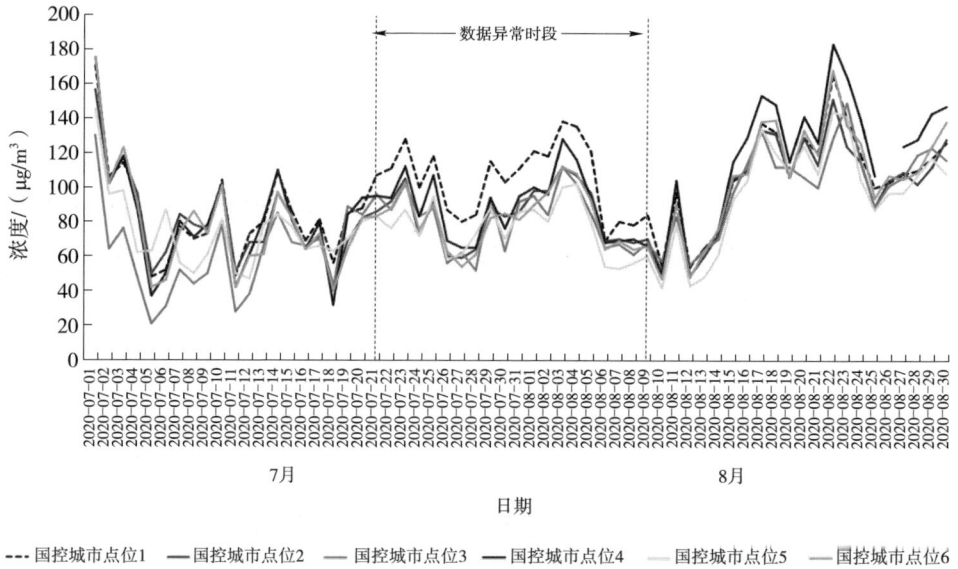

图 3-1-67　2020 年 7 月 1 日—8 月 30 日华东地区 A 市各点位 O₃ 日均值

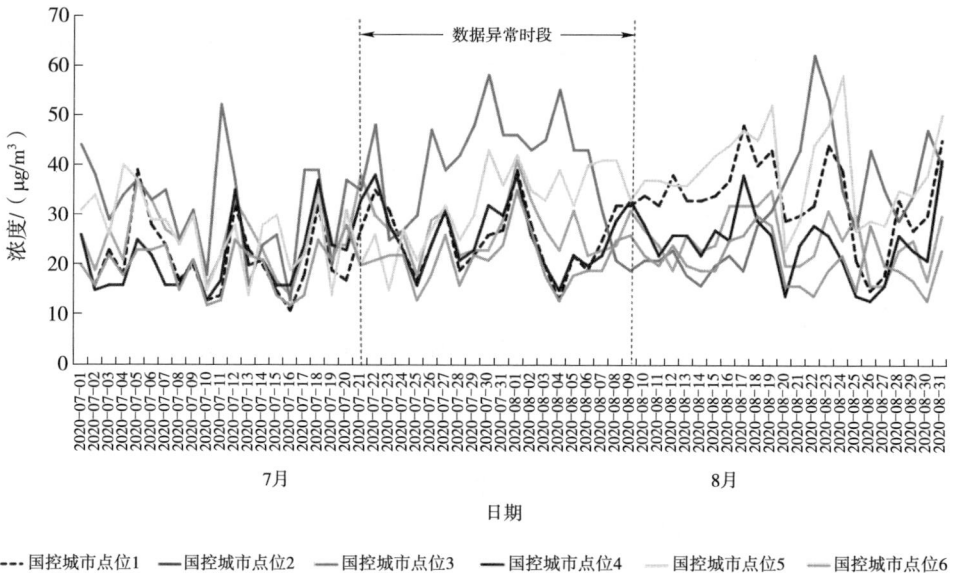

图 3-1-68　2020 年 7 月 1 日—8 月 31 日华东地区 A 市各点位 NO₂ 日均值

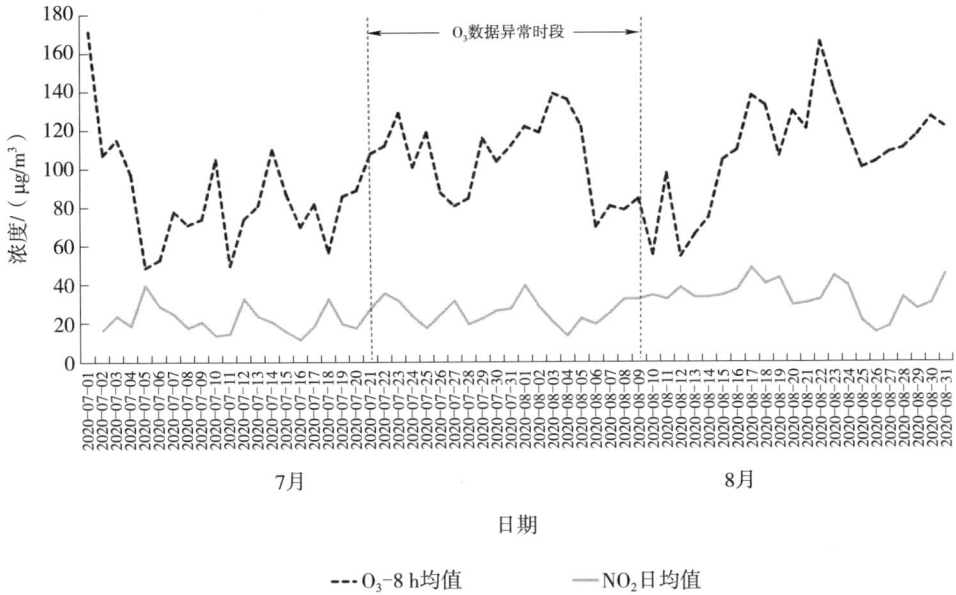

图 3-1-69　2020 年 7 月 1 日—8 月 31 日华东地区 A 市 O_3 日均值与 NO_2 日均值

表 3-1-12　2020 年 7 月 1 日—8 月 31 日华东地区 A 市 O_3 浓度累计日均值及
"国控城市点位 1" 较其他点位累计日均值相对偏差

日期	国控城市点位 1/ ($\mu g/m^3$)	国控城市点位 2/ ($\mu g/m^3$)	国控城市点位 3/ ($\mu g/m^3$)	国控城市点位 4/ ($\mu g/m^3$)	国控城市点位 5/ ($\mu g/m^3$)	国控城市点位 6/ ($\mu g/m^3$)	其他点位日均值/ ($\mu g/m^3$)	绝对偏差/ ($\mu g/m^3$)	相对偏差/ %
7 月 1—20 日	86	83	63	83	75	81	79	8	10
7 月 21 日—8 月 10 日	102	82	80	86	74	80	84	18	21
8 月 11—31 日	111	107	105	128	102	113	111	0	0

表 3-1-13　华东地区 A 市 2020 年 7 月 1 日—8 月 31 日 NO_2 浓度累计日均值及
"国控城市点位 1"较其他点位累计日均值相对偏差

日期	国控城市点位 1/ ($\mu g/m^3$)	国控城市点位 2/ ($\mu g/m^3$)	国控城市点位 3/ ($\mu g/m^3$)	国控城市点位 4/ ($\mu g/m^3$)	国控城市点位 5/ ($\mu g/m^3$)	国控城市点位 6/ ($\mu g/m^3$)	其他点位日均值/ ($\mu g/m^3$)	绝对偏差/ ($\mu g/m^3$)	相对偏差/ %
7 月 1— 20 日	21	25	31	21	28	19	24	-3	-14
7 月 21 日 —8 月 10 日	26	28	39	26	32	21	29	-3	-9
8 月 11— 31 日	33	25	33	24	39	21	29	4	15

②多点位历史同期数据变化趋势分析

该点位 O_3 浓度日均值在 2019 年 7 月 21 日—8 月 10 日同时段内并未偏高分层于同城其他点位，数据变化趋势与其他点位基本一致，如图 3-1-70、表 3-1-14 所示。

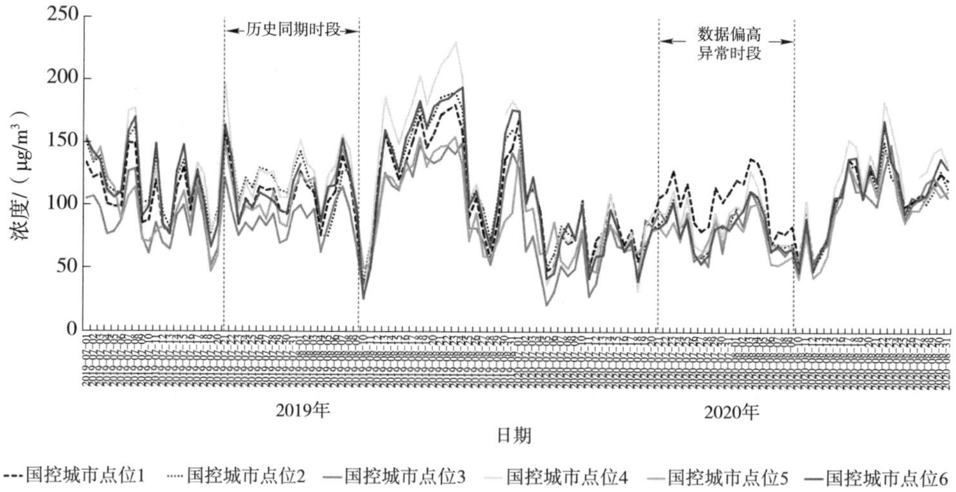

---国控城市点位1　······国控城市点位2　——国控城市点位3　——国控城市点位4　——国控城市点位5　——国控城市点位6

图 3-1-70　2019 年 7 月 1 日—8 月 31 日与 2020 年 7 月 1 日—8 月 31 日
华东地区 A 市各点位 O_3 日均值

表 3-1-14　2019 年 7 月 1 日—8 月 31 日华东地区 A 市 O_3 浓度累计日均值及
"国控城市点位 1"较其他点位累计日均值相对偏差

日期	国控城市点位 1/ (μg/m³)	国控城市点位 2/ (μg/m³)	国控城市点位 3/ (μg/m³)	国控城市点位 4/ (μg/m³)	国控城市点位 5/ (μg/m³)	国控城市点位 6/ (μg/m³)	其他点位日均值/ (μg/m³)	绝对偏差/ (μg/m³)	相对偏差/ %
7 月 1—20 日	109	118	86	112	100	117	107	2	2
7 月 21 日—8 月 10 日	106	114	86	122	106	110	107	−1	−1
8 月 11—31 日	131	142	113	162	110	142	133	−2	−2

③日常运维情况分析

经核实，2020 年 7 月 21 日运维人员进入点位进行周巡检，并对 O_3 监测仪器的长光程玻璃进行了清洗，如图 3-1-71 所示。

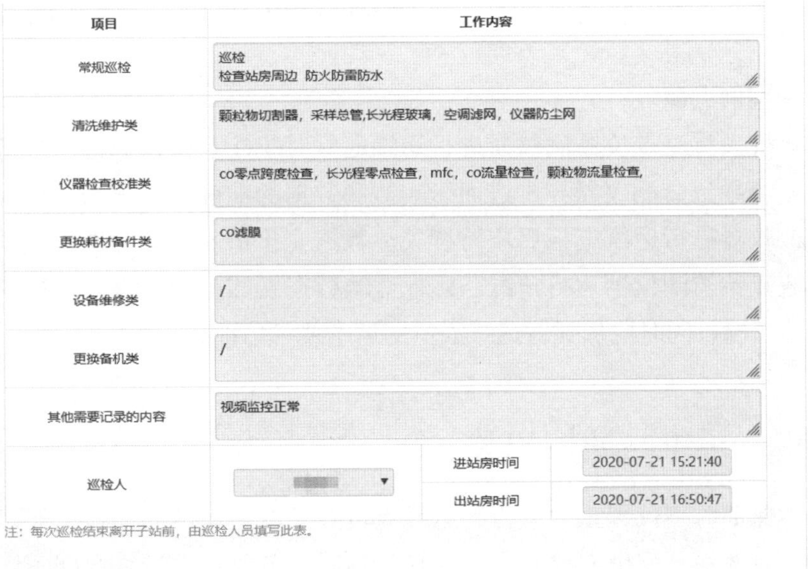

图 3-1-71　2020 年 7 月 21 日"国控城市点位 1"监测仪器周巡检工单

2020 年 8 月 10 日，运维人员再次进入点位进行周巡检，对长光程进行零点检查并更新长光程光谱，更新光谱后，数据恢复正常，如图 3-1-72 所示。

项目	工作内容
常规巡检	巡检 检查站房周边 防火防雷防水
清洗维护类	/
仪器检查校准类	CO零点跨度检查，长光程零点检查，颗粒物流量检，长光程光谱更新
更换耗材备件类	CO滤膜
设备维修类	/
更换备机类	/
其他需要记录的内容	视频监控正常
巡检人	进站房时间 2020-08-10 13:30:18 出站房时间 2020-08-10 15:10:23

注：每次巡检结束离开子站前，由巡检人员填写此表。

图 3-1-72　2020 年 8 月 10 日"国控城市点位 1"监测仪器周巡检工单

➤ **案例点评**

运维人员对点位监测仪器进行运维巡检时应注意操作规范性，避免运维操作不当导致监测仪器异常进而影响监测数据的准确性。数据审核人员在点位监测仪器进行运维巡检后应持续关注数据变化情况，若发现数据异常应及时检查点位监测仪器运行情况，确保监测数据能够连续、真实地反映当地空气质量情况，同时应加强对运维人员的运维技术培训。

二、运维与质控相关

为保证监测仪器正常运行，运维人员会开展周期性的巡检工作，包括周巡检、月巡检、季度巡检和半年巡检，不同任务要求的运维周期不同，如每周要对气态污染物做零跨检查、每季度要对 O_3 做量值传递等。

进行运维及质控时，拆解、清洗仪器等均会对数据产生影响，这段时间的数据视为非正常监测数据，将直接打上运维标识，不参与统计评价。但是也存在一些特殊情况，例如，仪器稳定期较长，在运维质控一段时间后仍无法正常监测数据；质控期间数据因运维人员疏忽未做标识；运维动作行为对仪器产生影响导致运维结束后数据长时段异常等。

（一）运维及质控异常

案例一

> **案例介绍**

华东地区 A 市"国控城市点位 1"PM$_{2.5}$数据自 2021 年 1 月 21 日仪器运维后，与同城其他点位相比存在明显差异，同时出现严重的颗粒物倒挂。2021 年 1 月 28 日对该仪器再次进行维护后，数据恢复正常，如图 3-2-1、图 3-2-2 所示。

> **案例分析**

本案例中，通过多点位单项污染物数据变化趋势分析和日常运维情况分析的方法，确认两次运维之间的数据与前后数据变化趋势不一致，判定为异常数据。

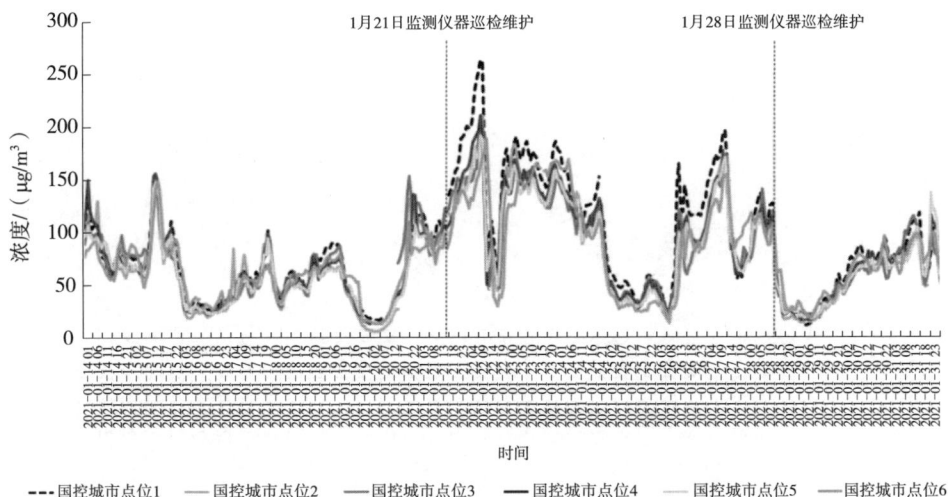

图 3-2-1 2021 年 1 月 14—31 日华东地区 A 市各点位 PM$_{2.5}$小时值

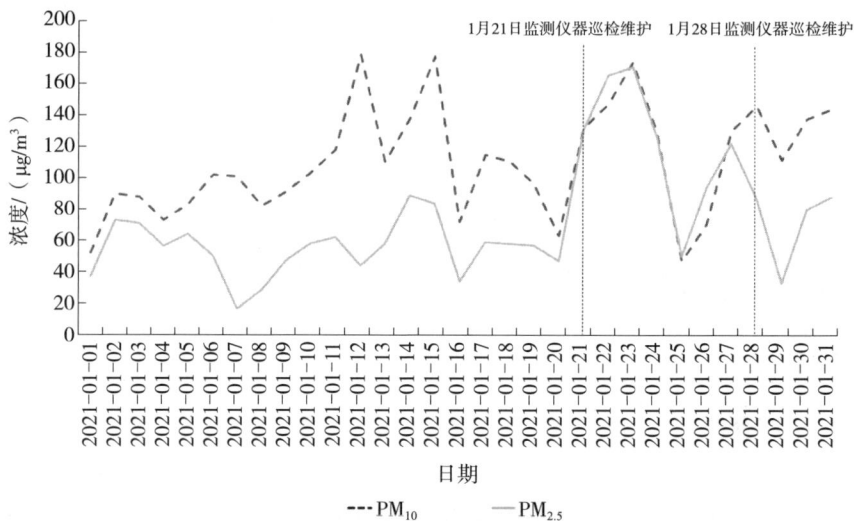

图 3-2-2 2021 年 1 月华东地区 A 市"国控城市点位 1"颗粒物日均值

①多点位单项污染物数据变化趋势分析

2021 年 1 月 21—28 日,"国控城市点位 1"$PM_{2.5}$ 日均值与同城其他点位均值差异较大,累计均值相对偏差为 23.7%,因此,判定 2021 年 1 月 21—28 日"国控城市点位 1"$PM_{2.5}$ 数据在运维后出现异常,如图 3-2-3、表 3-2-1 所示。

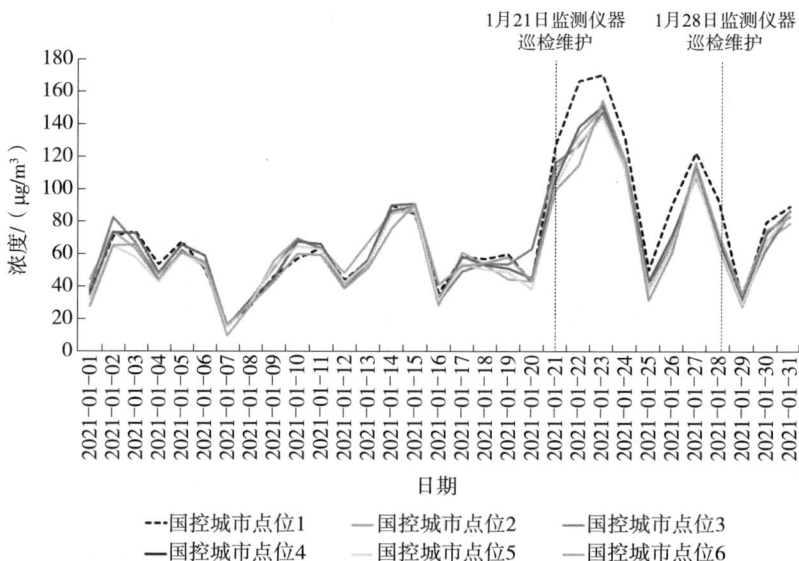

图 3-2-3 2021 年 1 月 1—31 日华东地区 A 市各点位 $PM_{2.5}$ 日均值

表 3-2-1　华东地区 A 市各点位 $PM_{2.5}$ 累计均值及偏差

日期	异常点位 /（μg/m³）	其他点位均值 /（μg/m³）	绝对偏差 /（μg/m³）	相对偏差 /%
1 月 13—20 日	60	59	2	3.2
1 月 21—28 日	119	98	21	21.3
1 月 29 日—2 月 5 日	66	61	5	7.6

②日常运维情况分析

“国控城市点位 1”在 2021 年 1 月 21 日进行监测仪器巡检，对颗粒物监测仪器进行维护，$PM_{2.5}$ 数据在维护后与同城其他点位相比存在明显差异，且出现颗粒物倒挂。如图 3-2-4、图 3-2-5 所示。

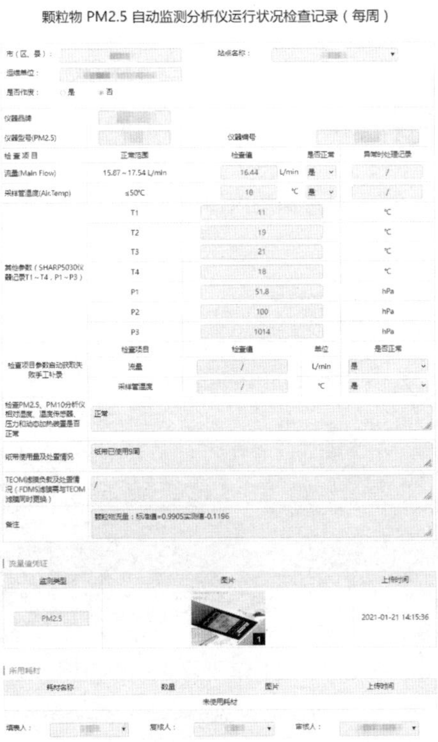
颗粒物 PM2.5 自动监测分析仪运行状况检查记录（每周）

图 3-2-4　2021 年 1 月 21 日“国控城市点位 1”$PM_{2.5}$ 监测仪器运维巡检工单

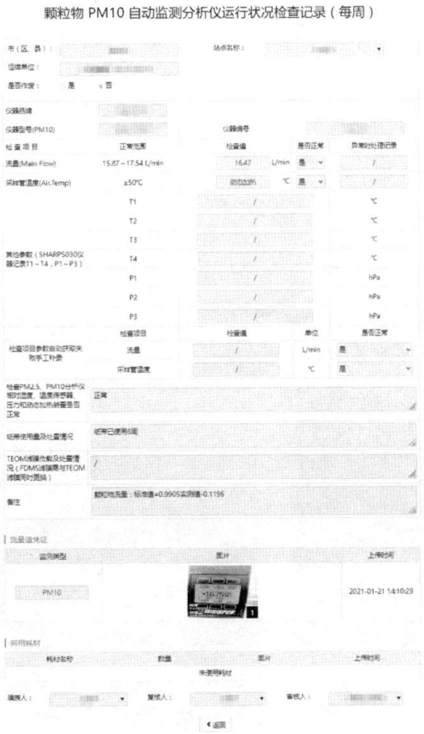
颗粒物 PM10 自动监测分析仪运行状况检查记录（每周）

图 3-2-5　2021 年 1 月 21 日“国控城市点位 1”PM_{10} 监测仪器运维巡检工单

2021 年 1 月 28 日，运维单位再次对该点位进行巡检并对 $PM_{2.5}$ 监测仪器进行标准膜检查，根据检查结果校准监测仪器灵敏度参数，1 月 28 日对监测仪器进行维护后 $PM_{2.5}$ 数据恢复正常，如图 3-2-6～图 3-2-8 所示。

颗粒物$PM_{2.5}$自动监测分析仪运行状况检查记录（每季度）

市（区、县）：　　站点名称：

运维单位：

是否作废：○是 ◉否

仪器型号(PM2.5)		仪器编号		检查日期	
标准膜序列号					（必须拍照证实）
检查项目	正常范围	标准值	检查值	误差(%)	异常时处理记录
标准膜检查	≤±2%	7084 μg	7002 μg	-1.2 %	合格
K0值检查	≤±2%				

异常情况：

流量值凭证

监测类型	图片	上传时间
PM2.5	2021.01.28 11:21	2021-01-28 11:21:55

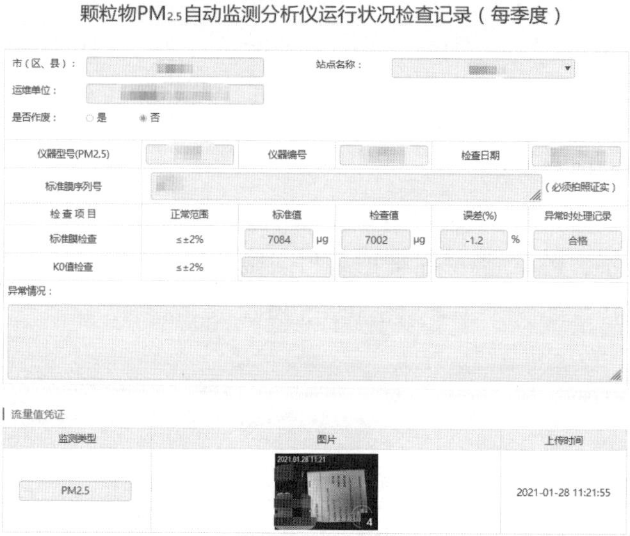

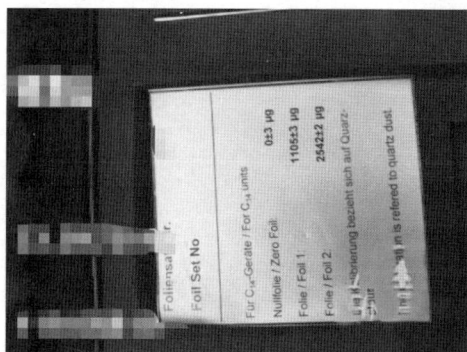

图 3-2-6　2021 年 1 月 28 日“国控城市点位 1”$PM_{2.5}$ 监测仪器运维巡检工单（1）

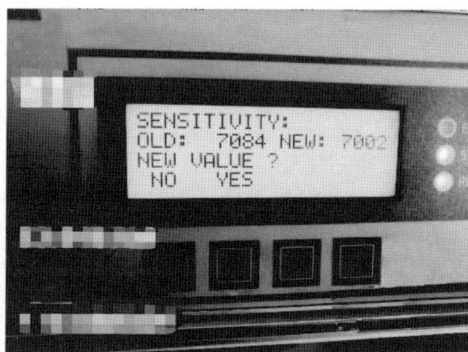

图 3-2-7　2021 年 1 月 28 日“国控城市点位 1”$PM_{2.5}$ 监测仪器运维巡检工单（2）

图 3-2-8　2021 年 1 月 28 日“国控城市点位 1”$PM_{2.5}$ 监测仪器运维巡检工单（3）

案例二

➢ 案例介绍

2019 年 12 月 26 日对华中地区 A 市“国控城市点位 1”PM_{10} 监测仪器进

行清洁切割头和流量检查后，PM_{10} 数据与同城其他点位相比出现明显差异，高浓度时出现明显分层，2020 年 1 月 6 日 19 时进行流量校准后数据恢复正常，如图 3-2-9 所示。

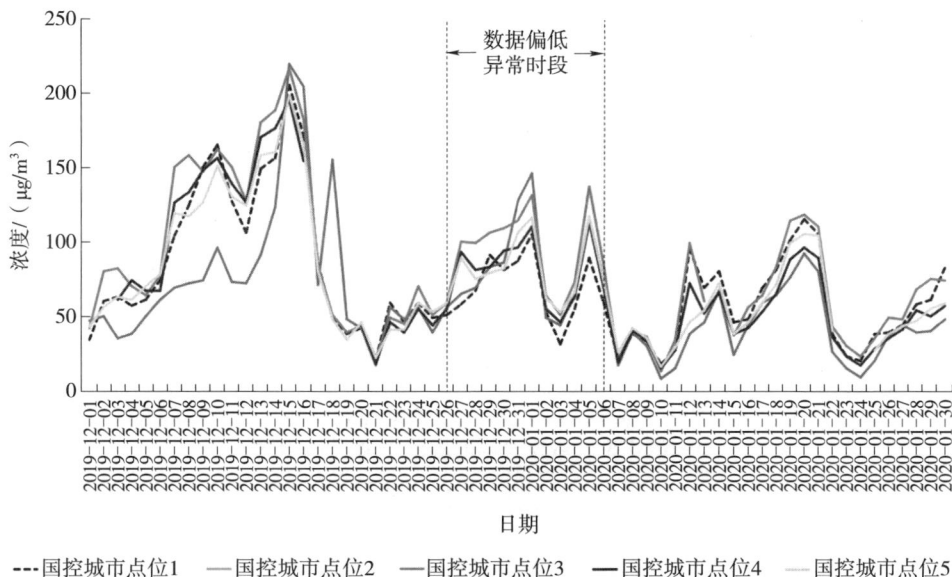

图 3-2-9　2019 年 12 月—2020 年 1 月华中地区 A 市"国控城市点位 1"PM_{10} 日均值

> **案例分析**

本案例中，通过多点位单项污染物数据变化趋势分析、多点位历史同期数据变化趋势分析和日常运维情况分析的方法，确认两次运维之间的数据与前后数据趋势不一致，判定为异常数据。

①多点位单项污染物数据变化趋势分析

2019 年 12 月 26 日对"国控城市点位 1"PM_{10} 监测仪器进行运维巡检，自该日起，"国控城市点位 1"PM_{10} 数据与同城其他点位相比出现明显差异，且在 2019 年 12 月 31 日和 2020 年 1 月 2—6 日该点位出现"颗粒物倒挂"。2020 年 1 月 6 日 18 时再次对该点位进行巡检维护，并对 PM_{10} 监测仪器进行流量校准后，数据恢复正常，如图 3-2-10、图 3-2-11、表 3-2-2 所示。

104

环境空气质量自动监测数据审核复核技术要求与典型案例分析
HUANJING KONGQI ZHILIANG ZIDONG JIANCE SHUJU SHENHE FUHE JISHU YAOQIU YU DIANXING ANLI FENXI

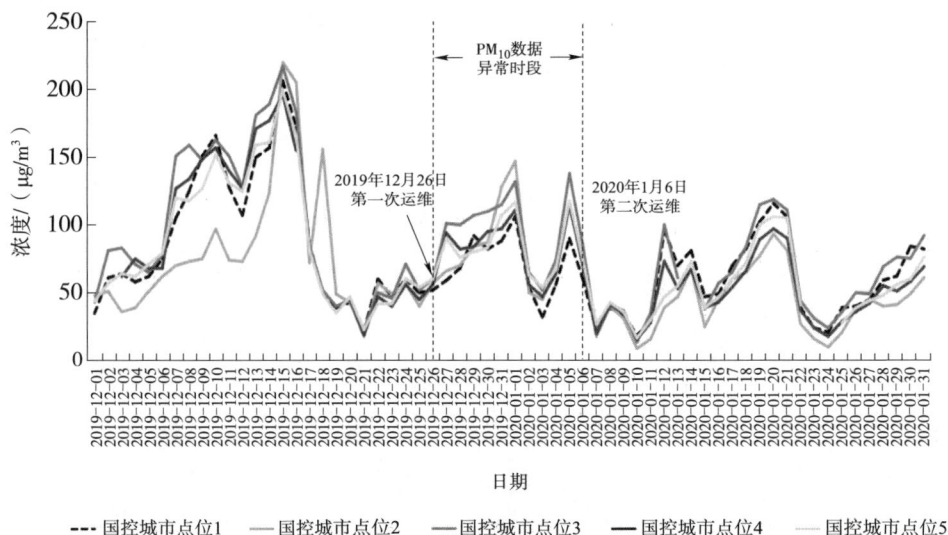

图 3-2-10　2019 年 12 月—2020 年 1 月华中地区 A 市"国控城市点位 1"
PM$_{10}$ 数据异常时段运维情况

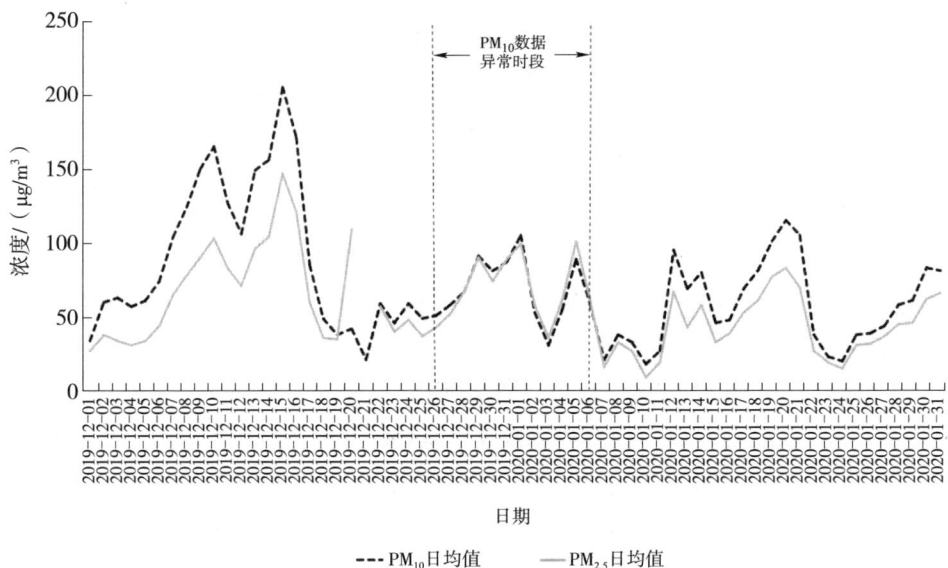

图 3-2-11　2019 年 12 月—2020 年 1 月华中地区 A 市"国控城市点位 1"
"颗粒物倒挂"情况

表 3-2-2　2019 年 12 月 14 日—2020 年 1 月 18 日华中地区 A 市 PM_{10} 日均值及偏差

日期	异常点位 / （μg/m³）	其他点位日均值 / （μg/m³）	绝对偏差 / （μg/m³）	相对偏差 /%
2019 年 12 月 14—25 日	62	64	−2	−3.1
2019 年 12 月 26 日—2020 年 1 月 6 日	69	82	−13	−15.9
2020 年 1 月 7—18 日	46	37	9	24.3

②多点位历史同期数据变化趋势分析

"国控城市点位 1"PM_{10} 数据在上一年同期，即 2018 年 12 月 26 日—2019 年 1 月 6 日虽然与同城其他点位相比存在明显差异，但在该时段前后，该点位 PM_{10} 数据一直处于相同水平。而在 2019 年 12 月 26 日—2020 年 1 月 6 日前后时段该点位 PM_{10} 数据并未保持原有水平，如图 3-2-12 所示。因此，判定 2019 年 12 月 26 日—2020 年 1 月 6 日"国控城市点位 1"PM_{10} 数据在运维后出现异常。

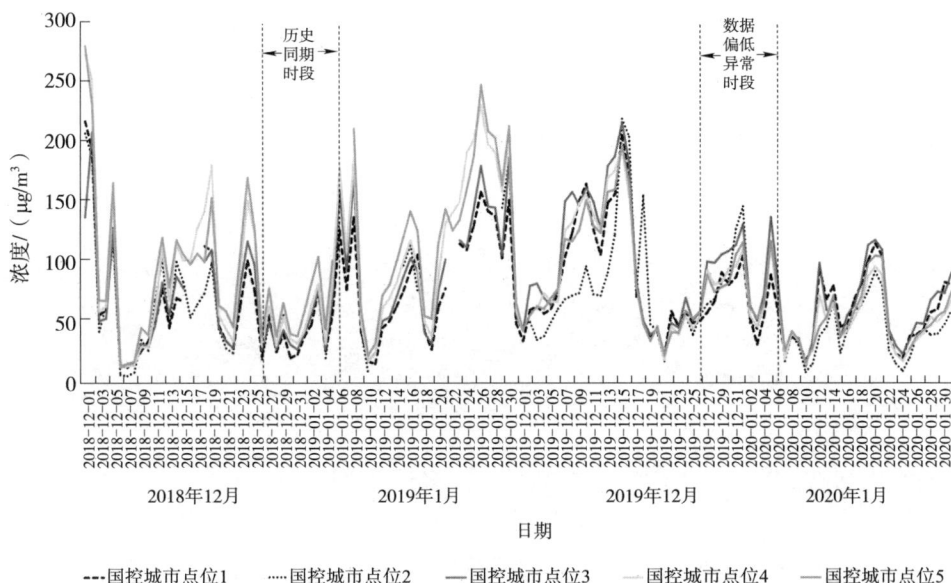

图 3-2-12　2018 年 12 月—2019 年 1 月与 2019 年 12 月—2020 年 1 月华中地区 A 市"国控城市点位 1"PM_{10} 日均值

③日常运维情况分析

2019 年 12 月 26 日运维人员对该点位进行运维巡检，对 PM_{10} 监测仪器进行了切割头清洁和流量检查等，如图 3-2-13～图 3-2-15 所示。

2020 年 1 月 6 日 18 时对该点位进行运维巡检，并对 PM_{10} 监测仪器进行流量校准后，数据恢复正常，如图 3-2-16 所示。

➤ 案例点评

运维人员对点位监测仪器进行运维巡检时应注意操作规范性，避免运维不规范导致监测仪器运行不稳定进而影响监测数据的准确性。数据审核人员对点位监测仪器进行运维巡检后应持续关注数据变化情况，若发现数据异常应及时检查点位监测仪器运行情况，确保监测数据能够连续、真实地反映当地空气质量情况。

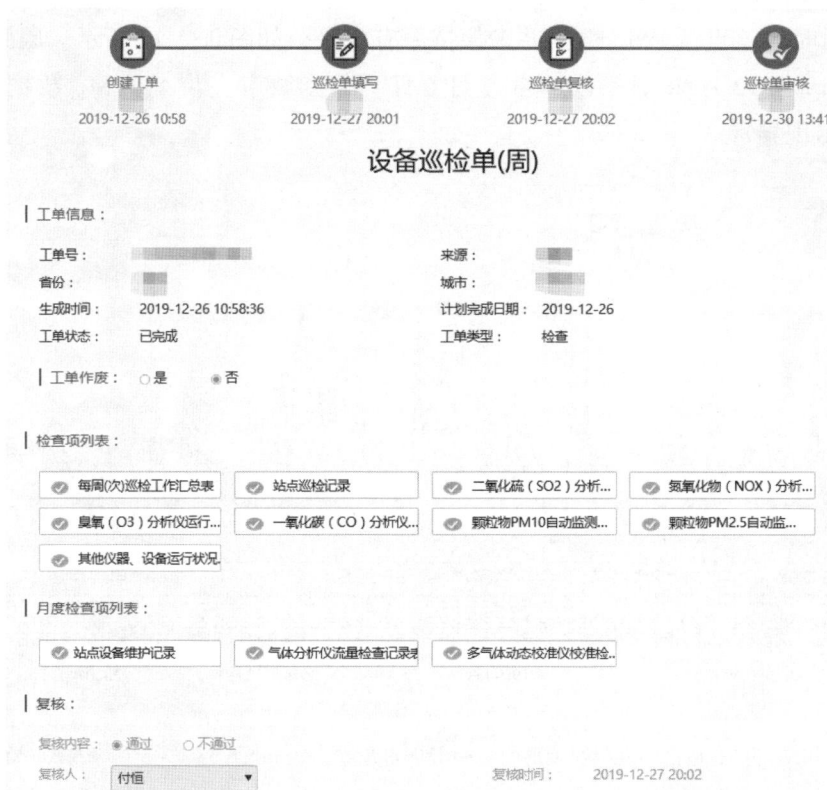

图 3-2-13　2019 年 12 月 26 日"国控城市点位 1"

PM_{10} 监测仪器巡检工单（1）

颗粒物 PM₁₀ 自动监测分析仪运行状况检查记录（每周）

市（区、县）：		站点名称：	▼
运维单位：			
是否作废：	○是　◦否		

| 仪器品牌 | | | |
| 仪器型号(PM10) | | 仪器编号 | |

检查项目	正常范围	检查值		是否正常	异常时处理记录
流量(Main Flow)	15.87～17.54 L/min	16.89	L/min	是　∨	/
采样管温度(Air.Temp)	≤50℃	45	℃	是　∨	/
其他参数（SHARP5030仪器记录T1～T4，P1～P3）	T1	/			℃
	T2	/			℃
	T3	/			℃
	T4	/			℃
	P1	/			hPa
	P2	/			hPa
	P3	/			hPa

检查项目参数自动获取失败手工补录	检查项目	检查值	单位	是否正常
	流量	/	L/min	否　∨
	采样管温度	/	℃	否　∨

检查PM2.5、PM10分析仪相对湿度、温度传感器、压力和动态加热装置是否正常	正常
纸带使用量及处置情况	已使用11周
TEOM滤膜负载及处置情况（FDMS滤膜需与TEOM滤膜同时更换）	/
备注	/

流量值凭证

监测类型	图片	上传时间
PM10		2019-12-26 15:29:45

所用耗材

耗材名称	数量	图片	上传时间
		未使用耗材	

| 填表人： | ▼ | 复核人： | ▼ | 审核人： | ▼ |

图 3-2-14　2019 年 12 月 26 日"国控城市点位 1"PM₁₀ 监测仪器巡检工单（2）

108

环境空气质量自动监测数据审核复核技术要求与典型案例分析
HUANJING KONGQI ZHILIANG ZIDONG JIANCE SHUJU SHENHE FUHE JISHU YAOQIU YU DIANXING ANLI FENXI

图 3-2-15 "国控城市点位 1"清洁项目凭证

颗粒物 PM₁₀ 自动监测分析仪运行状况检查记录（每周）

图 3-2-16 2020 年 1 月 6—7 日"国控城市点位 1"PM₁₀ 监测仪器巡检工单

（二）质控期数据未做标识

案例一

➢ 案例介绍

2021 年 8 月 21 日 23 时—22 日 0 时华北地区 A 市"国控城市点位 1"PM$_{2.5}$数据与同城其他点位相比明显偏低，经核实为质控期数据，运维人员未对质控期数据进行标识，如图 3-2-17 所示。

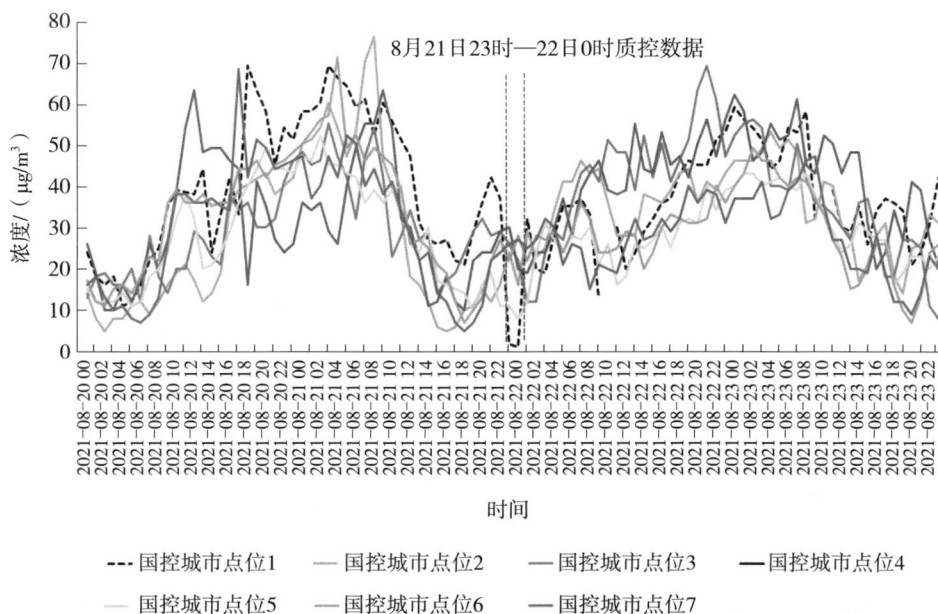

图 3-2-17　2021 年 8 月 20—23 日华北地区 A 市各点位 PM$_{2.5}$小时值

➢ 案例分析

本案例中，通过多点位单项污染物数据变化趋势分析和日常运维情况分析方法，确认数据应为质控期数据，非正常监测数据。

①多点位单项污染物数据变化趋势分析

2021 年 8 月 21 日 23 时—22 日 0 时"国控城市点位 1"PM$_{2.5}$数据与同城其他点位相比明显偏低，较同城其他点位相对偏差分为 -91.4% 和 -95.0%，且数值接近零值，脱离原来数据趋势，如表 3-2-3 所示。

表 3-2-3　2021 年 8 月 21 日 23 时—22 日 0 时华北地区 A 市各点位
$PM_{2.5}$ 小时均值数据及相对偏差

时间	国控城市点位 1/（μg/m³）	国控城市点位 2/（μg/m³）	国控城市点位 3/（μg/m³）	国控城市点位 4/（μg/m³）	国控城市点位 5/（μg/m³）	国控城市点位 6/（μg/m³）	国控城市点位 7/（μg/m³）	其他点位均值 /（μg/m³）	相对偏差 /%
08-21 20：00	36	15	32	24	16	13	11	19	94.6
08-21 21：00	42	12	28	24	19	22	22	21	98.4
08-21 22：00	37	16	29	29	11	27	24	23	63.2
08-21 23：00	2	24	26	30	11	22	26	23	-91.4
08-22 00：00	1	16	22	20	8	28	27	20	-95.0
08-22 01：00	32	29	12	19	12	22	25	20	61.3
08-22 02：00	20	23	12	24	24	28	27	23	-13.0
08-22 03：00	19	25	24	24	31	27	32	27	-30.1

②日常运维情况分析

经现场人员对仪器进行检查，2021 年 8 月 21 日 23 时—22 日 0 时 $PM_{2.5}$
数据为质控期数据，非正常监测数据，如图 3-2-18、图 3-2-19 所示。

审核记录

审核参数	时间点	操作	原始值	审核值	审核批注	无变更批注
PM2.5	2021-08-21 23：00	无操作	2	2		
PM2.5	2021-08-21 23：00	有效审核为无效	2	2(RM)	现场人员对仪器进行检查，缺少标识，为质控期数据，数据无效	

图 3-2-18　2021 年 8 月 21 日 23 时华北地区 A 市"国控城市点位 1"$PM_{2.5}$ 数据审核记录

审核参数	时间点	操作	原始值	审核值	审核批注	无变更批注
PM2.5	2021-08-22 00:00	无操作	1	1		
PM2.5	2021-08-22 00:00	有效审核为无效	1	1(RM)	现场人员对仪器进行检查，缺少标识，为质控期数据，数据无效	

审核记录

图 3-2-19　2021 年 8 月 22 日 0 时华北地区 A 市"国控城市点位 1"PM$_{2.5}$数据审核记录

案例二

➤ **案例介绍**

2018 年 12 月 11 日 13 时华东地区 S 市"国控城市点位 1"NO$_2$ 监测数据因质控期未做标识导致数据变化趋势出现明显异常，脱离原始数据走势，如图 3-2-20 所示。

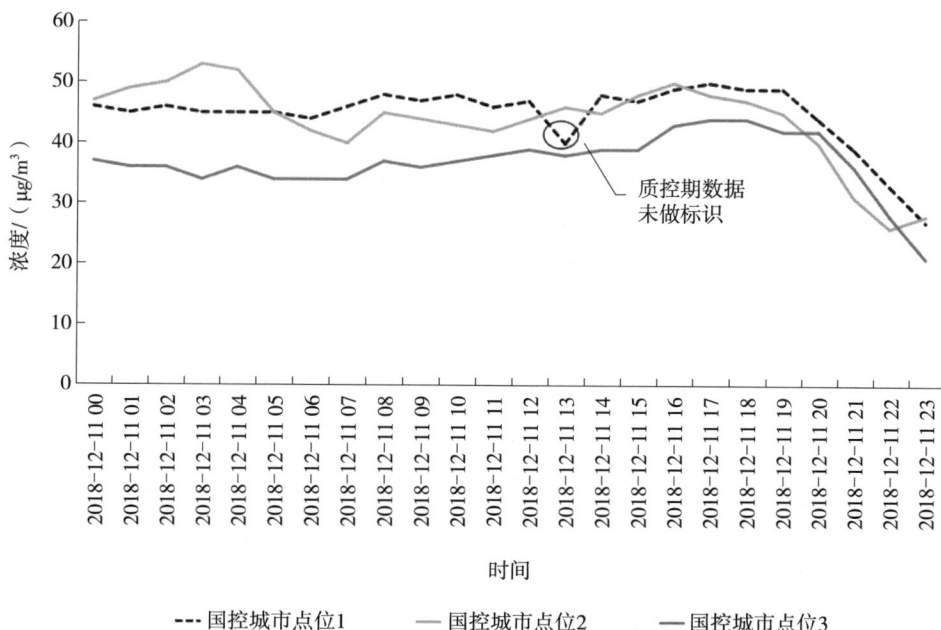

图 3-2-20　2018 年 12 月 11 日华东地区 S 市各点位 NO$_2$ 小时值

➤ **案例分析**

本案例使用多点位单项污染物数据变化趋势分析和日常运维情况分析两种方法，确认数据为质控期数据。

①多点位单项污染物数据变化趋势分析

2018 年 12 月 11 日 13 时"国控城市点位 1"NO$_2$ 监测数据突降，脱离数据原有趋势，12 时和 14 时小时值分别为 47 μg/m^3 和 48 μg/m^3，13 时小时值为 40 μg/m^3，与邻近小时值差值超过 7 μg/m^3；同城其他点位 13 时 NO$_2$ 浓度与邻近小时值相比，差值小于 2 μg/m^3。

②日常运维情况分析

2018 年 12 月 11 日，运维人员在 12：50—13：00 对"国控城市点位 1"NO$_2$ 监测仪器进行了零点检查和跨度检查，如图 3-2-21 所示。

每周(次)巡检工作汇总表

市 (区、县)：		站点名称：	

运维单位：			

是否作废： ○ 是 ● 否

项目	工作内容
常规巡检	1.周巡检 2.月巡检
清洗维护类	1.清洗切割器 2.清洗仪器防尘网 3.清洗空调过滤网
仪器检查校准类	1.对SO2，NOX,CO,O3进行零点和跨度检查 2.对NOX进行零点校准；校准前NOX斜率0.99截距7.9 校准后斜率0.991截距7.7 　　校准前NO斜率1.27截距6.625 校准后斜率1.228截距6.4 3.对CO进行零点校准；校准前斜率1.168截距0.786 校准后斜率1.168截距1.115
更换耗材备件类	更换SO2，NOX,CO,O3过滤膜
设备维修类	/
更换备机类	/
其他需要记录的内容	/
巡检人		进站房时间	2018-12-11 11:20:40
		出站房时间	2018-12-11 16:00:46

图 3-2-21　2018 年 12 月 11 日"国控城市点位 1"周巡检汇工单

如表 3-2-4 所示，12：50 的 NO$_2$ 数据（-1 μg/m^3）标识了"PZ"，代表零点检查，13：00 的 NO$_2$ 数据（6 μg/m^3）标识了"PS"，代表跨度检查。而 12：55 的 NO$_2$ 数据（-1 μg/m^3）也应为零点或跨度检查持续期间数据，但运维人员未做标识，该数据参与计算，导致 13 时小时值偏低。

表 3-2-4 2018 年 12 月 11 日 12—13 时 "国控城市点位 1"
各项污染物监测数据 5 分钟值

时间	SO$_2$/ （μg/m^3）	NO$_2$/ （μg/m^3）	O$_3$/ （μg/m^3）	CO/ （μg/m^3）	PM$_{10}$/ （μg/m^3）	PM$_{2.5}$/ （μg/m^3）
2018-12-11 12：05	7	46	11	1.108	26	26
2018-12-11 12：10	9	41	12	1.137	25	24
2018-12-11 12：15	9	42	13	1.101	21	21
2018-12-11 12：20	10（PZ）	44	13	1.053	21	20
2018-12-11 12：25	6	45	11	1.113	22	21
2018-12-11 12：30	796（PS）	48	8	1.119	24	23
2018-12-11 12：35	1 066（PS）	47	9	1.090	23	21
2018-12-11 12：40	921（PS）	45	10	1.089	22	20
2018-12-11 12：45	11	45	10	1.092	21	18
2018-12-11 12：50	9	−1（PZ）	9	1.077	20	18
2018-12-11 12：55	9	−1	9	1.051	20	18
2018-12-11 13：00	8	6（PS）	8	1.114	19	16

案例三

➤ 案例介绍

2020 年 8 月 11 日 17 时对华中地区 A 市 "国控城市点位 1" SO$_2$ 监测仪器进行质控维护，18 时出现异常小时峰值 302 μg/m^3，查看仪器 5 分钟值，运维人员未对质控期数据做标识，该时段数据为非正常监测数据，如图 3-2-22、图 3-2-23 所示。

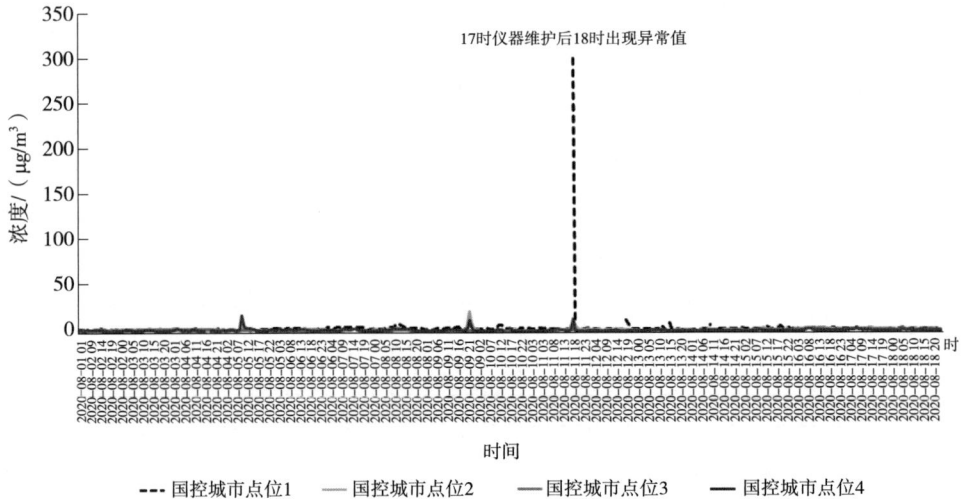

图 3-2-22　2020 年 8 月 1—18 日华中地区 A 市各点位 SO$_2$ 小时值

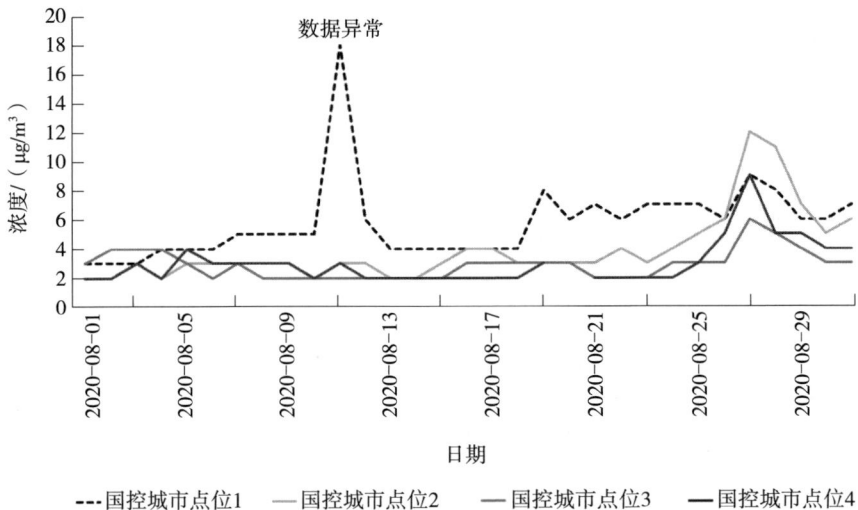

图 3-2-23　2020 年 8 月 1—31 日华中地区 A 市各点位 SO$_2$ 日均值

➢ **案例分析**

本案例中，通过多点位单项污染物数据变化趋势分析和日常运维情况分析方法，分析小时值与5分钟值数据，核实运维情况，确认数据应为异常数据。

①多点位单项污染物数据变化趋势分析

2020年8月11日18时华中地区A市"国控城市点位1"SO$_2$监测数据突升，数据离群，导致当天日均值较其他点位偏高，相对偏差为575%，与前后7日的相对偏差相比均偏高，如表3-2-5所示。

表3-2-5　2020年8月11日前后华东地区A市各点位SO$_2$日均值及相对偏差

日期	国控城市 点位1/ （μg/m³）	国控城市 点位2/ （μg/m³）	国控城市 点位3/ （μg/m³）	国控城市 点位4/ （μg/m³）	其他点位 日均值/ （μg/m³）	相对 偏差/%
2020年8月4— 10日（均值）	5	3	3	3	3	66.67
2020年8月11日	18	3	2	3	3	575.00
2020年8月12— 18日（均值）	4	3	2	2	2	100.00

查看监测仪器5分钟值，17：30—17：40 SO$_2$监测数据达到947 μg/m³、1 031 μg/m³、713 μg/m³，与该点位其他项目污染物数据变化趋势不一致，如表3-2-6所示。

表3-2-6　2020年8月11日17—18时"国控城市点位1"
各项污染物监测数据5分钟值

日期	SO$_2$/ （μg/m³）	NO$_2$/ （μg/m³）	CO/（mg/m³）	O$_3$/ （μg/m³）	PM$_{10}$/ （μg/m³）	PM$_{2.5}$/ （μg/m³）
2020-08-11 17：05	3	37（PS）	3.636	86	18	11
2020-08-11 17：10	3	8	47.642（Hsp）	83	17	11
2020-08-11 17：15	3	7	45.982（Hsp，PS）	82	17	11
2020-08-11 17：20	4	20	44.682（Hsp，PS）	81	17	11
2020-08-11 17：25	13	41	40.273（PS）	77	17	11

续表

日期	SO_2/ ($\mu g/m^3$)	NO_2/ ($\mu g/m^3$)	CO/ (mg/m^3)	O_3/ ($\mu g/m^3$)	PM_{10}/ ($\mu g/m^3$)	$PM_{2.5}$/ ($\mu g/m^3$)
2020-08-11 17：30	947	40	0.878（PS）	74	17	11
2020-08-11 17：35	1031	42	0.737（PS）	70	17	11
2020-08-11 17：40	713	43	0.694	73	17	11
2020-08-11 17：45	286（PS）	43	0.683	75	17	11
2020-08-11 17：50	946（PS）	33	0.701	77	17	11
2020-08-11 17：55	11（PS）	−1	0.689	78	17	11
2020-08-11 18：00	4	−1	0.655	74	17	11

②日常运维情况分析

经与现场运维人员核实，判断异常高值为质控期数据，运维人员未对质控期数据做标识，2020 年 8 月 11 日 18 时 SO_2 数据应为非正常监测数据。

➢ 案例点评

按照相关规范要求，在运维过程中，运维及质控数据为非正常监测数据，要求运维人员准确判断受质控影响的数据并进行标识，不得漏标、错标，防止质控期数据参与计算导致数据异常，如未按要求将质控数据进行标识，则会影响点位监测数据计算，甚至影响点位或城市空气质量等级评价。因此，注重运维规范性是数据"真、准、全"的重要保障，不可疏忽大意。

（三）质控结束仪器恢复期

➢ 案例介绍

华中地区 A 市"国控城市点位 1"在 2022 年 1 月 7 日 12 时进行 O_3 监测仪器质控维护，质控结束后，13—14 时监测数据为质控恢复期数据，运维人员未对质控后仪器恢复期数据进行标识，经核实 13—14 时监测数据受质控影响，属于质控恢复期数据，该时段数据应为非正常监测数据，如图 3-2-24 所示。

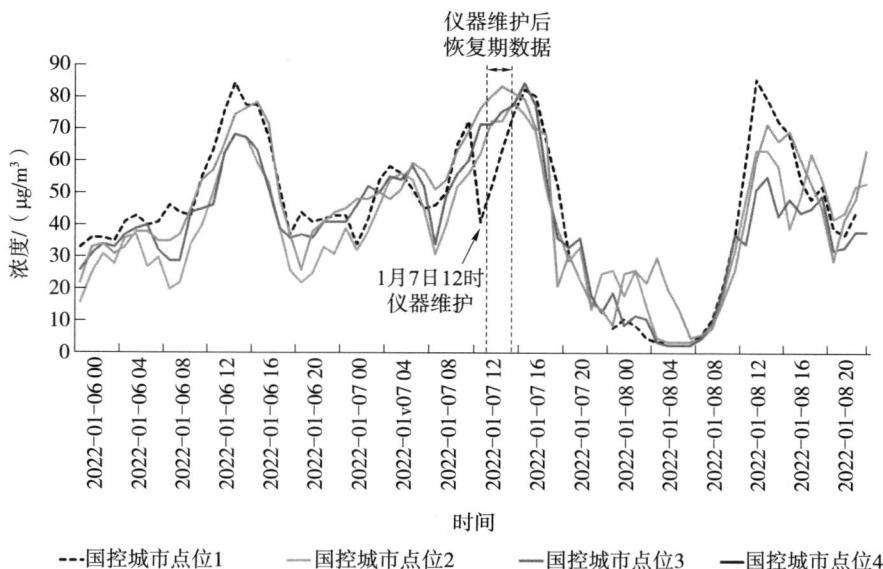

图 3-2-24　2022 年 1 月 6—8 日华中地区 A 市各点位 O_3 小时值

➤ **案例分析**

本案例中，通过多点位单项污染物数据变化趋势分析和日常运维情况分析方法，确认数据应为质控期数据，属于非正常监测数据。

①多点位单项污染物数据变化趋势分析

2022 年 1 月 7 日 13—14 时"国控城市点位 1"O_3 小时值与同城其他点位相比分别偏低 30.0%、17.8%，数据呈恢复趋势，如表 3-2-7 所示。

表 3-2-7　2022 年 1 月 7 日华中地区 A 市各点位 O_3 小时值及相对偏差

时间	国控城市点位 1/（μg/m³）	国控城市点位 2/（μg/m³）	国控城市点位 3/（μg/m³）	国控城市点位 4/（μg/m³）	其他点位均值/（μg/m³）	相对偏差 /%
2022-01-07 08：00	46	31	34	51	39	19.0
2022-01-07 09：00	50	40	49	54	48	4.9
2022-01-07 10：00	65	52	56	63	57	14.0
2022-01-07 11：00	72	56	60	69	62	16.8

续表

时间	国控城市点位 1/ （μg/m³）	国控城市点位 2/ （μg/m³）	国控城市点位 3/ （μg/m³）	国控城市点位 4/ （μg/m³）	其他点位均值 / （μg/m³）	相对偏差 /%
2022-01-07 12：00	41（H）	62	71	76	70	-41.1
2022-01-07 13：00	52	72	71	80	74	-30.0
2022-01-07 14：00	63	72	75	83	77	-17.8
2022-01-07 15：00	74	78	77	81	79	-5.9
2022-01-07 16：00	82	74	84	79	79	3.8
2022-01-07 17：00	80	69	77	70	72	11.1
2022-01-07 18：00	66	51	55	68	58	13.8
2022-01-07 19：00	52	39	36	21	32	62.5

②日常运维情况分析

运维人员在 2022 年 1 月 7 日 12 时对"国控城市点位 1"O_3 监测仪器进行了零点检查和跨度检查，如图 3-2-25、图 3-2-26 所示。

图 3-2-25　2022 年 1 月 7 日"国控城市点位 1"监测仪器运维巡检工单

臭氧（O₃）分析仪运行状况检查记录表（每周）

市（区，县）：

站点名称：

运维单位：

是否作废：　○是　◉否

仪器品牌：					
仪器型号：			校准日期：	2022-01-07	
仪器编号：			使用满量程（PPB）	500	
传递标准型号：			传递时间	2021-12-01	
传递标准编号：			有效期	2022-03-01	

校准点	开始时间	结束时间	标样浓度	显示值响应浓度	标定值响应浓度
零点	2022-01-07 11:06	2022-01-07 11:13	0	1.9 PPB	/ PPB
满量程的80%	2022-01-07 11:24	2022-01-07 11:31	400	390.1 PPB	/ PPB
零点漂移(PPB)			1.9		PPB
跨度漂移(%)			-2.5		%

站点校准信息自动获取失败手工补录	零点显示值响应浓度	/	PPB
	满量程的80%显示值响应浓度	/	PPB
	零点漂移	/	PPB
	跨度漂移		%

备注： 11:00~11:13期间零点检查, 11: 14~11：36期间跨度检查

其他凭证

凭证名称	图片	上传时间
	未上传文件	

所用耗材

耗材名称	数量	图片	上传时间
质控曲线图	1		2022-01-07 11:37
粒子过滤膜	1		2022-01-07 11:34

填表人：　　　　　复核人：　　　　　审核人：

◀ 返回

图 3-2-26　2022 年 1 月 7 日"国控城市点位 1"O₃ 分析仪检查记录

➤ **案例点评**

环境空气自动监测仪器在进行质控维护后，运行状态可能出现不稳定的情况，使监测数据受到影响，因此需要一段时间进行恢复，该时间长短受监测仪器使用年限、仪器老化程度等因素影响。运维人员在对仪器进行质控维护后，要及时关注仪器运行状态，判断数据是否恢复正常，若数据明显异常，应进行标识。

（四）质控后数据恢复正常

➤ 案例介绍

华东地区 A 市"国控城市点位 1"O_3 日最大 8 小时平均浓度自 2020 年 1 月 16 日开始较同城其他点位出现分层，对比 NO_2 数据未见明显变化。经 2 月 12 日运维单位对监测仪器做 O_3 传递后，数据明显恢复，与同城其他点位数据变化趋势大致保持一致，具体数据变化如图 3-2-27 所示。

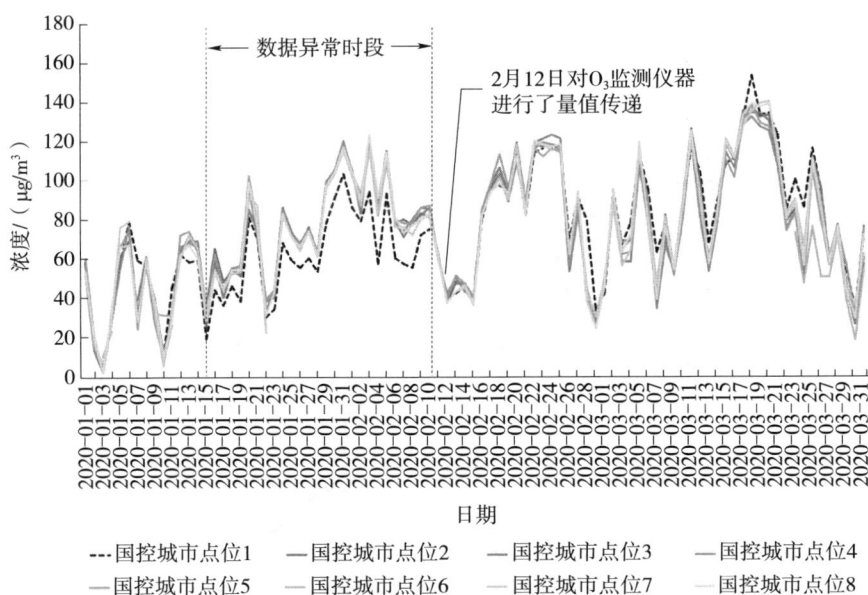

图 3-2-27　2020 年 1 月 1 日—3 月 31 日华东地区 A 市各点位

O_3 日最大 8 小时平均浓度

➤ 案例分析

本案例中，通过多点位单项污染物数据变化趋势分析、单点位相关污染物分析和日常运维情况分析 3 种方法确定 O_3 数据异常变化的原因。

①多点位单项污染物数据变化趋势分析

计算数据分层时段（2020 年 1 月 16 日—2 月 10 日）及其前后相同时间跨度"国控城市点位 1"与同城其他点位的偏差，具体数据如表 3-2-8 所示。2020 年 1 月 1—15 日，该点位 O_3 日最大 8 小时平均浓度为 45 μg/m³，同城其他点位均值为 43 μg/m³，相对偏差为 4.3%；1 月 16 日—2 月 10 日，该点位 O_3

日最大 8 小时平均浓度为 63 μg/m³，同城其他点位均值为 77 μg/m³，相对偏差为 -18.4%；2 月 12 日对该点位的臭氧监测仪器进行量值传递后，2 月 13—29 日该点位与同城其他点位相对偏差为 -0.2%。由此可见，1 月 16 日—2 月 10 日"国控城市点位 1"O₃ 日最大 8 小时平均浓度与同城其他点位存在差异。

表 3-2-8 "国控城市点位 1"对比其他点位 O₃ 日最大 8 小时平均浓度数据

日期	国控城市点位 1/ （μg/m³）	同城其他点位均值 / （μg/m³）	相对偏差 /%
1 月 1—15 日	45	43	4.3
1 月 16 日—2 月 10 日	63	77	-18.4
2 月 13—29 日	82	82	-0.2

②单点位相关污染物分析

对比华东地区 A 市各点位同期的 NO₂ 日均值，变化趋势均比较一致，具体如图 3-2-28 所示，"国控城市点位 1"数据较其他点位未出现升高趋势。O₃ 与 NO₂ 数据本应具有负相关性，而 2020 年 1 月 16 日—2 月 10 日"国控城市点位 1"O₃ 数据明显较同城其他点位偏低分层，NO₂ 数据与同城其他点位数据保持一致，二者负相关性较差。

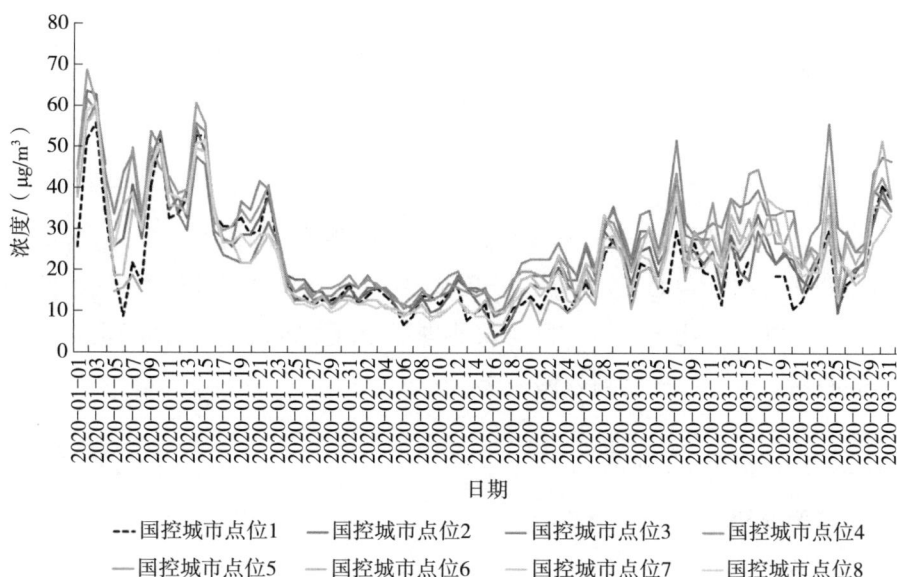

图 3-2-28 2020 年 1 月 1 日—3 月 31 日华东地区 A 市各点位 NO₂ 日均值

③日常运维情况分析

运维单位在 2020 年 2 月 12 日对"国控城市点位 1"的 O₃ 监测仪器进行了量值传递，具体工单如图 3-2-29 所示。

臭氧校准设备（工作标准）型号及编号：	TE-146i/			传递日期		2020-02-12	
臭氧传递标准型号及编号：	TE-49ips/			传递标准溯源日期		2019-09-09	
				传递标准溯源方程		y=0.999x+0.03	
传递用臭氧监测仪型号及编号	TE-49i/						
校准点	传递标准输出浓度		传递用监测仪示值	工作标准输出浓度	传递用监测仪示值	传递用监测仪示值对应的标准值	
零点	1.5 PPB		1.5 PPB	0.0 PPB	1.5 PPB	2.2 PPB	
满量程的10%	49.9 PPB		49.8 PPB	/ PPB	49.8 PPB	50.2 PPB	
满量程的20%	1008 PPB		100.2 PPB	/ PPB	100.2 PPB	100.2 PPB	
满量程的40%	201 PPB		201 PPB	/ PPB	201 PPB	200.3 PPB	
满量程的60%	300 PPB		301 PPB	/ PPB	301 PPB	299.6 PPB	
满量程的80%	400 PPB		403 PPB	32.3 PPB	403 PPB	400.8 PPB	
校准曲线	Y =a +bx, a= 0.0207 b= 0.9999 r= 0.9999						
校准结果（合格/不合格）	合格						
	要求：相关系数(r)≥0.999；0.97≤斜率(b)≤1.03；截距(a)< ±1%×满量程；						
动态校准仪输出值：							

图 3-2-29 2020 年 2 月 12 日"国控城市点位 1"O₃ 校准仪器量值传递工单

➢ **案例点评**

对 O₃ 校准仪器进行量值传递是 O₃ 校准仪器常见的检查方式之一，一般是周期性开展，在发现 O₃ 数据存在异常偏差，且周围环境状况、气候条件无变化、日常运维质控均正常时，可对仪器进行 O₃ 量值传递检测，确定是否为仪器监测问题，矫正偏移监测数据。

（五）标准物质异常

➢ **案例介绍**

华南地区 A 市"国控城市点位 1"NO₂ 小时数据变化趋势较同城其他点位自 2021 年 12 月 20 日开始出现明显差异，12 月 31 日更换监测仪器后仍然差异明显。2022 年 1 月 28 日更换 NO 标气后，数据恢复正常，如图 3-2-30、表 3-2-9 所示。

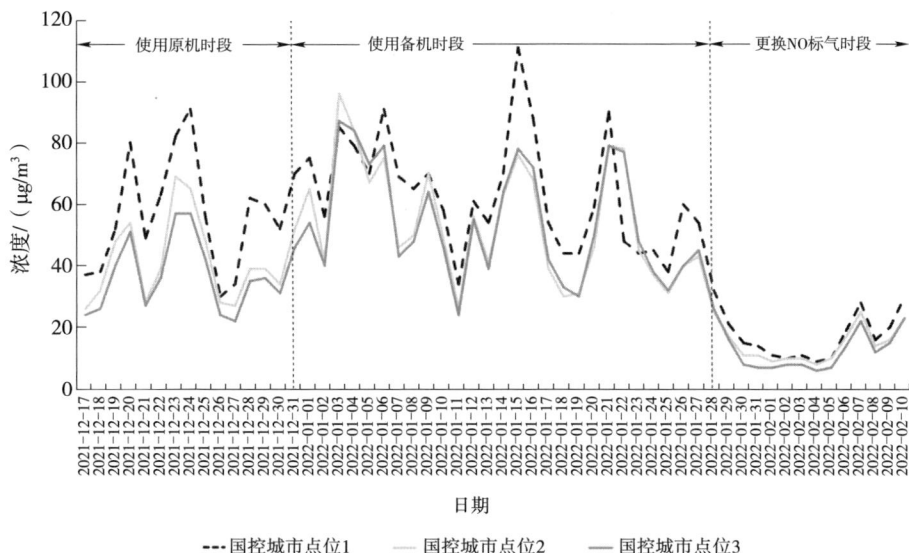

图 3-2-30　2021 年 12 月 17 日—2022 年 2 月 10 日华南地区
A 市各点位 NO$_2$ 日均值

表 3-2-9　2021 年 12 月 17 日—2022 年 2 月 10 日华南地区 A 市各点位 NO$_2$ 日均值

时间	国控城市点位 1/（μg/m³）	国控城市点位 2/（μg/m³）	国控城市点位 3/（μg/m³）	周边均值 /（μg/m³）	绝对偏差 /（μg/m³）
原机	56	41	36	39	17
备机至更换 NO 标气前	64	55	54	55	9
更换 NO 标气后	16	14	12	13	3

➢ **案例分析**

本案例涉及的分析方法主要为多点位单项污染物数据变化趋势分析和日常运维情况分析。

①多点位单项污染物数据变化趋势分析

华南地区 A 市共有 3 个国控城市点位，2021 年 12 月 17—30 日 "国控城市点位1"和"国控城市点位3"的NO_2在用监测仪器均为X品牌原机,"国控城市点位2"为A品牌原机。通过运用多点位单项污染物数据变化趋势分析方法,发现"国控城市点位1"的NO_2数据在12月20—30日与同城其他点位相比出现明显差异。运维单位在12月27—30日对"国控城市点位1"的原机进行了联机比对,比对结果显示原机偏高15.1%,于是运维人员在31日将原机下架并更换为T品牌备机,更换备机后数据仍偏高。具体数据如表3-2-9所示,备机更换工单如图3-2-31所示。

设备故障单

工单信息:			
工单号:		来源:	
省份:		城市:	
生成时间:	2021-12-31 10:07:27		
工单状态:	已完成	工单类型:	故障
工单标题:	更换备机		
工单内容:	更换备机		
监测类型:	NO2		
站点设备类型:	原机	站点设备品牌:	
站点设备编号:		站点设备型号:	
故障现象:	数据偏高,为了保证数据有效性更换备机继续采集数据上传		

故障处理:		
远程处理:	○是 ●否	

图 3-2-31 "国控城市点位1"更换NO_2备机工单

②日常运维情况分析

通过准确度核查,发现监测仪器斜率超1 ± 0.05范围(现场NO、NO_2和NO_x实际斜率分别为1.09、1.097和1.099)。

通过使用校准好的备机进行检查,发现备机跨度超范围,怀疑可能是动态校准仪存在问题,经质控实验室检查动态校准仪正常。初步推断可能是NO标气存在问题。2021年1月28日更换NO标气,对监测仪器重新进行校准,数据恢复正常。

通过在质控实验室对问题标气和标准标气进行响应浓度测试,问题标气的实际浓度比标称浓度偏低,导致校准出现偏差,监测数据偏高,如图3-2-32所示。

城市名称		测试地点			质控实验室
测试时间	2022-2-12 14:40:00				
样品编号					
样品标称浓度	51.1ppm				
测试仪器	生产厂家/型号		出厂编号		仪器量程（ppb）
					500
校准用标气	生产厂家	参考值（ppm）	不确定度(%)		最近一次校准后气瓶压力（MPa）
	中国计量科学研究院	49.9	1.0		4.5
400PPB 浓度测试					
样品测试结果示值（ppb）			样品计算浓度（ppm）		
372			46.407		
校准用标气测试结果示值（ppb）			校准用标气计算浓度（ppm）		
400			49.9		
实际值与标称值浓度偏差			-10.1%		

图 3-2-32 "国控城市点位 1"问题标气测试结果

➢ **案例点评**

通过运用多点位单项污染物数据变化趋势分析方法，发现"国控城市点位 1"的 NO_2 数据存在问题，需逐项进行检查，包括监测仪器常规质控检查、监测仪器比对、质控仪器（动态校准仪、标气）检查，逐一排查，追根溯源，直至发现问题出现的原因。

上述案例表明影响数据质量的环节较多，任何一个环节出问题都可能对数据准确性造成影响。

（六）运维受限

➢ **案例介绍**

华北地区 A 市"国控城市点位 1"2022 年 4 月 13 日 NO_2 数据开始持续高于同城其他点位、O_3 数据持续低于同城其他点位，数据分层严重，运维人员因运维受限无法前往站房维护监测仪器，异常原因不明，如图 3-2-33、图 3-2-34 所示。

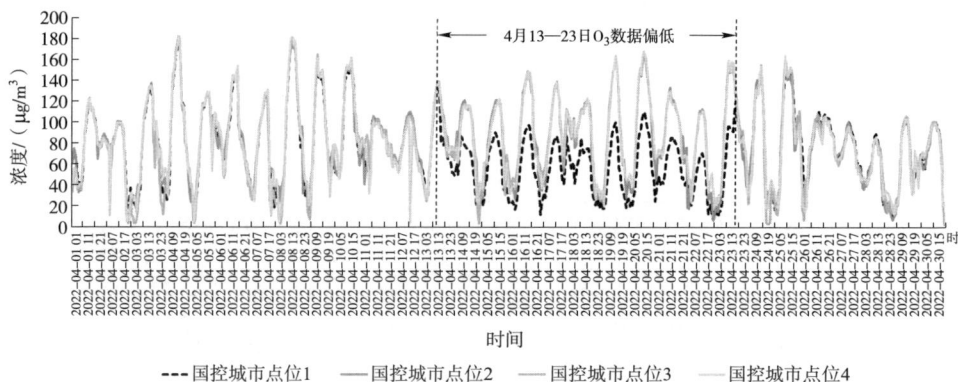

图 3-2-33　2022 年 4 月华北地区 A 市各点位 O_3 小时值

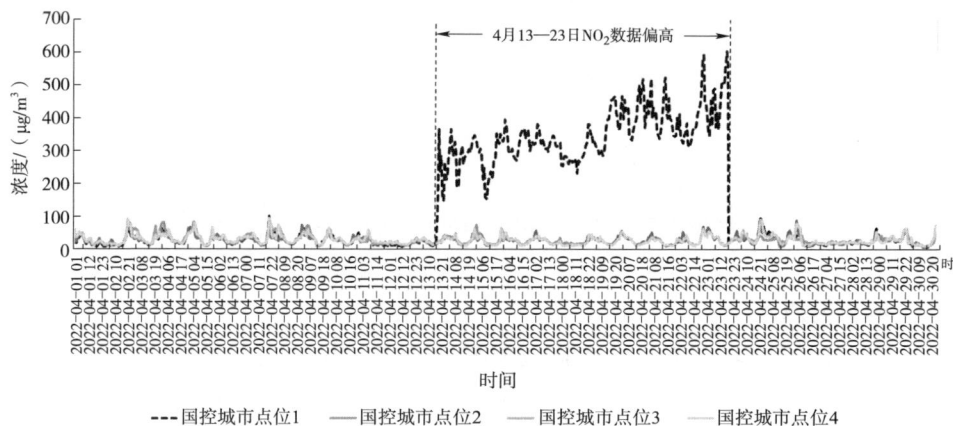

图 3-2-34　2022 年 4 月华北地区 A 市各点位 NO_2 小时值

➤ **案例分析**

本案例涉及的分析方法主要为多点位多项污染物数据变化趋势分析和日常运维情况分析。

①多点位多项污染物数据变化趋势分析

数据复核人员复核数据过程中发现，华北地区 A 市"国控城市点位 1" 2022 年 4 月 13 日 NO_2 数据开始异常偏高、O_3 异常偏低，虽然 NO_2 与 O_3 有相关性但是与历史数据差异较大，并且 NO_2 小时值已经升至 400 μg/m³ 以上，4 月 13—23 日该点位 NO_2 和 O_3 日均值也与 4 月其他日期相差较大。通过多点位多项污染物数据变化趋势分析，初步判断该点位 NO_2 和 O_3 存在异常，监测仪器运行状态可能存在异常。如图 3-2-35、表 3-2-10 所示。

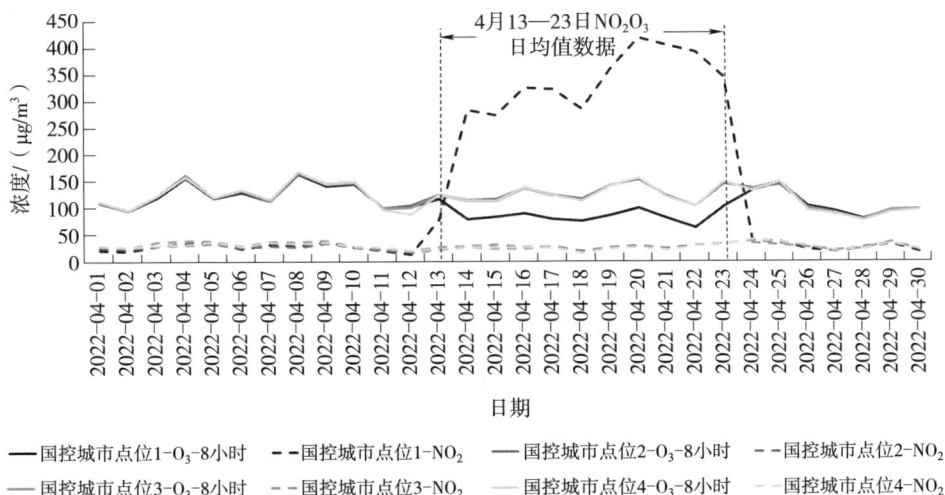

图 3-2-35 2022 年 4 月华北地区 A 市各点位 NO_2 与 O_3 日均值

表 3-2-10 2022 年 4 月"国控城市点位 1"与同城其他点位 NO_2 与 O_3 日均值比较

日期	O_3 日最大 8 小时平均浓度				NO_2			
	国控城市点位 1/ ($\mu g/m^3$)	同城其他点位/ ($\mu g/m^3$)	绝对偏差/ ($\mu g/m^3$)	相对偏差/%	国控城市点位 1/ ($\mu g/m^3$)	同城其他点位/ ($\mu g/m^3$)	绝对偏差/ ($\mu g/m^3$)	相对偏差/%
4 月 1—12 日	124	125	-1	-0.8	26	28	-2	-7.14
4 月 13—23 日	86	126	-40	-31.75	317	24	293	1 220.83
4 月 24—30 日	105	104	1	0.96	26	27	-1	-3.70

②日常运维情况分析

经运维单位核实,该点位受新冠疫情影响,城市道路交通管控导致该点位运维受限,运维人员无法前往站房检查监测仪器核实原因。2022 年 4 月 23 日该点位运维受限解除,运维人员前往站房发现数据异常为采样总管风扇故障导致，维修后 NO_2、O_3 数据恢复正常，如图 3-2-36 所示。

图 3-2-36　2022 年 4 月 23 日检查发现"国控城市点位 1"采样总管风机故障照片

➤ 案例点评

因各种不可抗力因素导致运维受限时，运维单位应当第一时间将点位运维情况进行反馈，并且积极配合解决受限问题，及时关注数据情况，数据审核上报时应备注点位情况。

数据复核人员通过数据分析，判断明显异常数据，通过日常复核指导运维，优先协调解决数据异常点位受限问题，保障城市评价考核。总站大气运管中心、运维单位、网络检查单位、地方生态环境部门等各单位共同努力保障国控城市点位正常运行，保障国控城市点位监测数据质量。

三、人为相关

区别于上一节日常运维中的行为操作对数据产生的影响，并非运维人员的主观行为导致，本节的数据异常，则由人为主观故意导致，大致分为两类，一类是受利益驱使故意干扰数据正常采集的违法犯罪行为，如在颗粒物污染严重的地区对颗粒物采样器的采样头堵纱布、喷水等。另一类是运维人员技术能力不足或者责任意识淡薄、疏忽大意造成的，如仪器配件安装异常、未及时更换滤膜等。

（一）主观故意干扰

案例一

➤ 案例介绍

2016 年，陕西省西安市阎良区、长安区两个国控城市点位 $PM_{2.5}$、PM_{10} 数据夜间频繁出现低于同城其他点位的情况，与同城其他点位数据不一致，如图 3-3-1、图 3-3-2 所示。经调查，发现是由于人为干扰造成监测数据异常。

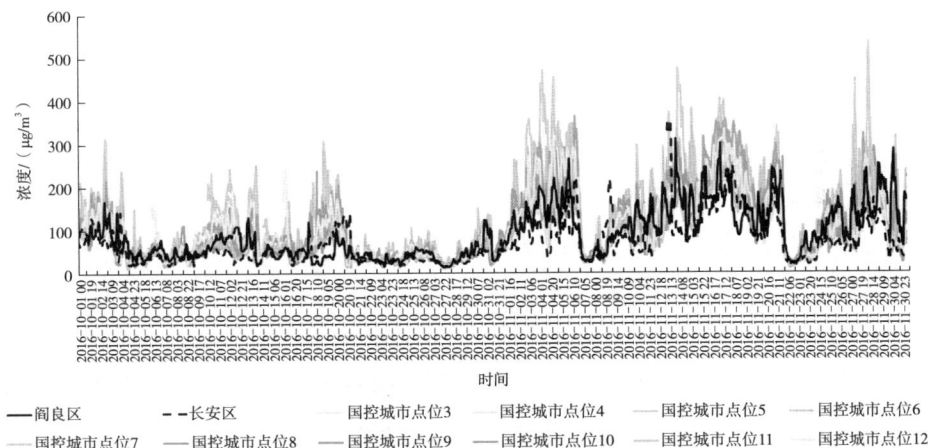

图 3-3-1　2016 年 10—11 月西安市各点位 $PM_{2.5}$ 小时值

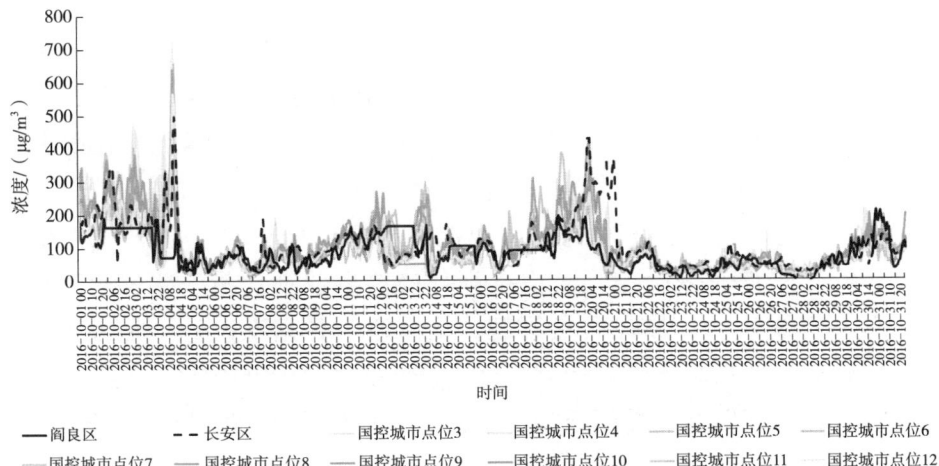

图 3-3-2　2016 年 10 月西安市各点位 PM_{10} 小时值

130

环境空气质量自动监测数据审核复核技术要求与典型案例分析
HUANJING KONGQI ZHILIANG ZIDONG JIANCE SHUJU SHENHE FUHE JISHU YAOQIU YU DIANXING ANLI FENXI

➢ **案例分析**

本案例涉及的分析方法主要为多点位多项污染物数据变化趋势分析和现场检查情况分析。

①多点位多项污染物数据变化趋势分析

西安市阎良区、长安区两个国控城市点位 $PM_{2.5}$、PM_{10} 数据经常出现突降，且异常偏低时段集中在夜间，同城其他点位浓度均较高，历史数据未出现偏低情况。总站复核数据时发现，在夜间该点位数据频繁偏低，通过多点位多项污染物数据变化趋势分析初步判断 $PM_{2.5}$、PM_{10} 仪器运行状态可能存在异常。

②现场检查情况分析

为了确认数据异常偏低的原因，生态环境部组织开展飞行检查，发现两个点位均存在采样器采样头被纱布堵塞、部分监控视频记录被删除等问题。两个点位发生的人为干扰事件严重影响了自动监测仪器的运行，导致监测数据严重失真。

➢ **案例点评**

为了降低环境空气质量自动监测数据，时任西安市生态环境局长安分局环境监测站站长、副站长以及阎良分局环境监测站站长等7人，用纱布堵塞采样头，干扰环境空气质量自动监测数据采集，造成西安市阎良区、长安区两个国控城市点位数据明显低于周边点位，构成破坏计算机信息系统罪，获刑1年3个月到1年10个月不等。

西安市空气质量监测数据造假案件充分反映了涉案人员法治观念淡薄，没有牢固树立和贯彻新发展理念，部分地区不在落实污染防治措施上下功夫，却在监测数据上弄虚作假，采取不正当手段，人为干扰环境空气监测数据，严重误导环境管理决策。

各级生态环境部门和生态环境监测机构要充分吸取教训，引以为戒，举一反三，采取有效措施，全面提高环境监测数据质量。要强化警示教育，提高思想认识；加强质量管理，提高监测数据准确性；加大查处力度，保障监测数据真实性。应建立健全防止人为干扰的制度机制，坚守廉洁自律，保障环境监测数据质量，坚决抵制任何形式的监测数据弄虚作假行为。

运维单位应建立健全防止人为干扰的制度机制，坚守廉洁自律，保障监测数据质量；坚决抵制参与任何形式的监测数据弄虚作假，发现点位异常情况应及时上报。运维单位内部应加强教育宣贯，坚守监测红线，不可越雷池半步。不可心存侥幸，参与造假将会受到法律的严惩。

数据审核、复核人员要提高自身数据审核能力，及时发现异常数据，对异常数据保持高度敏感，尤其要注意监测数据在夜间出现突变的情况。发现异常情况要及时向领导以及主管部门汇报，认真履行工作职责，保障监测数据"真、准、全"。

案例二

➤ **案例介绍**

2017 年 3 月山西省临汾市 $PM_{2.5}$、PM_{10} 数据开始不定期出现偏低分层情况，对比周边城市污染浓度水平从高位下降到中、低位（图 3-3-3～图 3-3-6）；2018 年冬季临汾市 SO_2 数据对比 2016 年、2017 年同期数据明显下降（图 3-3-7、图 3-3-8）。

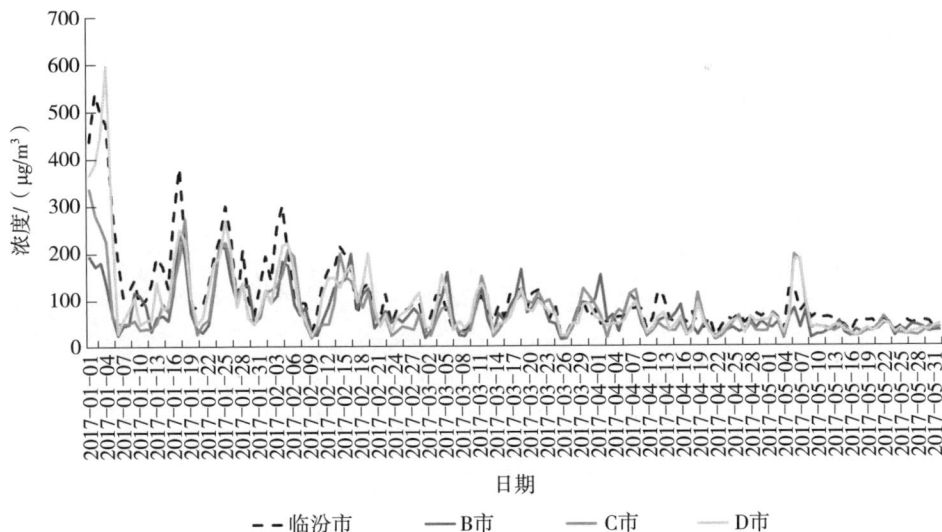

图 3-3-3　2017 年 1—5 月临汾市与周边城市 $PM_{2.5}$ 日均值

环境空气质量自动监测数据审核复核技术要求与典型案例分析
HUANJING KONGQI ZHILIANG ZIDONG JIANCE SHUJU SHENHE FUHE JISHU YAOQIU YU DIANXING ANLI FENXI

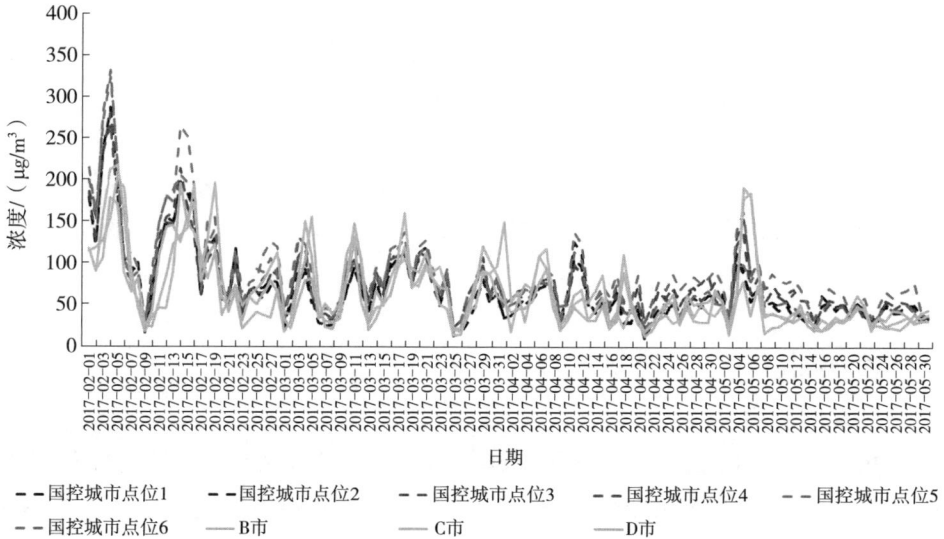

图 3-3-4　2017 年 2—5 月临汾市各点位与周边城市 PM$_{2.5}$ 日均值

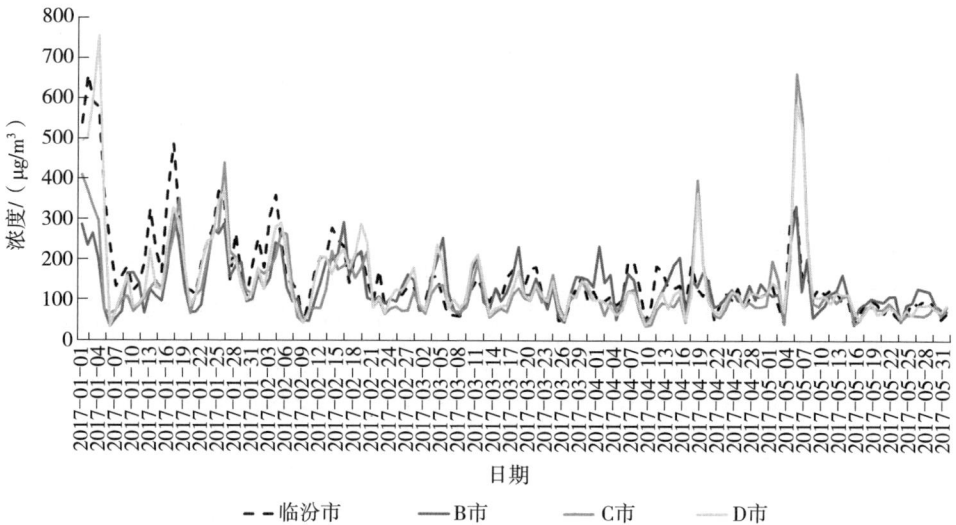

图 3-3-5　2017 年 1—5 月临汾市与周边城市 PM$_{10}$ 日均值

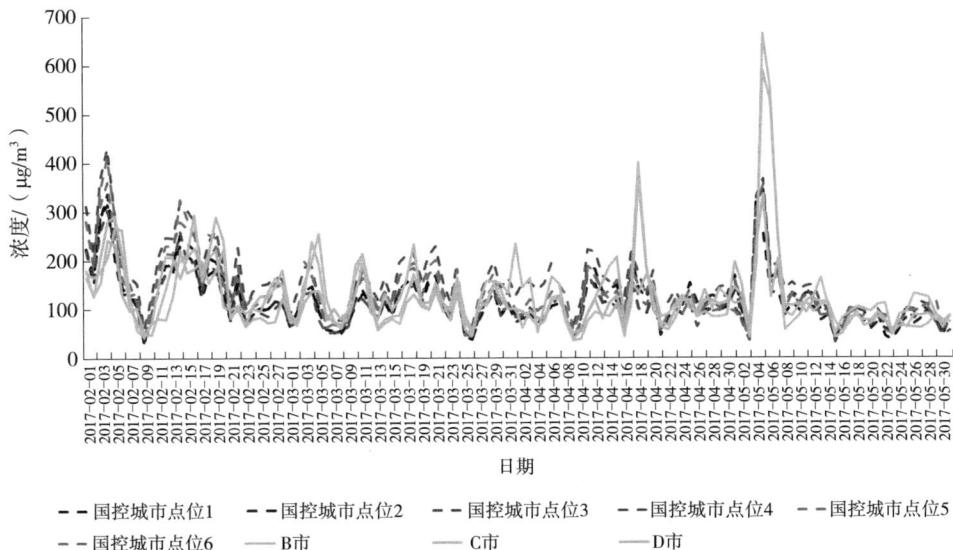

图 3-3-6　2017 年 2—5 月临汾市各点位与周边城市 PM$_{10}$ 日均值

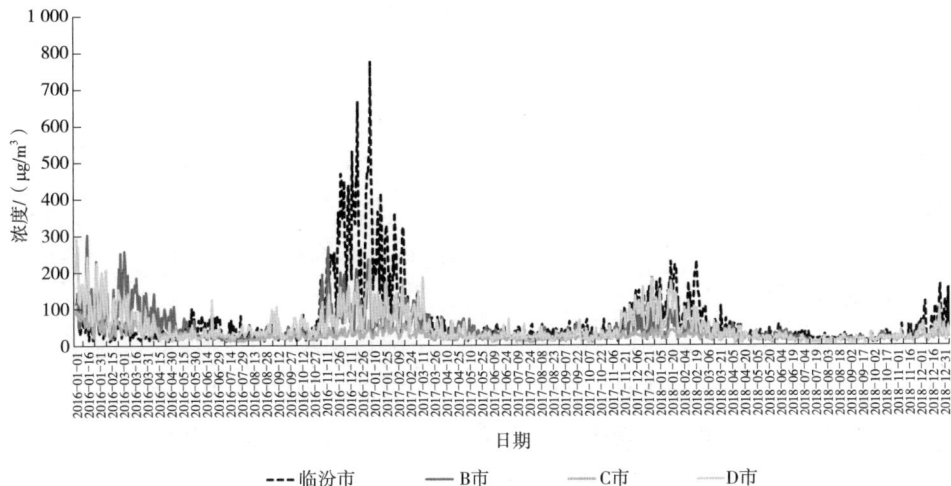

图 3-3-7　2016 年 1 月—2018 年 12 月临汾市与周边城市 SO$_2$ 日均值

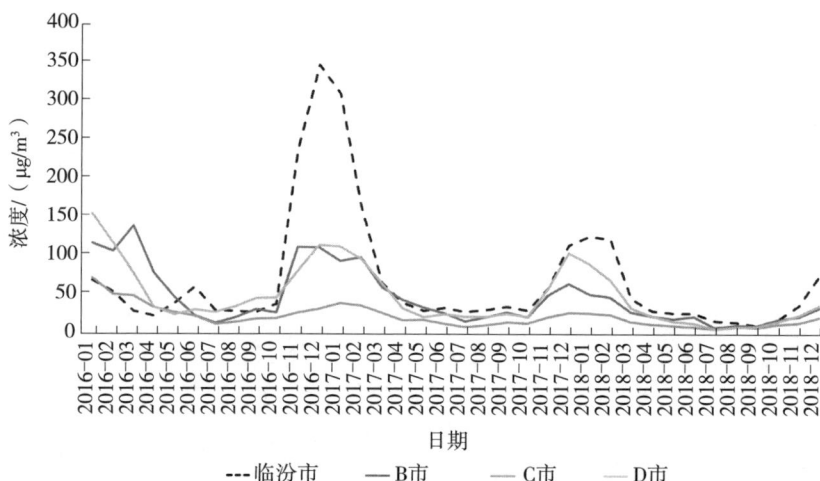

图 3-3-8　2016 年 1 月—2018 年 12 月临汾市与周边城市 SO_2 月均值

> **案例分析**

临汾市自动监测数据造假案是有组织、有预谋的集中干扰，城市所有点位均受影响，从城市内部的数据变化趋势上较难发现。

总站复核数据时发现，山西省临汾市部分国控城市点位数据异常。通过查看监控视频，发现临汾市 6 个点位采样系统均受到人为干扰，原地方生态环境局局长授意原办公室主任和国控点位运维人员采用堵塞采样头、喷水或者氢氧化钠中和等方式，同时或者交替对临汾市各国控点位 $PM_{2.5}$、PM_{10}、SO_2 采样监测仪器进行人为干扰。2017 年 4 月—2018 年 3 月临汾市 6 个国控城市点位共受到上百次干扰，监测数据严重失真 53 次。调查事实清楚、证据确凿后，依法移交公安部门，对相关人员依纪依法作出严肃处理。

> **案例点评**

临汾市环境空气自动监测数据造假是一起有组织、有预谋的蓄意犯罪行为，严重影响了环保监测数据的真实性、准确性，反映出部分地方生态环境部门政绩观严重扭曲，在党中央、国务院三令五申要求确保环境监测数据真实准确的形势下，不在污染防治上下功夫，却在监测数据上动歪脑筋；部分国控城市点位运维人员职业素质不高、受不当利益诱惑，为了一己私利借工作便利链而走险参与造假；运维单位管理制度不完善、执行不到位，疏于对运维人员的教育监督，导致人为干扰未能得到遏制，造成监测数据严重失真，教训惨痛。参与造假的人员触犯了法律红线，同时严重损害了生态环境保护事业和人民群众利益，影响十分恶劣。

各级生态环境监测部门应提高站位，树立正确的政绩观。要从根本上解决污染问题，绝不允许将改善环境质量的压力转嫁到生态环境监测数据上；以案为鉴，堵塞监督漏洞，严厉打击弄虚作假行为，加强监测系统人员学习教育，从根本上杜绝弄虚作假行为。各级各类生态环境监测机构要依法取得资质，严格按照法律法规和技术规范开展监测活动。要坚持依法监测、科学监测、诚信监测，健全质量管理体系，提高能力水平。

此案发生后，我国开始对国控城市点位进行实时视频监控，对非运维人员进站和喷淋等人为干扰等行为生成异常报警。并制定相关规定明确运维人员运维准则和不规范运维行为、严禁行为以及处罚措施，加强对国控城市点位运维人员的管理。

（二）技术能力水平不足

1.运维人员责任心不足

案例一

➤ **案例介绍**

2020 年 10 月 27 日 12—15 时华东地区 A 市"国控城市点位 1"PM_{10} 数据突降、$PM_{2.5}$ 数据突升，如图 3-3-9、图 3-3-10 所示，对比同城其他点位颗粒物数据变化趋势异常，该时段 $PM_{2.5}$ 倒挂严重，如图 3-3-11 所示。

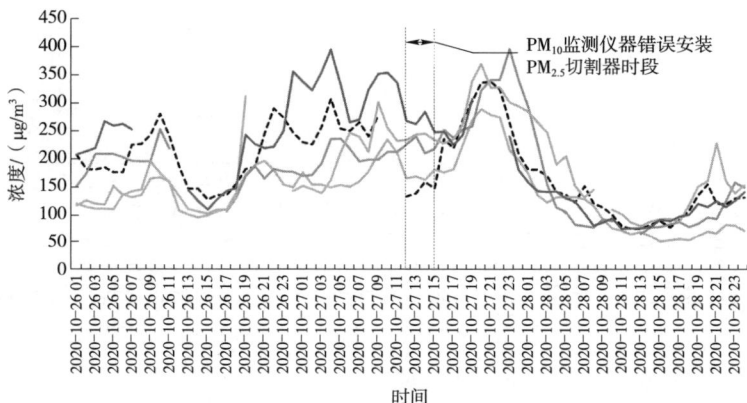

图 3-3-9 2020 年 10 月 26—28 日华东地区 A 市各国控城市点位 PM_{10} 小时值

136

环境空气质量自动监测数据审核复核技术要求与典型案例分析
HUANJING KONGQI ZHILIANG ZIDONG JIANCE SHUJU SHENHE FUHE JISHU YAOQIU YU DIANXING ANLI FENXI

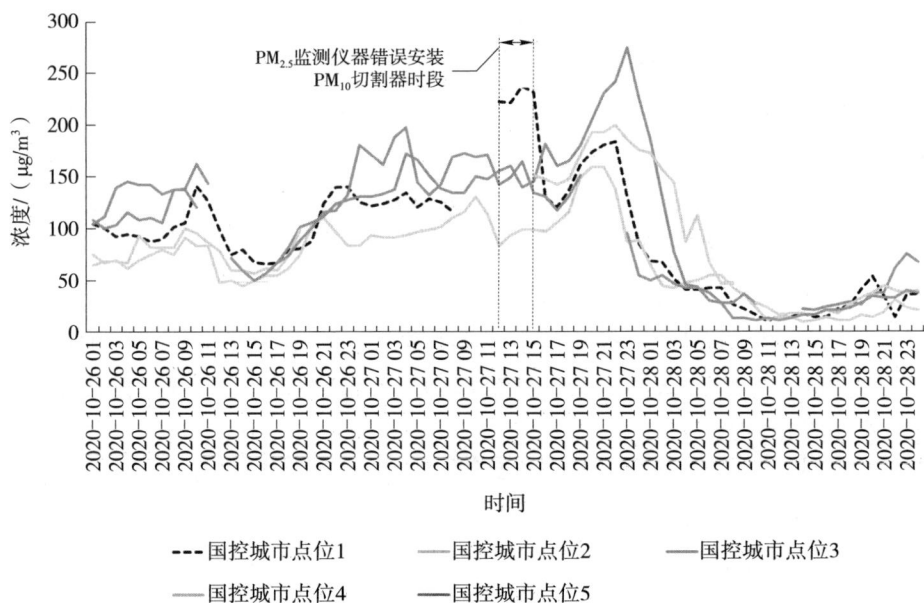

图 3-3-10　2020 年 10 月 26—28 日华东地区 A 市各国控城市点位 PM$_{2.5}$ 小时值

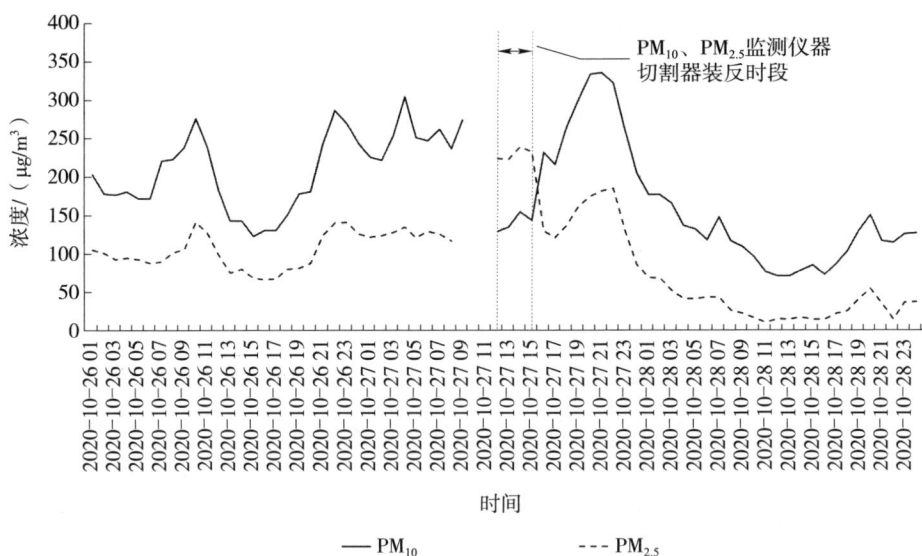

图 3-3-11　2020 年 10 月 26—28 日华东地区 A 市"国控城市点位 1"
PM$_{10}$、PM$_{2.5}$ 小时值

➢ **案例分析**

通过单点位相关污染物分析和日常运维情况分析的方法，判断 2020 年 10 月 27 日 12—15 时华东地区 A 市"国控城市点位 1"PM_{10} 监测仪器、$PM_{2.5}$ 监测仪器运行状态异常，为非正常监测数据。

①单点位相关污染物分析

2020 年 10 月 27 日 12—15 时华东地区 A 市"国控城市点位 1"$PM_{2.5}$ 数据突升、PM_{10} 数据突降，出现"颗粒物倒挂"情况。

②日常运维情况分析

经运维单位核实确认，2020 年 10 月 27 日运维人员清理切割器后，将 PM_{10} 的切割器安装到 $PM_{2.5}$ 监测仪器上、将 $PM_{2.5}$ 的切割器安装到 PM_{10} 监测仪器上，颗粒物切割器装反，PM_{10} 监测仪器、$PM_{2.5}$ 监测仪器运行状态异常。发现数据异常后，运维人员赶回现场正确安装颗粒物切割器，数据恢复正常。10 月 27 日采样管清洁任务、现场情况核实结果如图 3-3-12、图 3-3-13 所示。

图 3-3-12　2020 年 10 月 27 日华东地区 A 市"国控城市点位 1"
颗粒物采样管季度清洁任务照片

审核记录

审核参数	时间点	操作	原始值	审核值	审核批注	无变更批注
PM10	2020-10-27 13:00	有效审核为无效	136	136(RM)	切割器装反，为无效数据。	

审核参数	时间点	操作	原始值	审核值	审核批注	无变更批注
PM2.5	2020-10-27 13:00	有效审核为无效	224	224(RM)	切割器装反，为无效数据。	

图 3-3-13 2020 年 10 月 27 日华东地区 A 市"国控城市点位 1"
PM_{10}、$PM_{2.5}$ 小时值审核记录截图

案例二

➢ 案例介绍

2020 年 11 月 30 日 12 时运维人员对华南地区 A 市"国控城市点位 1"进行周巡检，在测试 $PM_{2.5}$ 监测仪器流量后，忘记将切割器安装到采样口，仪器运行状态异常，导致 $PM_{2.5}$ 数据对比同城其他点位偏高分层，12 月 2 日 17 时进行维护后数据恢复正常，如图 3-3-14 所示。

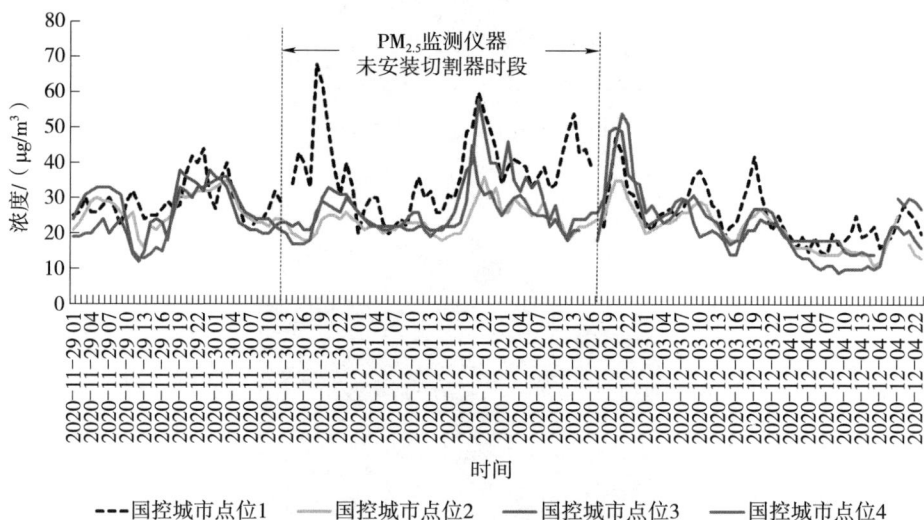

图 3-3-14 2020 年 11 月 29 日—12 月 4 日华南地区 A 市各国控城市
点位 $PM_{2.5}$ 小时值

➢ 案例分析

通过多点位多项污染物数据变化趋势分析和日常运维情况分析的方法，

判段华南地区 A 市"国控城市点位 1"2020 年 11 月 30 日 12 时—12 月 2 日 17 时 PM$_{2.5}$ 监测仪器运行状态异常。

①多点位多项污染物数据变化趋势分析

2020 年 11 月 30 日 12 时对华南地区 A 市"国控城市点位 1"进行周巡检后，PM$_{2.5}$ 数据对比同城其他点位开始偏高，与历史数据不一致，12 月 2 日 17 时再次对 PM$_{2.5}$ 监测仪器进行维护后数据恢复正常，如图 3-3-15、图 3-3-16 所示。对比分析同时段该点位 PM$_{10}$ 数据，与同城其他点位变化趋势基本一致，未发现异常。

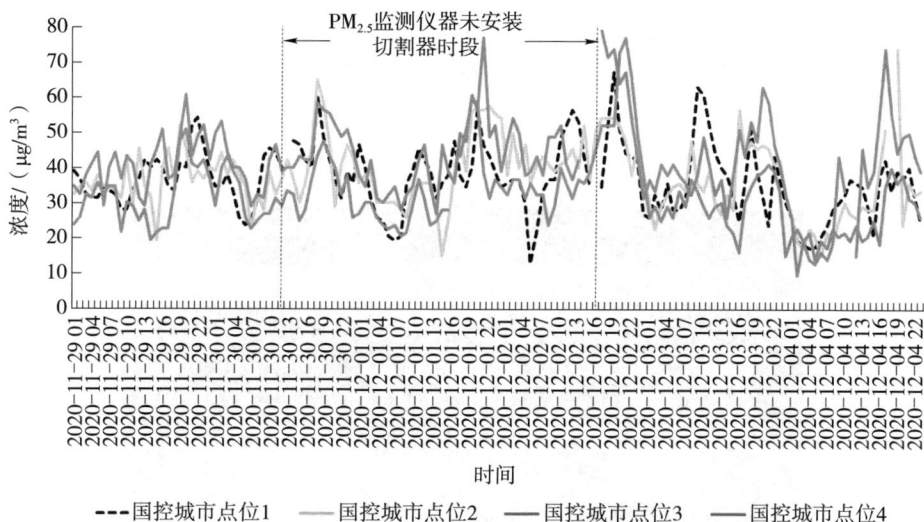

图 3-3-15　2020 年 11 月 29 日—12 月 4 日华南地区 A 市各国控城市点位 PM$_{2.5}$ 小时值

审核记录					
审核参数	时间点	操作	原始值	审核值	审核批注
PM2.5	2020-12-02 10:00	有效审核为无效	34	34(RM)	该小时数据为设备未安装切割器的异常数据，数据应为无效数据。

图 3-3-16　2020 年 12 月 2 日"国控城市点位 1"PM$_{2.5}$ 数据审核记录截图

②日常运维情况分析

经核查，运维人员在 2020 年 11 月 30 日 12 时巡检测试 PM$_{2.5}$ 监测仪器

140

环境空气质量自动监测数据审核复核技术要求与典型案例分析
HUANJING KONGQI ZHILIANG ZIDONG JIANCE SHUJU SHENHE FUHE JISHU YAOQIU YU DIANXING ANLI FENXI

流量后，忘记将切割器安装到采样口。查看点位视频监控核实确认切割器未安装（图 3-3-17、图 3-3-18），直到 12 月 2 日 17 时将切割器安装到采样口，$PM_{2.5}$ 数据恢复正常。

图 3-3-17　2020 年 11 月 30 日"国控城市点位 1"$PM_{2.5}$ 监测仪器巡检视频监控截图（1）

图 3-3-18　2020 年 11 月 30 日"国控城市点位 1"$PM_{2.5}$ 监测仪器巡检视频监控截图（2）

案例三

➤ 案例介绍

2021 年 3 月 19 日对东北地区 A 市"国控城市点位 1"进行周巡检后，采样支管从仪器后方电磁阀处脱落，导致 SO_2 监测仪器出现恒值，小时值数据基本无波动，与同城其他点位以及历史数据变化趋势不一致，如图 3-3-19 所示。

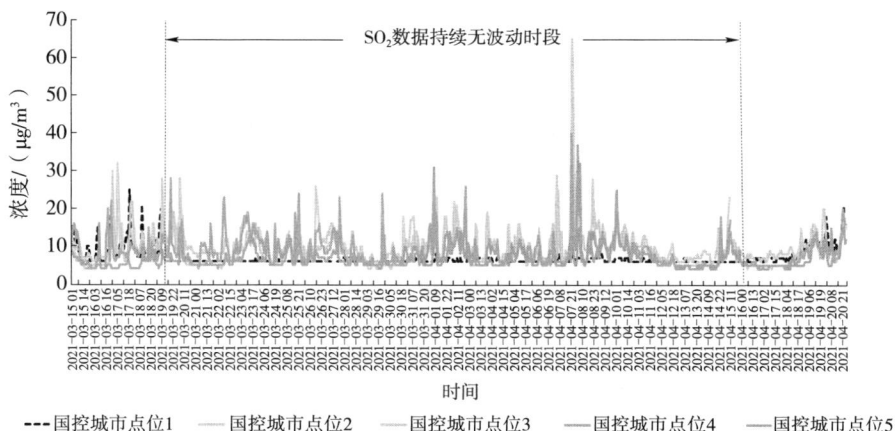

图 3-3-19 2021 年 3—4 月东北地区 A 市各国控城市点位 SO₂ 小时值

➤ **案例分析**

通过多点位单项污染物数据变化趋势分析和日常运维情况分析的方法，判断 2021 年 3 月 19 日—4 月 16 日东北地区 A 市"国控城市点位 1"SO₂ 监测仪器采样支管脱落采集室内空气，为非正常监测数据。

①多点位单项污染物数据变化趋势分析

2021 年 3 月 19 日东北地区 A 市"国控城市点位 1"SO₂ 数据对比同城其他点位开始持续出现波动较小情况，与历史数据变化趋势不一致，4 月 16 日之后数据恢复正常，数据变化情况如图 3-3-20～图 3-3-22 所示。

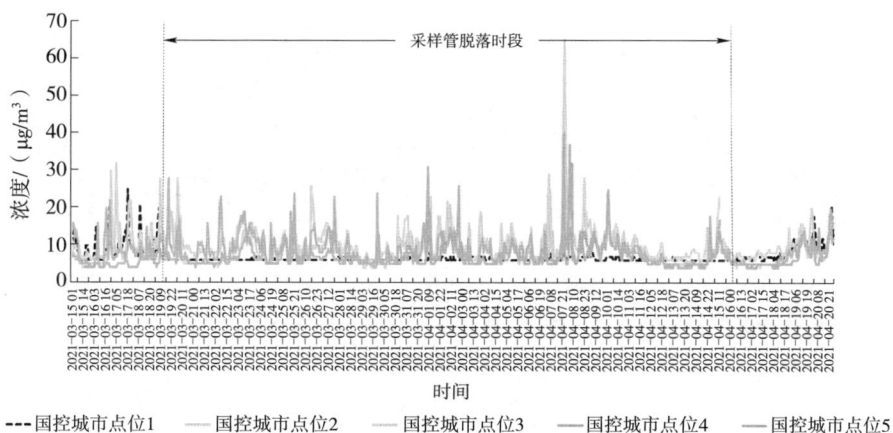

图 3-3-20 2021 年 3 月 15 日—4 月 20 日东北地区 A 市各国控城市点位 SO₂ 小时值（采样管脱落时段）

142

环境空气质量自动监测数据审核复核技术要求与典型案例分析
HUANJING KONGQI ZHILIANG ZIDONG JIANCE SHUJU SHENHE FUHE JISHU YAOQIU YU DIANXING ANLI FENXI

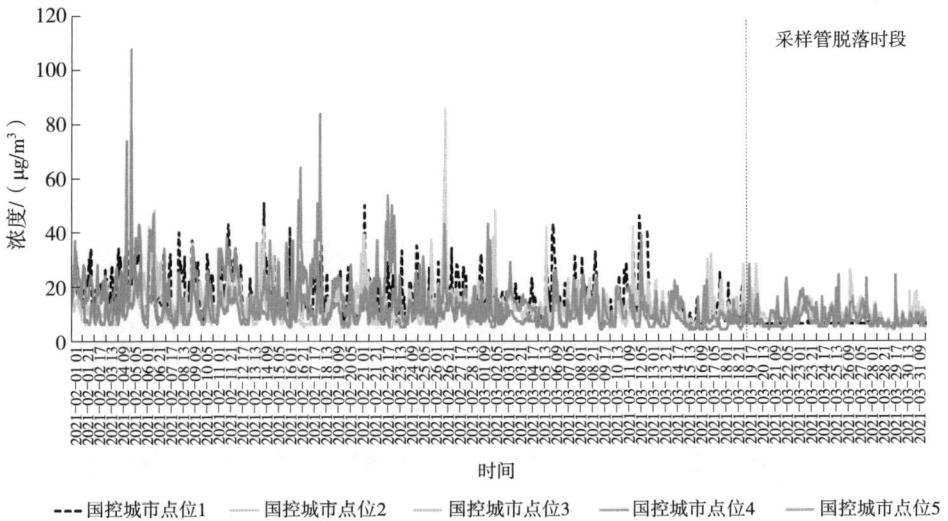

图 3-3-21　2021 年 2—3 月东北地区 A 市各国控城市点位
SO$_2$ 小时值（采样管脱落前）

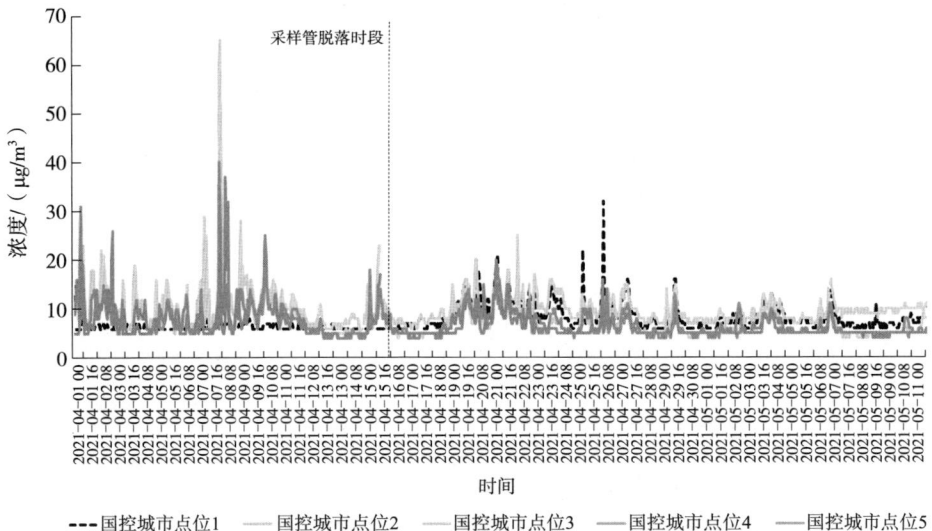

图 3-3-22　2021 年 4—5 月东北地区 A 市各国控城市点位
SO$_2$ 小时值（采样管连接后）

②日常运维情况分析

2021 年 4 月 16 日运维人员检查该点位监测仪器时发现，SO$_2$ 监测仪器采样支管从仪器后方电磁阀处脱落，仪器实际采集的是室内空气，重新插紧采样支管后 SO_2 数据恢复正常，如图 3-3-23 所示。

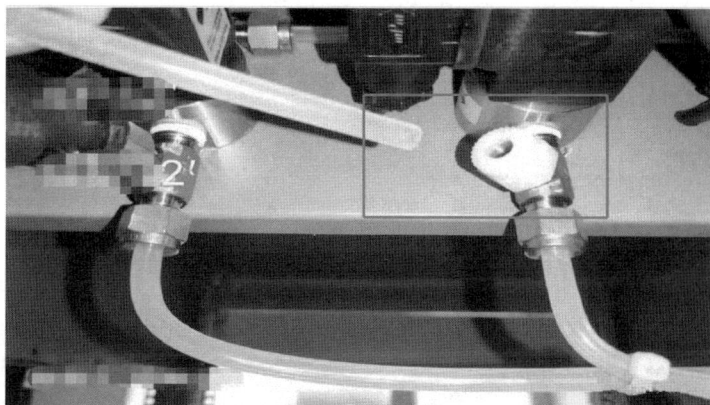

图 3-3-23　2021 年 4 月 16 日"国控城市点位 1" SO_2 监测仪器采样支管脱落照片

案例四

➤ **案例介绍**

西北地区 A 市"国控城市点位 1"在 2021 年 3 月 24 日 3 时—25 日 21 时两次运维期间采样支管未插紧漏气，导致 O_3 监测数据偏低，与前后数据变化趋势不一致，如图 3-3-24 所示。

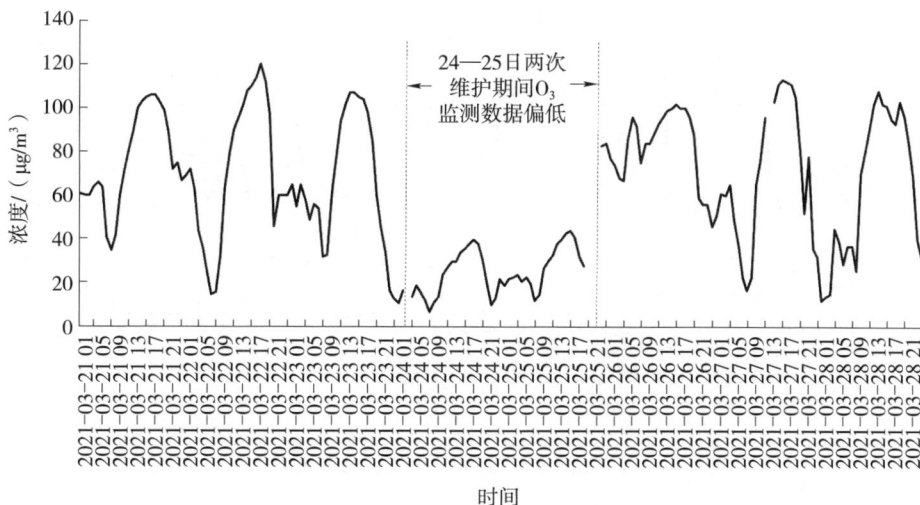

图 3-3-24　2021 年 3 月 21—28 日西北地区 A 市"国控城市点位 1" O_3 小时值

环境空气质量自动监测数据审核复核技术要求与典型案例分析
HUANJING KONGQI ZHILIANG ZIDONG JIANCE SHUJU SHENHE FUHE JISHU YAOQIU YU DIANXING ANLI FENXI

➤ **案例分析**

本案例中，西北地区 A 市只有 1 个国控城市点位，并且距离相邻城市较远，没有数据可比的国控城市点位，因此利用历史同期数据变化趋势分析、单点位相关污染物分析和日常运维情况分析的方法，判断 2021 年 3 月 24 日 3 时—25 日 21 时"国控城市点位 1"O_3 监测仪器运行状态异常，为非正常监测数据。

①历史同期数据变化趋势分析

2021 年 3 月 24 日 3 时对西北地区 A 市"国控城市点位 1"O_3 监测仪器进行维护后，数据开始偏低，3 月 25 日 21 时再次进行维护后数据升高，两次维护期间 O_3 数据异常偏低，与历史同期数据变化趋势不一致。

②单点位相关污染物分析

2021 年 3 月 24 日 3 时—25 日 21 时"国控城市点位 1"NO_2 数据与前后时段相比没有出现明显变化，如图 3-3-25、图 3-3-26 所示。

③日常运维情况分析

2021 年 3 月 24 日运维人员进行周巡检更换 O_3 监测仪器采样滤膜后，采样支管未插紧漏气，如图 3-3-27 所示。3 月 25 日检查管路后重新插紧支管。

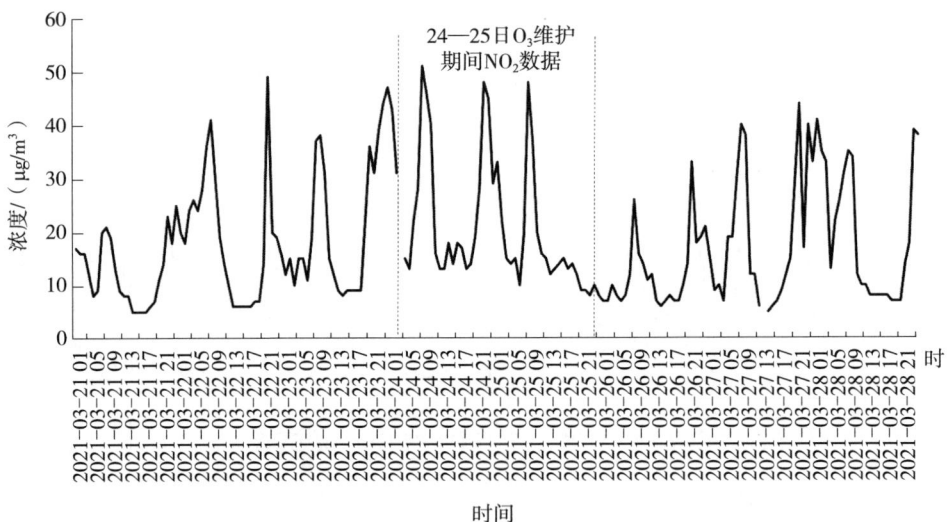

图 3-3-25　2021 年 3 月 21—28 日西北地区 A 市
"国控城市点位 1"NO_2 小时值

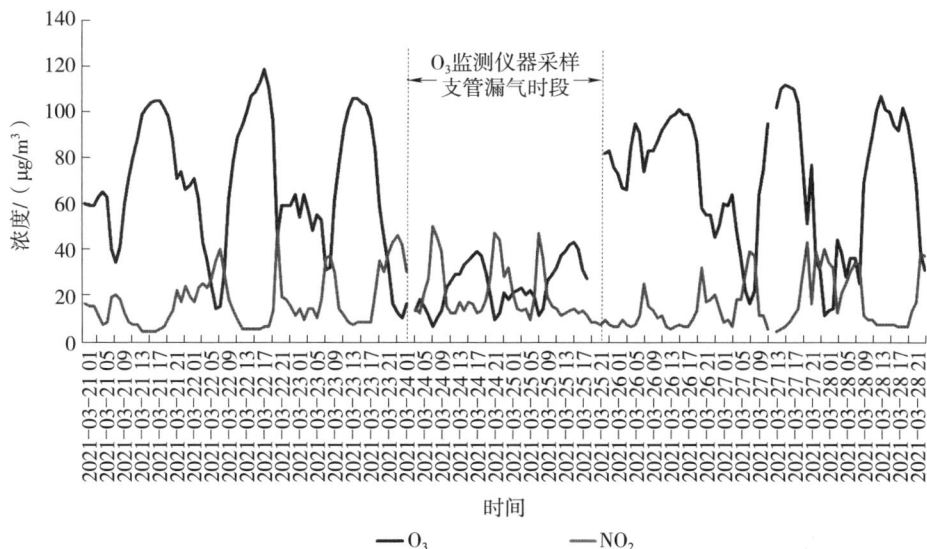

图 3-3-26　2021 年 3 月 21—28 日西北地区 A 市"国控城市点位 1"
NO₂ 与 O₃ 小时值

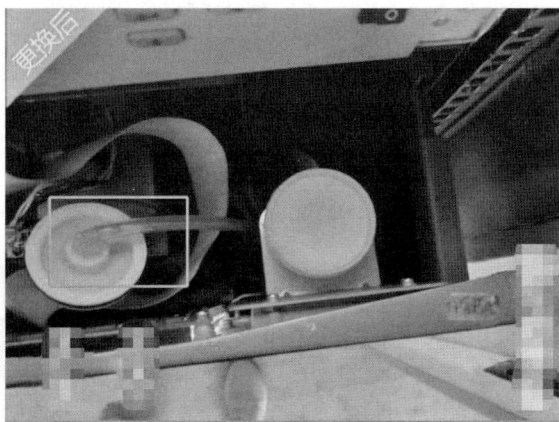

图 3-3-27　2021 年 3 月 24 日"国控城市点位 1"更换 O₃ 监测仪器
采样滤膜后支管漏气照片

➢ **案例点评**

运维人员进行巡检时，清洗监测仪器切割器、管道，或者测量流量等，需要拆解监测设备，在巡检结束后应检查各部分配件、管路连接是否安装到位，确保仪器和站房工作状态正常。案例一和案例二中运维人员未装回颗粒物切割器或者切割器装反，案例三和案例四中采样支管未插紧导致脱落或漏气，均是运维人员疏忽大意造成的。

数据审核、复核人员发现数据异常，应及时与运维人员沟通确认现场情况，历史情况可通过查看点位监控视频辅助确认；加强重点关注监测仪器维护节点，数据出现突变、恒值等与历史数据或者同城其他点位不一致的异常情况，应分析数据突变原因。

运维单位应加强运维规范化管理，提高责任心，保证运维人员按照规范维护监测仪器；运维人员维护仪器后应持续关注数据变化情况，数据出现异常应核查原因，必要时应前往现场检查仪器，确保仪器正常运行。现场运维信息应如实记录，点位出现特殊情况留痕记录并及时反馈上报。

2.维护不到位

➢ **案例介绍**

华中地区 A 市两个点位因运维人员未及时更换 PM_{10} 监测仪器采样滤膜，滤膜负载率过高导致数据异常偏低。2019 年 9 月 21 日 "国控城市点位 1" PM_{10} 数据开始低于同城其他点位，10 月 3 日更换采样滤膜后恢复正常；9 月 22 日 "国控城市点位 2" PM_{10} 数据开始低于同城其他点位，10 月 5 日更换采样滤膜后恢复正常，如图 3-3-28 所示。

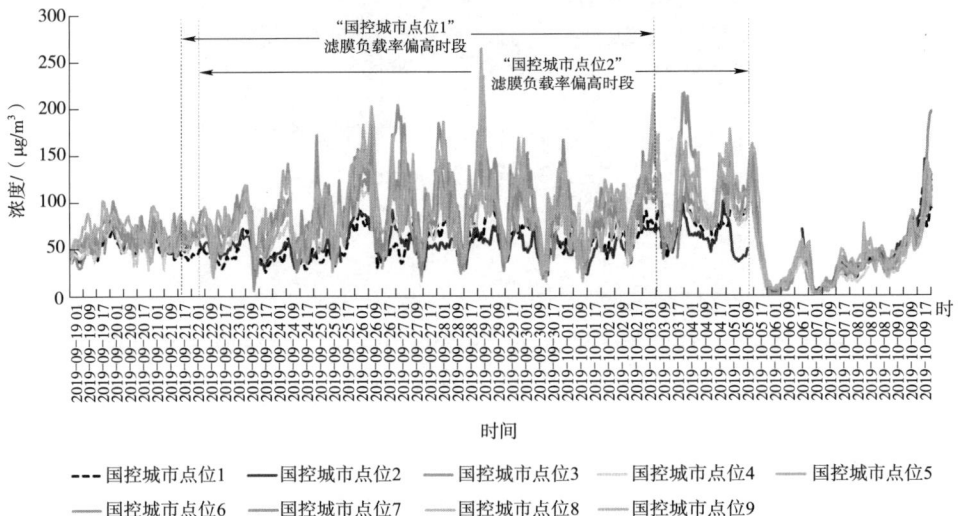

图 3-3-28 2019 年 9 月 19 日—10 月 9 日华中地区 A 市
各国控城市点位 PM_{10} 小时值

> **案例分析**

通过多点位多项污染物数据变化趋势分析和仪器及运维情况分析的方法，判断"国控城市点位 1""国控城市点位 2"因运维人员未及时更换 PM_{10} 监测仪器采样滤膜，滤膜负载率过高，仪器运行状态不良，导致数据异常偏低。

①多点位多项污染物数据变化趋势分析

华中地区 A 市"国控城市点位 1"和"国控城市点位 2"的 $PM_{2.5}$ 数据在 PM_{10} 数据异常时段与其他点位趋势基本一致，与历史数据变化趋势基本一致，如图 3-3-29 所示。

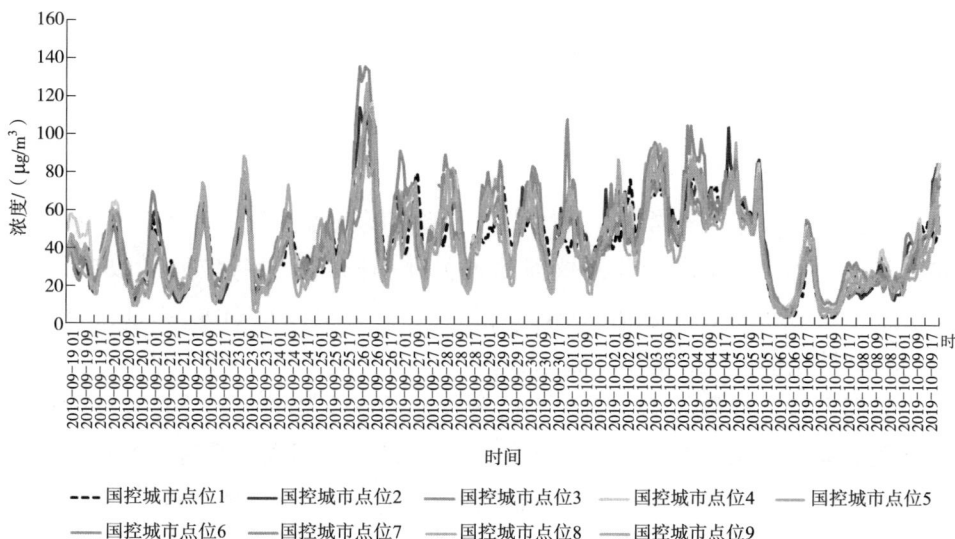

图 3-3-29　2019 年 9 月 19 日—10 月 9 日华中地区
A 市各国控城市点位 $PM_{2.5}$ 小时值

②仪器及运维情况分析

华中地区 A 市"国控城市点位 1""国控城市点位 2" PM_{10} 监测仪器均为 T 品牌，仪器主流量为 3 L，滤膜负载率上限为 60%。2019 年 9 月 21 日—10 月 5 日，两个点位 PM_{10} 监测仪器滤膜负载率过高，仪器运行状态不受控，如图 3-3-30 所示。

2019 年 10 月 3 日运维人员对"国控城市点位 1" PM_{10} 监测仪器更换采样滤膜，10 月 5 日对"国控城市点位 2" PM_{10} 监测仪器更换采样滤膜。

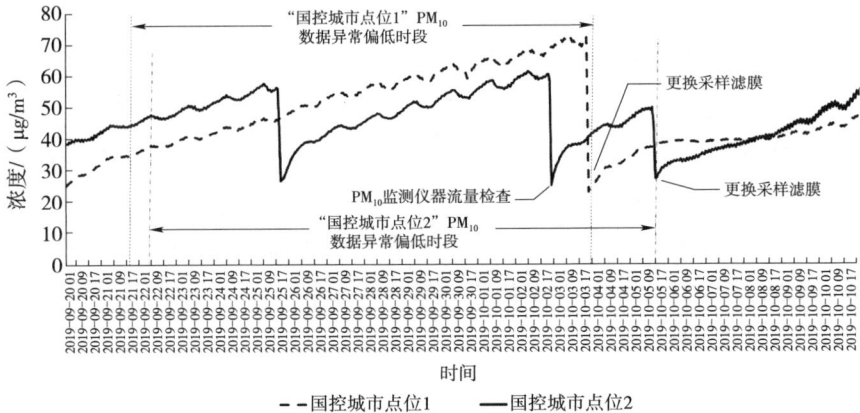

图 3-3-30　华中地区 A 市"国控城市点位 1""国控城市
点位 2"PM$_{10}$小时值

> ➤ **案例点评**

当点位数据持续异常时，运维人员应系统检查各参数是否在正常范围内，尤其是关键参数。T 品牌监测仪器滤膜负载率偏高，会导致监测数据异常，流量校准等校准操作不能解决偏低问题。运维人员在夏季湿度大的情况下，应加大维护频率，及时更换滤膜。

数据审核、复核人员应当熟悉监测仪器关键参数的范围，在复核过程中发现数据异常应当及时查看仪器参数是否在正常范围内，及时提醒运维人员检查监测仪器。数据复核人员应当提高自身能力，结合仪器参数、运维事件、数据变化情况，综合判断发现异常数据，通过数据复核指导运维工作。

四、环境相关

除了仪器因素以及客观运维或主观故意的人为因素，环境也是影响数据的一大因素，包括点位周边环境、自然气象环境、人类生产生活、突发情况导致的环境变化等。有些自然环境变化可能会对特定污染物产生影响，例如，沙尘天气一般会导致颗粒物，尤其是 PM$_{10}$数据短时间飙升；大雾天气光强不足会导致长光程监测原理下的 SO$_2$、NO$_2$、O$_3$数据异常等。

此外，点位周边工厂排放废弃物、施工或者季节性人类活动也会对数据产生影响，例如，秸秆焚烧会造成点位周边多项污染物浓度突升，冬季采暖会导致 CO 浓度升高等。

（一）周边环境影响

1.污染源影响

➤ 案例介绍

华东地区 A 市"国控城市点位 1"附近焦化厂有短时污染排放，导致该点位各项污染物数据经常突然升高，其中 $PM_{2.5}$、PM_{10} 监测数据短时间变化较为明显，如图 3-4-1、图 3-4-2 所示。其余时段各项污染物与同城其他点位数据变化趋势一致。

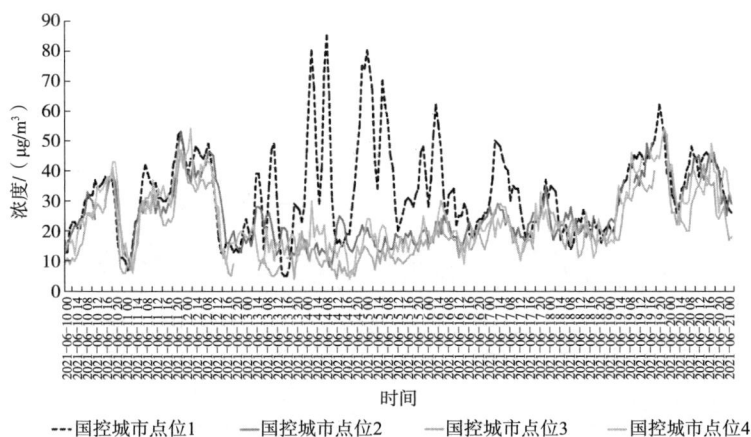

图 3-4-1　2021 年 6 月 10—20 日华东地区 A 市各点位 $PM_{2.5}$ 小时值

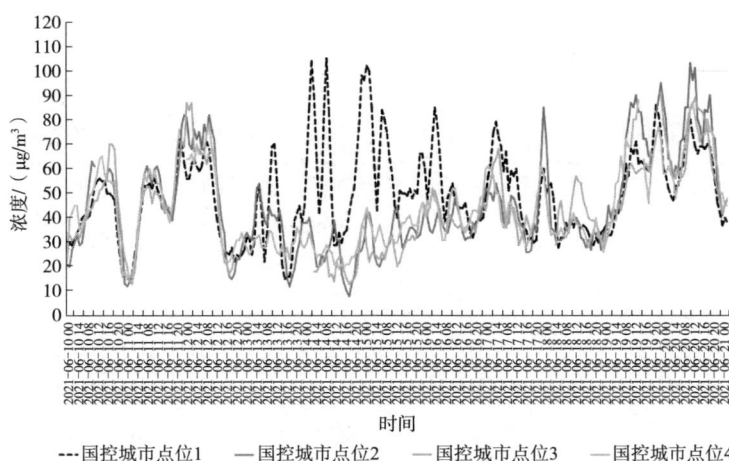

图 3-4-2　2021 年 6 月 10—20 日华东地区 A 市各点位 PM_{10} 小时值

150

环境空气质量自动监测数据审核复核技术要求与典型案例分析
HUANJING KONGQI ZHILIANG ZIDONG JIANCE SHUJU SHENHE FUHE JISHU YAOQIU YU DIANXING ANLI FENXI

➤ **案例分析**

在本案例中，通过多点位多项污染物数据变化趋势分析、多点位历史同期数据变化趋势分析、日常运维情况分析、比对结果分析，以及周边环境分析的方法，确认点位周边存在污染导致数据升高。

①多点位多项污染物数据变化趋势分析

由图 3-4-1、图 3-4-2 可知，与同城其他点位相比，"国控城市点位 1"$PM_{2.5}$ 小时值数据自 2021 年 6 月 13 日 3 时开始异常升高，与同城其他点位数据变化趋势明显不符；17 日 13 时数据开始回落，之后与同城其他点位数据变化趋势保持一致。2021 年 6 月 13—17 日该点位 $PM_{2.5}$ 日均值较其他点位相对偏差为 105.0%，前后 7 天相对偏差分别为 6.1%、12.9%；6 月 13—17 日日均值与前后数据存在明显差异。具体数据如表 3-4-1 所示。

表 3-4-1 "国控城市点位 1"对比同城其他点位 $PM_{2.5}$ 日均值数据

日期	"国控城市点位 1"日均值 /（μg/m³）	同城其他点位日均值 /（μg/m³）	绝对偏差 /（μg/m³）	相对偏差 /%
2021 年 6 月 6—12 日	31	29	2	6.1
2021 年 6 月 13—17 日	35	17	18	105.0
2021 年 6 月 18—24 日	28	25	3	12.9

该点位的 PM_{10} 数据也有一定程度的升高，与同城其他点位分层时段主要集中在 2021 年 6 月 13—17 日，此时段与其他点位相对偏差为 53.8%，前后 7 天相对偏差分别为 -10.8%、-6.1%，$PM_{2.5}$、PM_{10} 浓度变化趋势比较一致。具体数据如表 3-4-2 所示。

表 3-4-2 "国控城市点位 1"对比同城其他点位 PM_{10} 日均值数据

日期	"国控城市点位 1"日均值 /（μg/m³）	同城其他点位日均值 /（μg/m³）	绝对偏差 /（μg/m³）	相对偏差 /%
2021 年 6 月 6—12 日	47	53	-6	-10.8
2021 年 6 月 13—17 日	53	34	19	53.8
2021 年 6 月 18—24 日	45	48	-3	-6.1

对比"国控城市点位 1"的其他污染物，CO 数据在 2021 年 6 月 13—17 日呈现明显升高的趋势，具体如图 3-4-3 所示。在其他时段，该点位 CO 数据

变化趋势与同城其他点位基本一致。

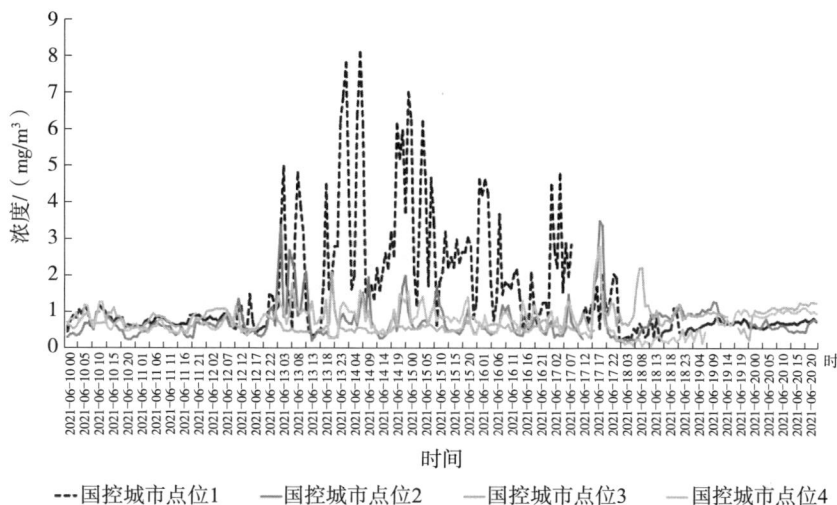

图 3-4-3 2021 年 6 月 10—20 日华东地区 A 市各点位 CO 小时值

②多点位历史同期数据变化趋势分析

根据 2021 年 6—8 月"国控城市点位 1"的 $PM_{2.5}$ 日均值可知，个别日期如 6 月 14 日、7 月 3 日、7 月 14 日等，$PM_{2.5}$ 日均值与城市其他点位相比存在明显差异，数据突升；其他日期则与同城其他点位日均值数据基本一致，具体如图 3-4-4 所示。

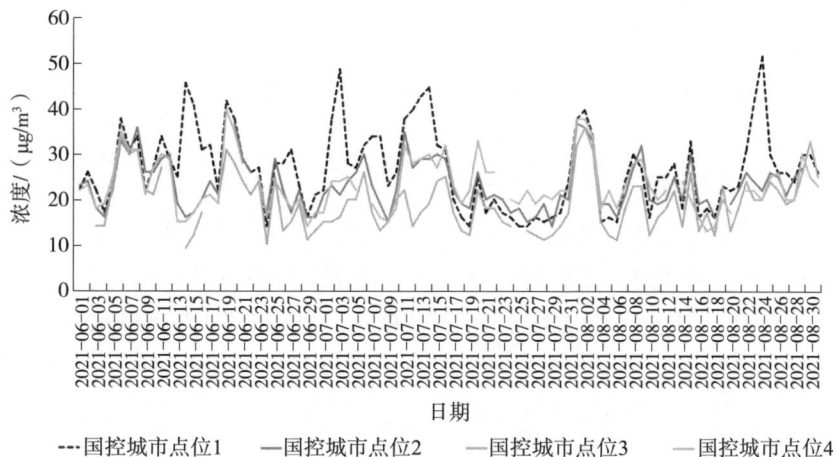

图 3-4-4 2021 年 6—8 月华东地区 A 市各国控城市点位 $PM_{2.5}$ 日均值

对比 2020 年同期的 $PM_{2.5}$ 数据，"国控城市点位 1" 日均值也有不定时数据突然升高的情况，具体如图 3-4-5 所示，可见此点位污染为长期现象，并非偶发。

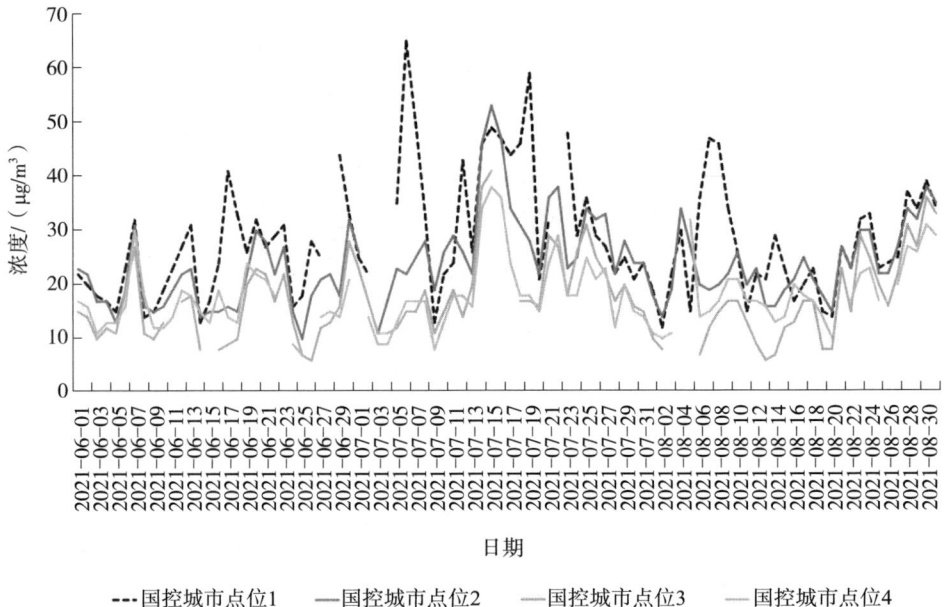

图 3-4-5　2020 年 6—8 月华东地区 A 市各国控城市点位 $PM_{2.5}$ 日均值

③日常运维情况分析与比对结果分析

经运维人员现场检查，该点位各监测仪器质控结果均在正常范围内。另外，针对 $PM_{2.5}$ 数据进行三天的联机比对，数据偏差均在正常范围内，监测数据比对合格。

④周边环境分析

"国控城市点位 1" 周边有多个工厂，且位于工厂下风向，工厂排污会导致该点位 $PM_{2.5}$ 和 PM_{10} 浓度大幅升高，具体情况如图 3-4-6 所示。

综上所述，该点位颗粒物数据可以真实反映点位周边污染情况，数据无异常。

图 3-4-6　"国控城市点位 1"附近工厂

➢ **案例点评**

同一点位的 $PM_{2.5}$、PM_{10} 数据在个别时段同时突升，与同城其他点位数据变化趋势不同，在其余时段与同城其他点位大致相符，这种数据变化趋势，可以把点位周边存在污染源作为首要因素进行分析。

具体分析可按以下步骤展开：首先，分析该点位主要污染物数据是否存在同步升高或下降的趋势，如果存在，则该点位附近有污染源的可能性较大。其次，分析该点位其他时段、历史数据等是否存在类似数据突升的情况，如果存在，则该点位附近有固定污染排放的可能性较大。最后，派运维人员核实点位的监测仪器运行状态是否正常，以及点位周边是否存在污染源。经确认，该点位周边确有污染源，后续可通过运维人员核实的污染排放时间和规律，辅助数据审核。

2. 施工影响

➢ **案例介绍**

2021 年 9 月 9 日，华南地区 G 市"国控城市点位 1"18—20 时的 O_3 数据以及 18—23 时的 SO_2 数据异常突升，与同城其他点位相比出现明显分层，如图 3-4-7、图 3-4-8 所示。

环境空气质量自动监测数据审核复核技术要求与典型案例分析

HUANJING KONGQI ZHILIANG ZIDONG JIANCE SHUJU SHENHE FUHE JISHU YAOQIU YU DIANXING ANLI FENXI

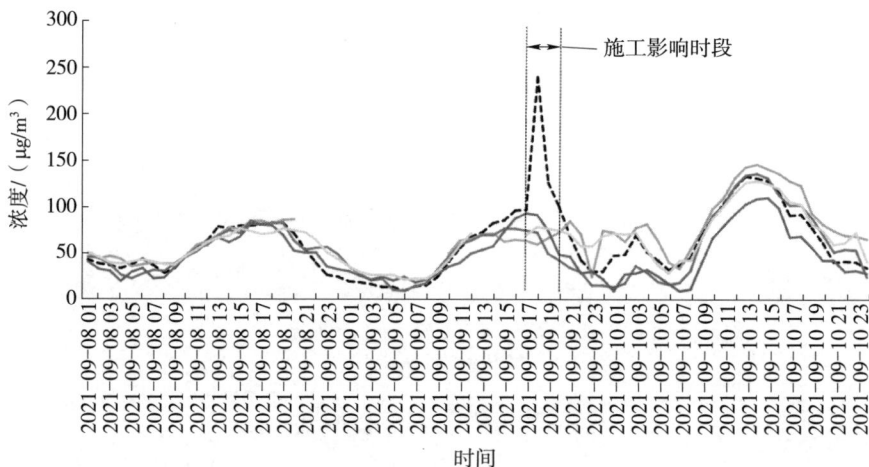

图 3-4-7　2021 年 9 月 8—10 日华南地区 G 市各点位 O_3 小时值

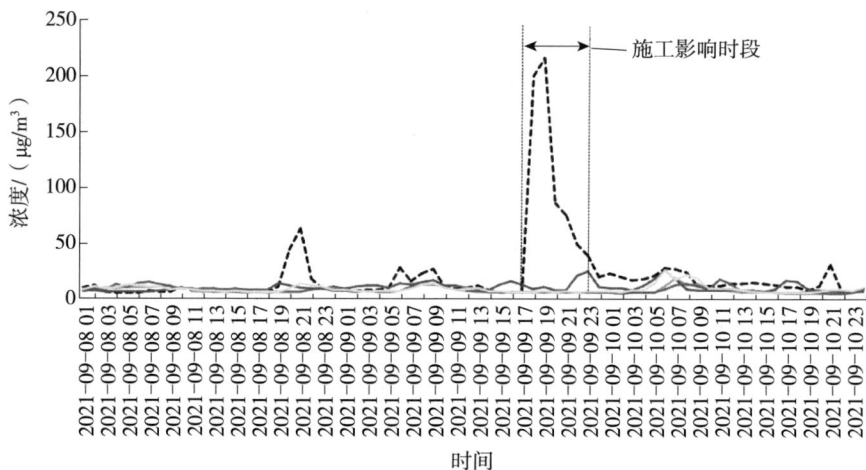

图 3-4-8　2021 年 9 月 8—10 日华南地区 G 市各点位 SO_2 小时值

> ➤ 案例分析

本案例使用了多点位多项污染物数据变化趋势分析和日常运维情况分析的方法，确认"国控城市点位 1"O_3 浓度在 18—20 时、SO_2 浓度在 18—23 时数据异常突升为施工影响导致，与同城其他点位数据变化趋势不一致，无法客观反映点位周边空气质量情况。

①多点位多项污染物数据变化趋势分析

与同城其他点位相比，"国控城市点位 1" O_3、SO_2 浓度在 2021 年 9 月 9 日个别时段数据异常突升，出现明显分层，峰值分别达到 240 μg/m³ 和 216 μg/m³，该点位 9 月其他时段 O_3 小时值未超过 202 μg/m³、SO_2 小时值未超过 80 μg/m³。9 月 9 日"国控城市点位 1" O_3、SO_2 个别小时值数据明显超出以往平均水平，如图 3-4-9、图 3-4-10 所示。

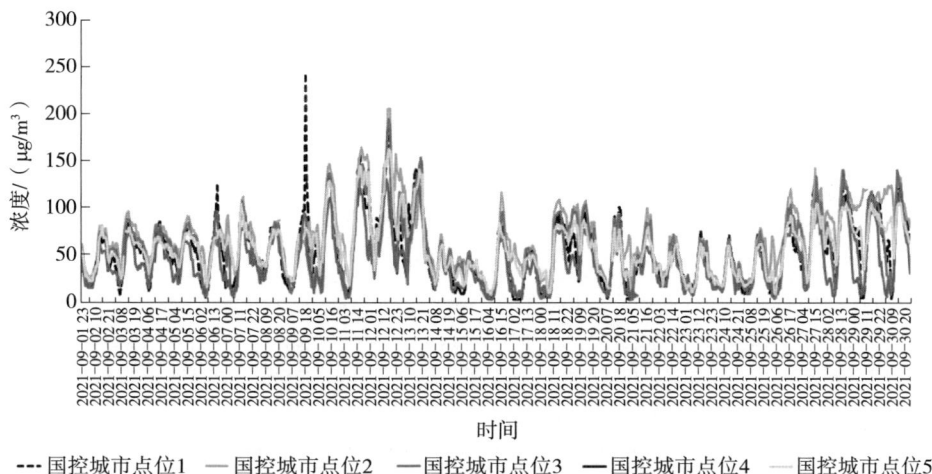

- - - 国控城市点位1　——国控城市点位2　——国控城市点位3　——国控城市点位4　——国控城市点位5

图 3-4-9　2021 年 9 月华南地区 G 市各点位 O_3 小时值

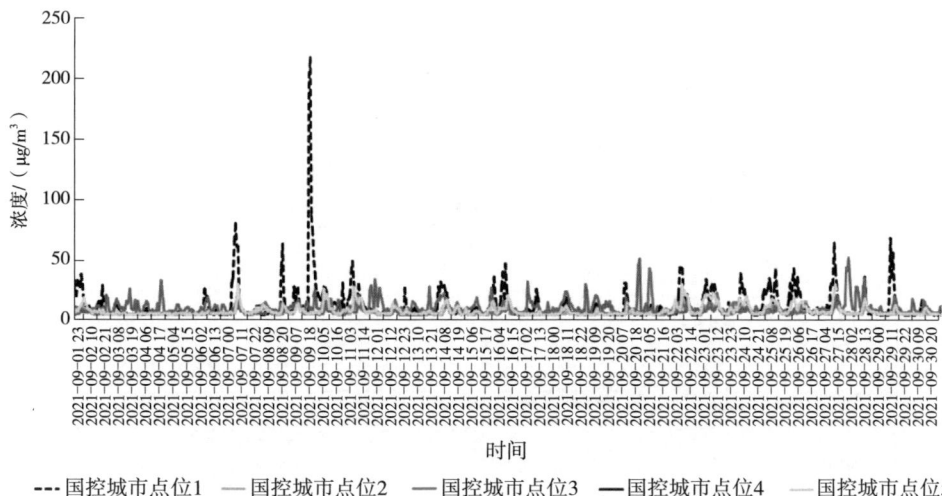

- - - 国控城市点位1　——国控城市点位2　——国控城市点位3　——国控城市点位4　——国控城市点位5

图 3-4-10　2021 年 9 月华南地区 G 市各点位 SO_2 小时值

②日常运维情况分析

相关工作人员于 2021 年 8 月 29 日在报备后到站房进行查看，发现屋顶漏水，调研申请工单如图 3-4-11 所示；于 9 月 9 日经批复同意后到站房进行防水补漏施工，防水补漏施工工单如图 3-4-12 所示。

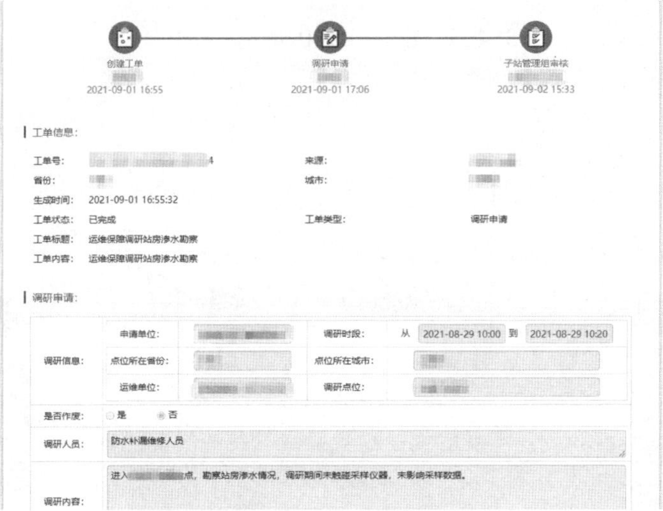

图 3-4-11　2021 年 9 月 1 日"国控城市点位 1"调研申请工单

图 3-4-12　2021 年 9 月 9 日"国控城市点位 1"防水补漏施工工单

> **案例点评**

地方站或运维单位如发现点位出现漏水等可能影响数据准确性的情况，应及时备案。由于施工导致的非正常监测数据，运维单位应及时向数据审核或复核人员说明，并上传相应工单及辅助材料。

3. 冬季采暖影响

> **案例介绍**

2019—2021年，每年10月至次年2月华北地区A市"国控城市点位1"CO浓度与其他点位相比都会出现明显分层，具体数据变化趋势如图3-4-13所示。"国控城市点位1"靠近城市供热公司，在冬季采暖季城市供热公司会排放污染气体，导致CO浓度明显升高。

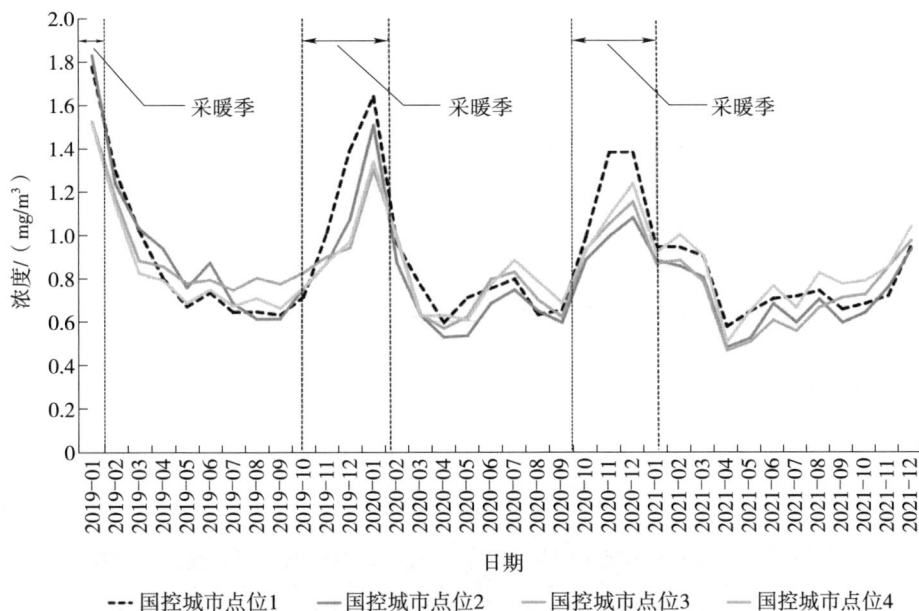

图3-4-13　2019—2021年华北地区A市各点位CO月均值

> **案例分析**

本案例使用了多点位单项污染物数据变化趋势分析、历史同期数据变化趋势分析、日常运维情况分析与比对结果分析和地理位置及周边环境分析的方法，确认CO数据分层为工厂冬季燃煤排污导致，该数据可以真实反映点位周边空气质量。

①多点位单项污染物数据变化趋势分析

与同城其他点位相比，从 2020 年 10 月底开始华北地区 A 市"国控城市点位 1"CO 浓度较同城其他点位出现明显偏高分层。具体日均值变化如图 3-4-14 所示。

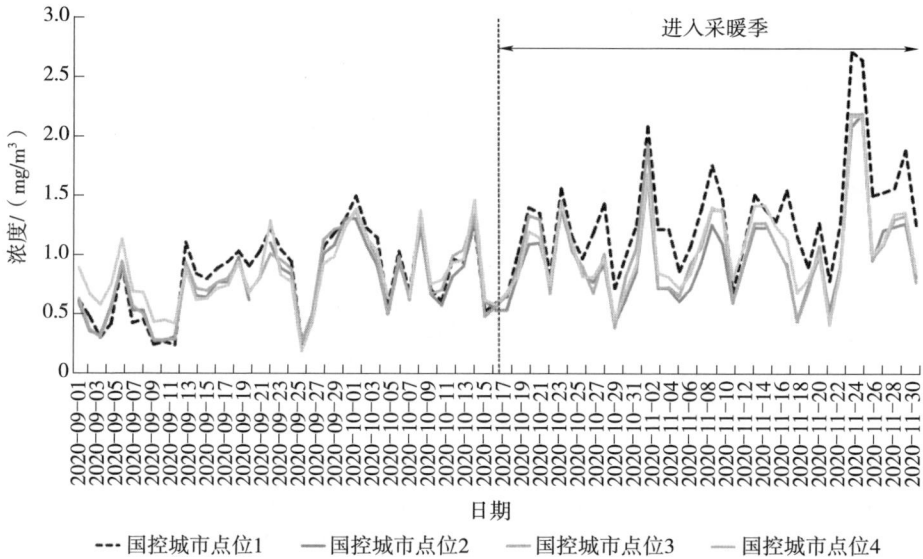

图 3-4-14　2020 年 9—11 月华北地区 A 市各点位 CO 日均值

2020 年 11 月，"国控城市点位 1"累计均值为 1.4 mg/m³，比其他点位均值高 0.3 mg/m³。该点位其他月份与同城其他点位均值较为一致。具体如表 3-4-3 所示。

表 3-4-3　"国控城市点位 1"与其他点位 CO 月均值数据及偏差　　单位：mg/m³

日期	"国控城市点位 1"	城市其他点位均值	绝对偏差
2020 年 10 月	1.0	0.9	0.1
2020 年 11 月	1.4	1.0	0.3
2020 年 12 月	1.4	1.2	0.2
2021 年 1 月	0.9	0.9	0.1
2021 年 2 月	0.9	0.9	0.0
2021 年 3 月	0.9	0.8	0.1

日期	"国控城市点位1"	城市其他点位均值	绝对偏差
2020 年全年	0.9	0.8	0.1
2021 年全年	0.8	0.7	0.1

②历史同期数据变化趋势分析

对比该点位的历史趋势，近 3 年的数据中每年 10 月至次年 2 月的 CO 月均值数据均有不同程度的偏高分层，采暖结束后 CO 数据回落。由此可见，该点位 CO 数据呈现季节性波动的趋势。

③日常运维情况分析与比对结果分析

运维单位现场检查监测仪器，"国控城市点位1"CO 监测仪器质控结果均在正常范围内，无异常。另就 CO 监测开展三天的联机比对，比对结果合格，具体数据如图 3-4-15 所示。

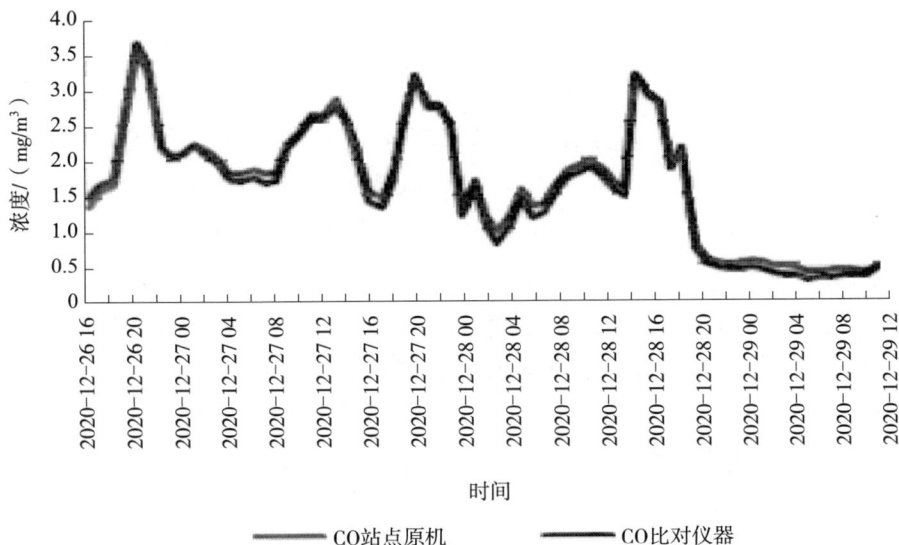

图 3-4-15 运维单位联机比对数据

④地理位置及周边环境分析

"国控城市点位1"东侧有城市供热公司，具体环境位置如图 3-4-16 所示。

160

环境空气质量自动监测数据审核复核技术要求与典型案例分析
HUANJING KONGQI ZHILIANG ZIDONG JIANCE SHUJU SHENHE FUHE JISHU YAOQIU YU DIANXING ANLI FENXI

图 3-4-16 "国控城市点位 1"东侧环境

> 案例点评

点位 CO 浓度在秋冬季升高，与同城其他点位相比出现分层，数据呈周期性、季节性波动，此现象在北方城市多有发生。针对这种问题，可回顾历史数据进行对比分析。若发现点位 CO 数据历年都有在秋冬季升高，春夏季与其他点位大体一致的情况，可首先考虑因冬季采暖导致的气体排放污染，造成数据波动。

运维单位应现场确认仪器监测仪器情况，排查周边是否存在供暖等需燃煤排污的工厂，并上传实时污染照片，辅助数据审核。

（二）自然环境影响

1. 沙尘天气影响

> 案例介绍

西北地区 Z 市 4 个国控城市点位颗粒物浓度因沙尘天气在 2020 年 5 月 29 日 12 时同步上升，于 19 时达到峰值，如图 3-4-17、图 3-4-18 所示，其中"国控城市点位 1"PM_{10} 小时值峰值为 1 851 μg/m³，$PM_{2.5}$ 小时值峰值为 242 μg/m³。

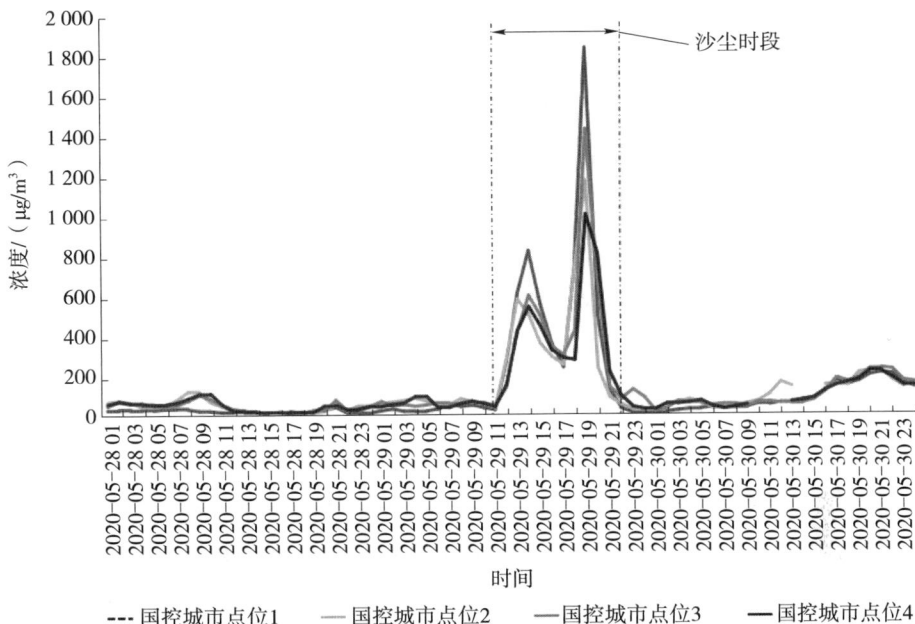

图 3-4-17　2020 年 5 月 28—30 日西北地区 Z 市各点位 PM$_{10}$ 小时值

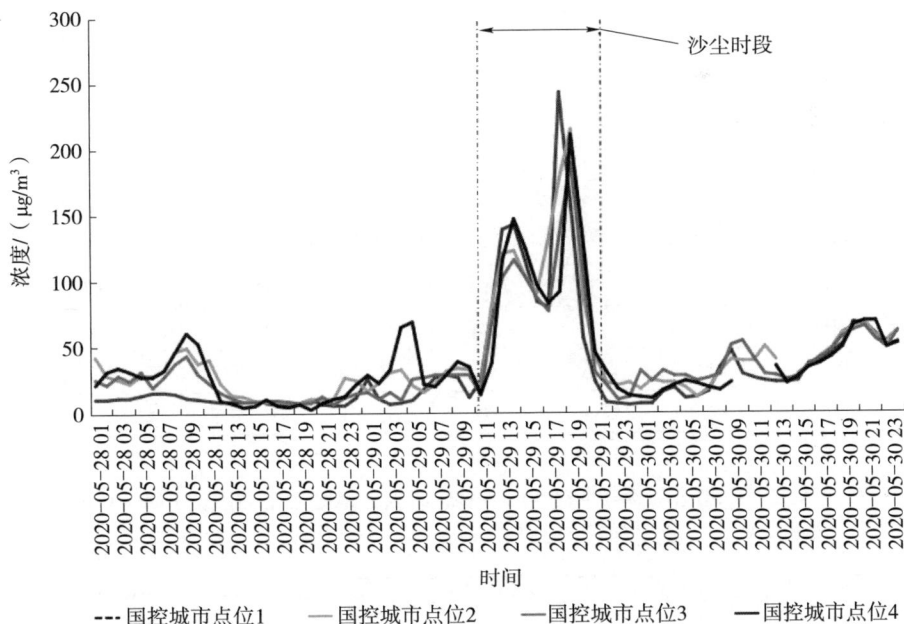

图 3-4-18　2020 年 5 月 28—30 日西北地区 Z 市各点位 PM$_{2.5}$ 小时值

162

环境空气质量自动监测数据审核复核技术要求与典型案例分析
HUANJING KONGQI ZHILIANG ZIDONG JIANCE SHUJU SHENHE FUHE JISHU YAOQIU YU DIANXING ANLI FENXI

➤ **案例分析**

本案例使用了多点位多项污染物数据变化趋势分析、目标城市与周边城市比较分析和气象条件分析的方法，确认西北地区 Z 市 2020 年 5 月 29 日颗粒物数据飙升是沙尘天气导致。

①多点位多项污染物数据变化趋势分析

2020 年 5 月 29 日 12 时，西北地区 Z 市 4 个国控城市点位颗粒物浓度同步升高，PM_{10} 由 30～50 μg/m³ 飙升至 144～283 μg/m³；$PM_{2.5}$ 由 13～23 μg/m³ 飙升至 37～79 μg/m³，如表 3-4-4、表 3-4-5 所示。"国控城市点位 1" PM_{10} 在 19 时达到峰值 1 851 μg/m³，$PM_{2.5}$ 在 18 时达到峰值 242 μg/m³。而在 5 月 29 日 21 时后，该市 4 个点位 PM_{10} 浓度回落至 36～97 μg/m³，$PM_{2.5}$ 浓度回落至 7～30 μg/m³。

表 3-4-4　2020 年 5 月 29 日 11—22 时西北地区 Z 市各点位 PM_{10} 小时值

单位：μg/m³

时间	国控城市点位 1	国控城市点位 2	国控城市点位 3	国控城市点位 4
11：00	30	38	50	45
12：00	269	283	144	153
13：00	613	585	423	426
14：00	828	507	604	548
15：00	561	364	504	452
16：00	363	295	350	329
17：00	242	255	304	289
18：00	749	741	426	279
19：00	1 851	1 182	1 440	1 012
20：00	498	238	689	814
21：00	129	92	144	220
22：00	36	54	83	97

表 3-4-5　2020 年 5 月 29 日 11 时—22 时西北地区 Z 市各点位 $PM_{2.5}$ 小时值

单位：μg/m³

时间	国控城市点位 1	国控城市点位 2	国控城市点位 3	国控城市点位 4
11：00	23	18	13	13
12：00	76	79	66	37

时间	国控城市点位 1	国控城市点位 2	国控城市点位 3	国控城市点位 4
13：00	138	120	102	115
14：00	142	122	115	146
15：00	114	102	102	124
16：00	83	90	86	96
17：00	79	130	76	82
18：00	242	176	135	91
19：00	156	214	188	210
20：00	56	87	109	133
21：00	23	43	30	45
22：00	7	22	20	30

②目标城市与周边城市比较分析

2020 年 5 月 29 日，西北地区 Z 市与周边城市颗粒物浓度相继升高，超出正常水平，如图 3-4-19、图 3-4-20 所示。

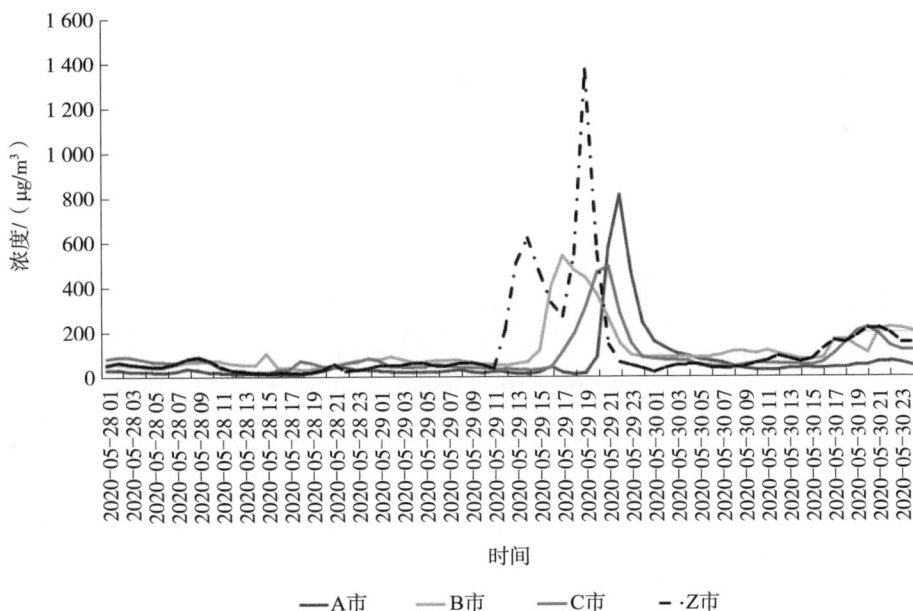

图 3-4-19　2020 年 5 月 28—30 日西北地区 Z 市与周边城市 PM$_{10}$ 小时值

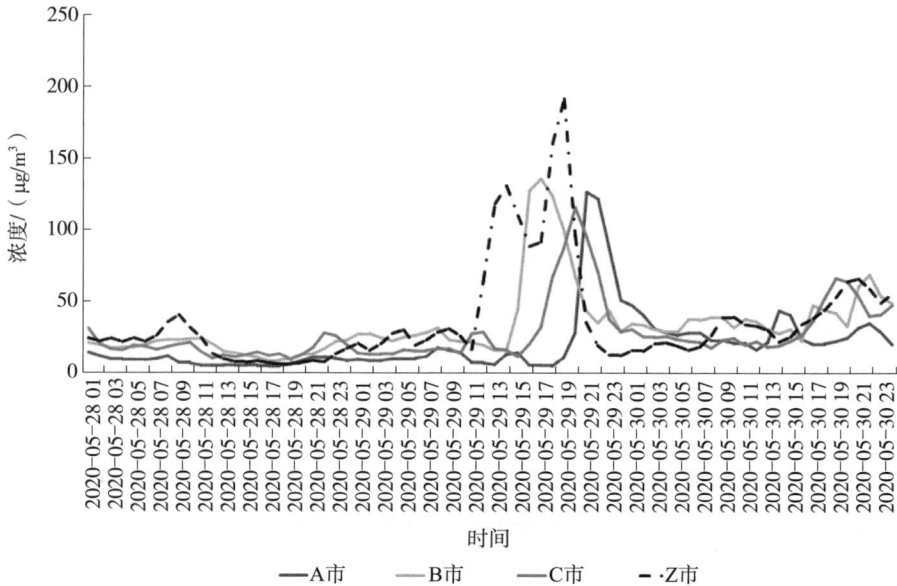

图 3-4-20　2020 年 5 月 28—30 日西北地区 Z 市与周边城市 PM$_{2.5}$ 小时值

2020 年 5 月 29 日，西北地区 Z 市与周边城市均有多个小时 PM$_{10}$ 浓度超过 420 μg/m^3，达到严重污染程度，而前后一日最大值分别为 107 μg/m^3、223 μg/m^3，与 29 日峰值差值超过 1 000 μg/m^3，如表 3-4-6 所示。

表 3-4-6　2020 年 5 月 28—30 日西北地区 Z 市与周边城市 PM$_{10}$ 小时值

单位：μg/m^3

时间	A 市	B 市	C 市	Z 市
2020-05-28（最大小时值）	46	107	92	93
2020-05-29 13：00	18	62	36	512
2020-05-29 14：00	15	71	32	622
2020-05-29 15：00	24	121	37	470
2020-05-29 16：00	48	408	45	334
2020-05-29 17：00	23	543	116	273
2020-05-29 18：00	15	479	196	549
2020-05-29 19：00	20	445	318	1 371

时间	A 市	B 市	C 市	Z 市
2020-05-29 20：00	94	371	470	560
2020-05-29 21：00	581	264	495	146
2020-05-29 22：00	814	151	287	68
2020-05-29 23：00	467	101	152	54
2020-05-30（最大小时值）	160	223	222	220

2020 年 5 月 29 日，西北地区 Z 市与周边城市均有多个小时 PM$_{2.5}$ 浓度超过 100 μg/m^3，而前后一日最大值分别为 41 μg/m^3、69 μg/m^3，如表 3-4-7 所示。

表 3-4-7　2020 年 5 月 28—30 日西北地区 Z 市与周边城市 PM$_{2.5}$ 小时值

单位：μg/m^3

时间	A 市	B 市	C 市	Z 市
2020-05-28（最大小时值）	14	25	32	41
2020-05-29 13：00	6	16	18	119
2020-05-29 14：00	13	16	17	131
2020-05-29 15：00	15	45	12	111
2020-05-29 16：00	6	128	21	89
2020-05-29 17：00	6	136	32	92
2020-05-29 18：00	5	124	67	161
2020-05-29 19：00	11	100	88	192
2020-05-29 20：00	28	68	116	96
2020-05-29 21：00	127	44	96	35
2020-05-29 22：00	122	35	71	20
2020-05-29 23：00	87	44	38	13
2020-05-30（最大小时值）	48	69	67	66

③气象条件分析

2020 年 5 月 29 日，西北地区 Z 市天气为扬沙转小雨，西北风 4 级，如图 3-4-21 所示。

| 2020-05-29 周五 | 27° | 8° | 扬沙~小雨 | 西北风4级 | 160 中度 |

图 3-4-21　2020 年 5 月 29 日西北地区 Z 市天气情况

➤ **案例点评**

沙尘天气是指沙粒、尘土悬浮空中，使空气浑浊、能见度降低的天气现象。沙尘天气等级主要依据沙尘天气发生时的水平能见度，同时参考风力大小进行划分。沙尘天气划分为浮尘、扬沙、沙尘暴、强沙尘暴、特强沙尘暴5 个等级。

沙尘天气的形成有两个基本因素：一是大风，大风是扬起沙尘的动力条件；二是沙尘，地面要有丰富的沙物质，沙尘暴一般发生在干旱沙漠地区。如果要形成强沙尘天气，还要具备一个重要触发因素，即大气上冷下热的不稳定状态，在一日之中多发生在下午到傍晚，午后地面最热，低层大气最不稳定，上下对流最旺盛。沙尘得到了额外的向上动力，自然会飞扬得更高。沙尘暴多出现在 3—5 月。

西北地区城市春季多发大风扬沙，颗粒物数据会急剧上升，沙尘天气结束，数据回落至正常水平；城市内各点位颗粒物浓度相继升高，远超当月平均水平。复核人员应核实当天该城市天气情况，并与周边城市进行比较，确认数据是否为正常监测数据。

运维人员在春季应及时关注天气变化情况，沙尘过后，及时清洗监测仪器采样头，确保监测数据准确有效。

2. 杨絮、柳絮异物影响

案例一

➤ **案例介绍**

2021 年 5 月 31 日，西北地区 Y 市多个点位 $PM_{2.5}$ 小时值在不同时段因切割器进入柳絮导致监测数据异常，如图 3-4-22 所示。

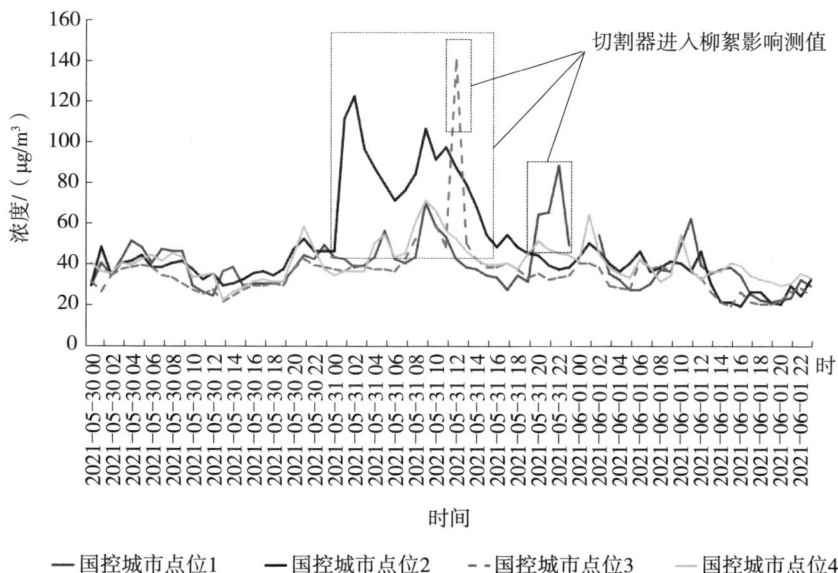

图 3-4-22　2021 年 5 月 30 日—6 月 1 日西北地区 Y 市各点位 PM$_{2.5}$ 小时值

➢ **案例分析**

本案例使用了多点位单项污染物数据变化趋势分析和日常运维情况分析的方法，确认因切割器进入柳絮导致数据异常升高。

①多点位单项污染物数据变化趋势分析

西北地区 Y 市共 4 个国控城市点位。2021 年 5 月 31 日，该市 3 个国控城市点位因切割器进入柳絮导致 PM$_{2.5}$ 小时数据异常突升，分别为 20—23 时"国控城市点位 1"、1—14 时"国控城市点位 2"、12 时"国控城市点位 3"数据异常偏高，偏离城市整体数据变化趋势。峰值分别达到 88 μg/m³、122 μg/m³、140 μg/m³；其余 1 个未受影响点位数据仍保持在 36～71 μg/m³ 波动，如表 3-4-8 所示。

表 3-4-8　2021 年 5 月 31 日 01 时—22 时西北地区 Y 市各点位 PM$_{2.5}$ 小时值

单位：μg/m³

时间	国控城市点位 1	国控城市点位 2	国控城市点位 3	国控城市点位 4
01：00	42	111	36	36
02：00	38	122	39	36
03：00	39	96	38	36

续表

时间	国控城市点位 1	国控城市点位 2	国控城市点位 3	国控城市点位 4
04：00	43	87	37	50
05：00	56	79	37	54
06：00	42	71	36	43
07：00	40	76	42	45
08：00	43	84	52	60
09：00	70	106	—	71
10：00	58	91	59	66
11：00	53	97	48	56
12：00	42	87	140	52
13：00	38	79	50	46
14：00	37	68	42	42
15：00—19：00	……	……	……	……
20：00	64	44	35	51
21：00	65	39	32	47
22：00	88	37	33	45

②日常运维情况分析

运维人员在 2021 年 5 月 31 日数据异常当天，及时上传数据异常工单，并拍摄切割器中柳絮图片，如图 3-4-23～图 3-4-28 所示。

图 3-4-23 "国控城市点位 1"柳絮进入切割器核实情况

运维异常检查单

工单信息：

工单号：	⬛⬛⬛8	来源：	⬛⬛⬛
生成时间：	2021-06-01 11:08:09	对比点位：	
工单状态：	已完成	工单类型：	运维异常检查单
异常现象：		情况分析：	颗粒物PM2.5吸入柳絮
异常开始时间：	2021/5/31 0:00:00	异常结束时间：	2021/6/1 11:07:00

计划附件图片：

图 3-4-24 "国控城市点位 1"运维异常检查单

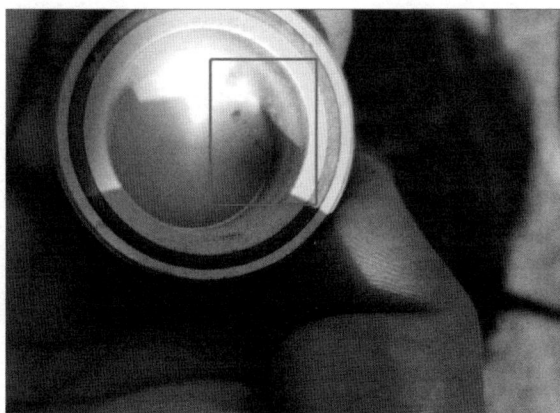

图 3-4-25 "国控城市点位 2"柳絮进入切割器核实情况

运维异常检查单

工单信息：

工单号：	⬛⬛⬛37	来源：	⬛⬛⬛
生成时间：	2021-06-01 09:27:37	对比点位：	
工单状态：	已完成	工单类型：	运维异常检查单
异常现象：		情况分析：	颗粒物PM2.5吸入柳絮，导致数据异常
异常开始时间：	2021/5/31 0:00:00	异常结束时间：	2021/6/1 9:26:00

计划附件图片：

图 3-4-26 "国控城市点位 2"运维异常检查单

图 3-4-27 "国控城市点位 3"柳絮进入切割器核实情况

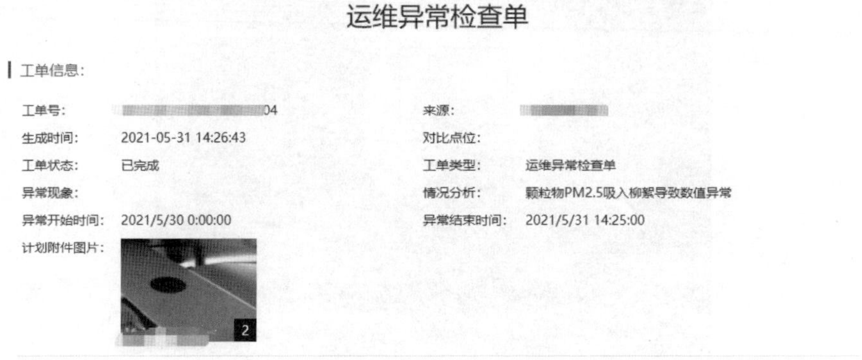

运维异常检查单

图 3-4-28 "国控城市点位 3"运维异常检查单

案例二

➤ 案例介绍

2020 年 7 月 13 日 9—11 时西北地区 A 市"国控城市点位 1"因仪器吸入柳絮导致 $PM_{2.5}$ 小时数据监测异常,如图 3-4-29 所示。

➤ 案例分析

本案例使用了多点位单项污染物数据变化趋势分析和日常运维情况分析的方法,通过对同城市多点位小时值变化趋势进行比较,核实点位监测仪器情况,确认数据异常情况。

①多点位单项污染物数据变化趋势分析

与同城其他国控点位相比,"国控城市点位 1"在 2020 年 7 月 13 日 9—

11 时 PM$_{2.5}$ 浓度分别为 61 μg/m^3、107 μg/m^3 和 62 μg/m^3，其他国控点位 PM$_{2.5}$ 浓度均值分别为 32 μg/m^3、39 μg/m^3 和 35 μg/m^3，绝对偏差分别为 29 μg/m^3、68 μg/m^3 和 27 μg/m^3，如表 3-4-9 所示。

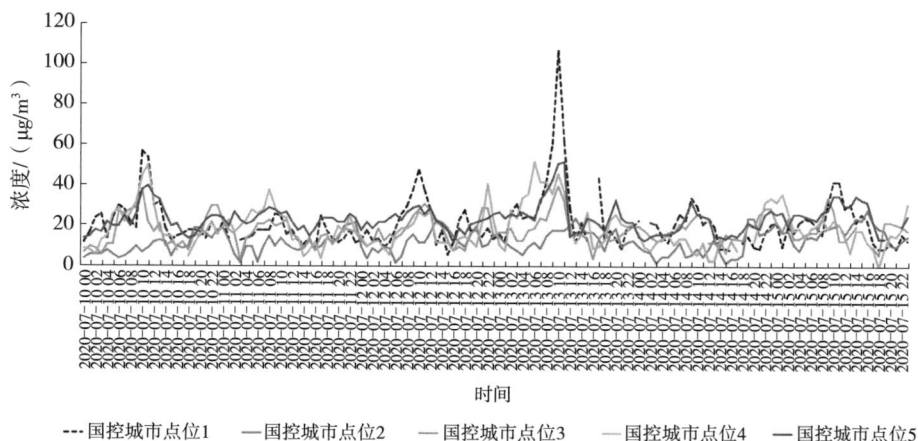

图 3-4-29　2020 年 7 月 10—15 日西北地区 A 市各点位 PM$_{2.5}$ 小时值

表 3-4-9　2020 年 7 月 13 日 6—14 时"国控城市点位 1"PM$_{2.5}$ 小时浓度值

单位：μg/m^3

时间	"国控城市点位 1"	其他国控点位	绝对偏差
06：00	24	27	-3
07：00	32	27	5
08：00	42	29	13
09：00	61	32	29
10：00	107	39	68
11：00	62	35	27
12：00	29	18	11
13：00	12	17	-5
14：00	22	17	5

②日常运维情况分析

运维人员在 2020 年 7 月 13 日当天上传纸带照片，反馈纸带有絮状物导

172

环境空气质量自动监测数据审核复核技术要求与典型案例分析
HUANJING KONGQI ZHILIANG ZIDONG JIANCE SHUJU SHENHE FUHE JISHU YAOQIU YU DIANXING ANLI FENXI

致 9—11 时数据突升，如图 3-4-30 所示。

图 3-4-30　2020 年 7 月 13 日"国控城市点位 1"PM$_{2.5}$ 监测仪器运维巡检纸带

3. 雪掉入采样管导致异常

➤ **案例介绍**

2021 年 11 月 7—8 日东北地区 A 市"国控城市点位 1"部分小时 PM$_{10}$ 数据异常突升，与同城其他国控点位相比存在明显差异，如图 3-4-31 所示。

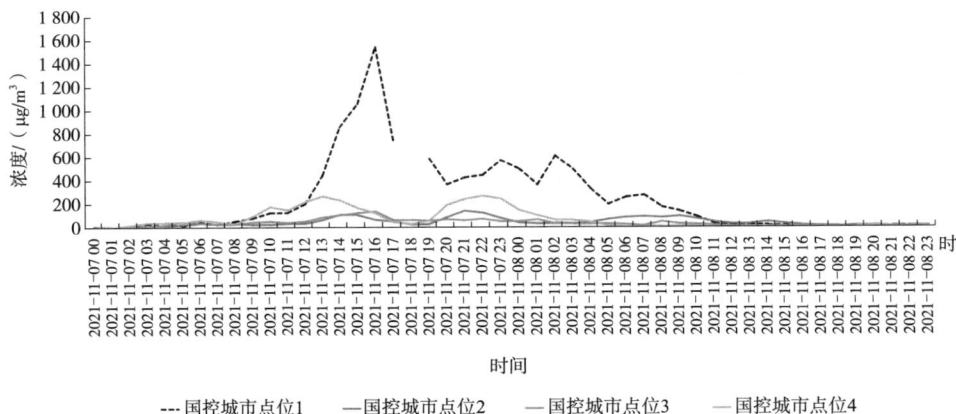

图 3-4-31　2021 年 11 月 7—8 日东北地区 A 市各点位 PM$_{10}$ 小时值

➤ **案例分析**

本案例使用了多点位单项污染物数据变化趋势分析和日常运维情况分析的方法，通过与同城其他点位数据变化趋势进行比较，并核实运维情况，确认数据异常。

①多点位单项污染物数据变化趋势分析

与同城其他点位相比，"国控城市点位1"PM_{10}浓度在2022年11月7—8日出现明显分层，最高浓度近350 μg/m³，9日数据恢复正常。同时段$PM_{2.5}$数据未见异常。PM_{10}数据由7日9时的87 μg/m³上升至8日9时的147 μg/m³，其中小时浓度最大达1 545 μg/m³，与其他小时浓度值相比偏差较大，如图3-4-32、图3-4-33、表3-4-10所示。

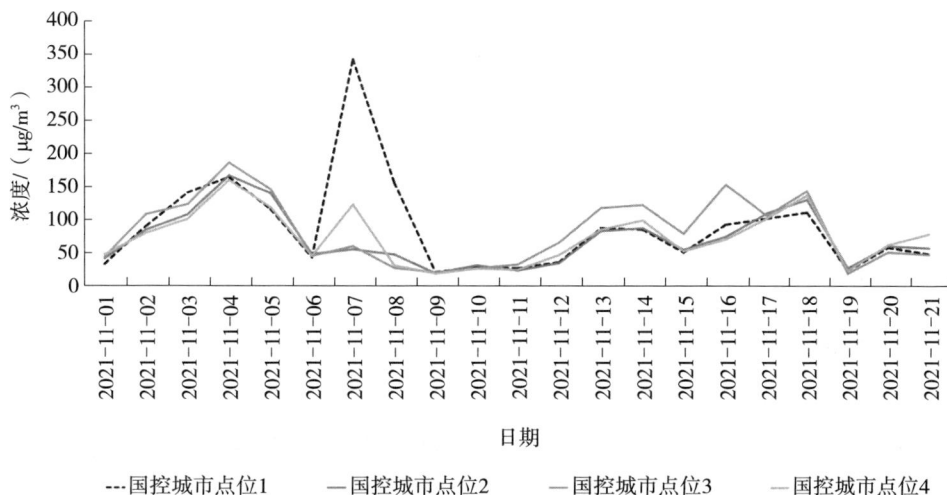

- - - 国控城市点位1　——国控城市点位2　——国控城市点位3　——国控城市点位4

图3-4-32　2021年11月东北地区A市各点位PM_{10}日均值

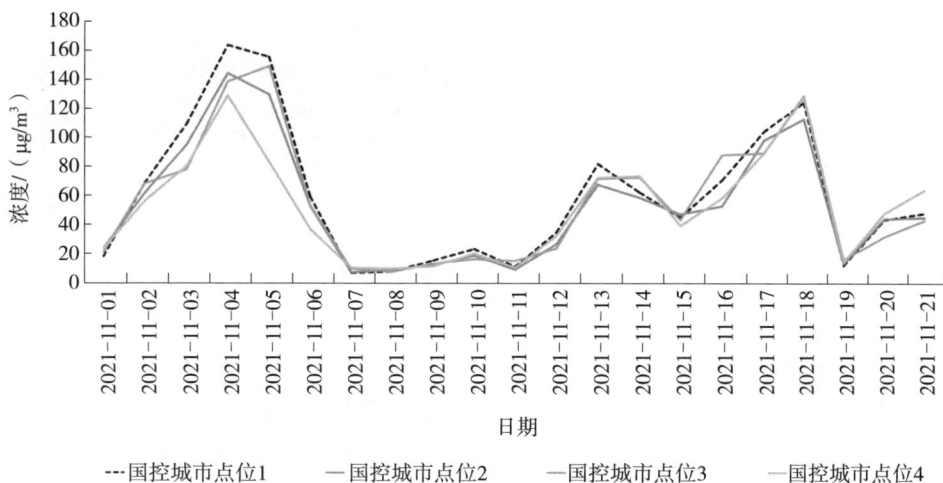

- - - 国控城市点位1　——国控城市点位2　——国控城市点位3　——国控城市点位4

图3-4-33　2021年11月东北地区A市各点位$PM_{2.5}$日均值

表 3-4-10　2021 年 11 月 7—8 日"国控城市点位 1"PM$_{10}$ 小时值

时间	"国控城市点位 1"/（μg/m^3）	其他国控城市点位/（μg/m^3）	绝对偏差/（μg/m^3）	相对偏差 /%
08：00	61	40	21	53.80
09：00	87	63	24	38.10
10：00—14：00	……	……	……	……
15：00	1 062	139	923	662.20
16：00	1 545	115	1 430	1 239.60
17：00	736	61	675	1 106.60
18：00—08：00	……	……	……	……
09：00	147	53	94	177.40
10：00	98	43	55	129.70
11：00	38	29	9	31.00

②日常运维情况分析

经运维单位确认该点位当天为暴雪天气，市内风雪较大，雪呈细密颗粒物状，天空灰蒙，能见度较低，极端天气影响颗粒物数据波动较大，因此导致数据异常，如图 3-4-34、图 3-4-35 所示。

图 3-4-34　2021 年 11 月 7 日东北地区 A 市天气情况（1）

图 3-4-35　2021 年 11 月 7 日东北地区 A 市天气情况（2）

➤ 案例点评

上述 3 个案例为杨絮、柳絮、雪等异物导致数据异常的情况。当遇到此类情况时，运维人员应及时到达现场确认情况并上传异常监测情况照片，同时对异常数据进行标注，检查采样平台，观察纸带情况，如发现仪器异常应及时维护。

在杨絮、柳絮飘落的季节或者下雪天，运维人员需要重点关注数据实时变化情况。同时加强运维管理，提高运维水平，精准发现异常原因，确保数据质量"真""准"。

4. 大雾天气影响

➤ 案例介绍

2021 年 11 月 18 日西南地区 C 市"国控城市点位 1" SO_2、NO_2、O_3 多个时段小时数据基本无波动，如图 3-4-36 所示，主要原因为大雾天气仪器光强不足，导致监测数据异常。

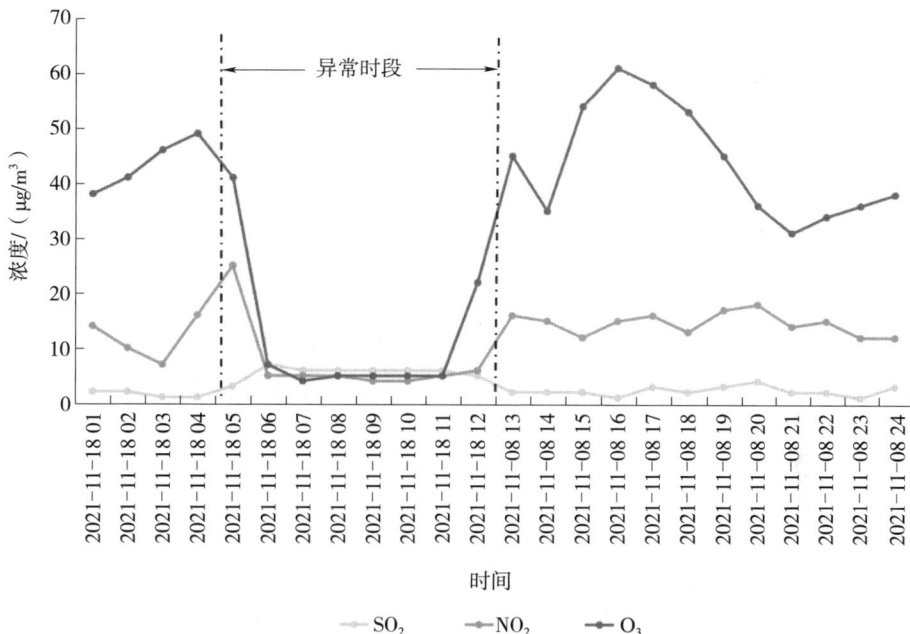

图 3-4-36　2021 年 11 月 18 日西南地区 C 市"国控城市点位 1"
SO_2、NO_2、O_3 小时值

➤ 案例分析

本案例使用了单点位多项污染物数据变化趋势分析、监测仪器使用情况分析和气象条件分析的方法，通过与前后 2 天数据趋势进行比较，核实天气与仪器参数的情况，确认数据异常。

①单点位多项污染物数据变化趋势分析

2021 年 11 月 18 日 5—12 时"国控城市点位 1" SO_2、NO_2、O_3 多个时段

小时数据基本无波动，与前后 2 天小时数据变化趋势不符，如图 3-4-37 所示。

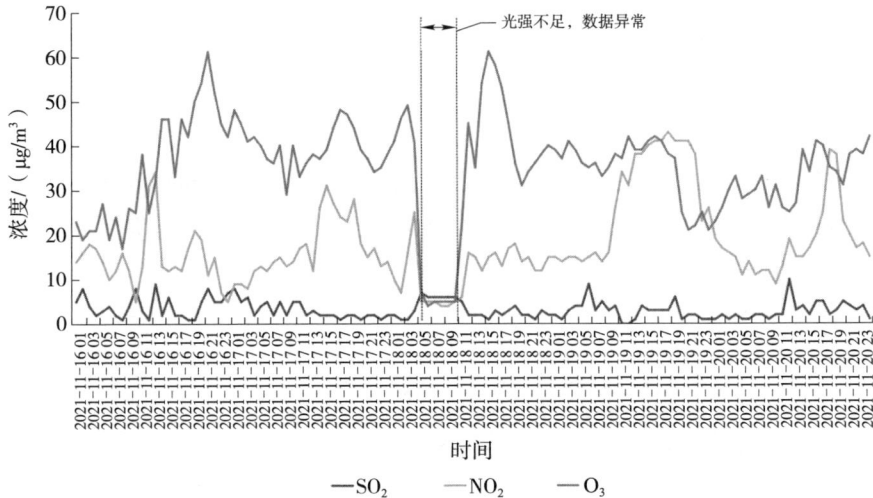

图 3-4-37　2021 年 11 月 16—20 日"国控城市点位 1"SO_2、NO_2、O_3 小时值

②监测仪器使用情况分析

"国控城市点位 1"的 SO_2、NO_2、O_3 均使用长光程监测仪器。在 2021 年 11 月 18 日 5—12 时数据异常时段，3 项污染物监测仪器光强均低于标准下限（30 000），污染物小时数据与光强如图 3-4-38～图 3-4-40 所示。

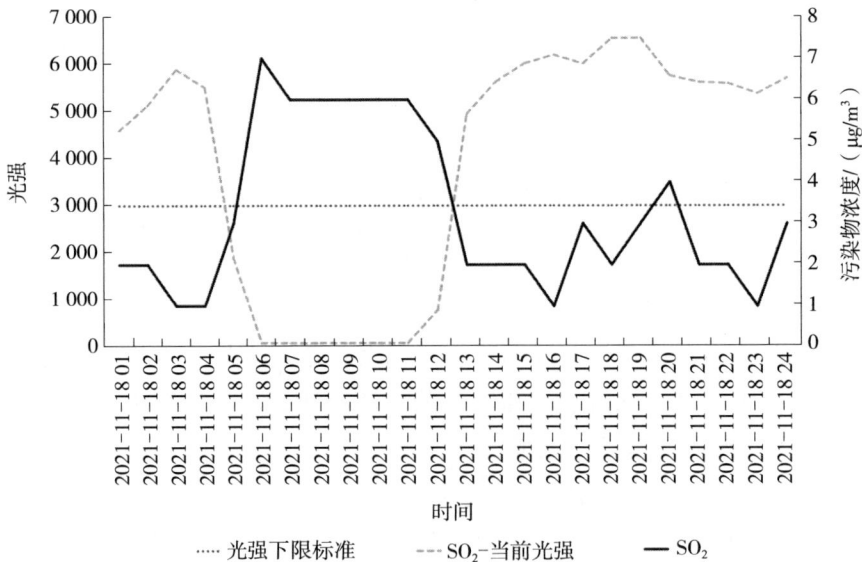

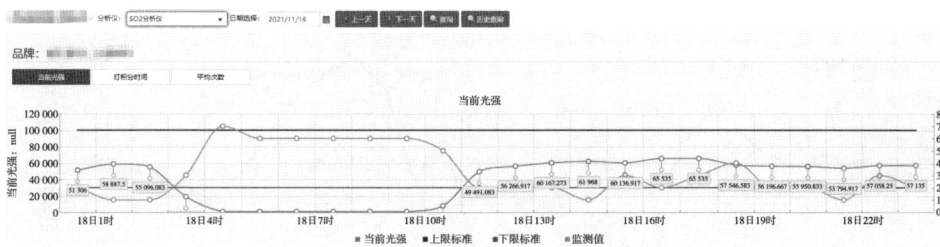

图 3-4-38　2021 年 11 月 18 日西南地区 C 市"国控城市点位 1"SO$_2$ 小时值及光强

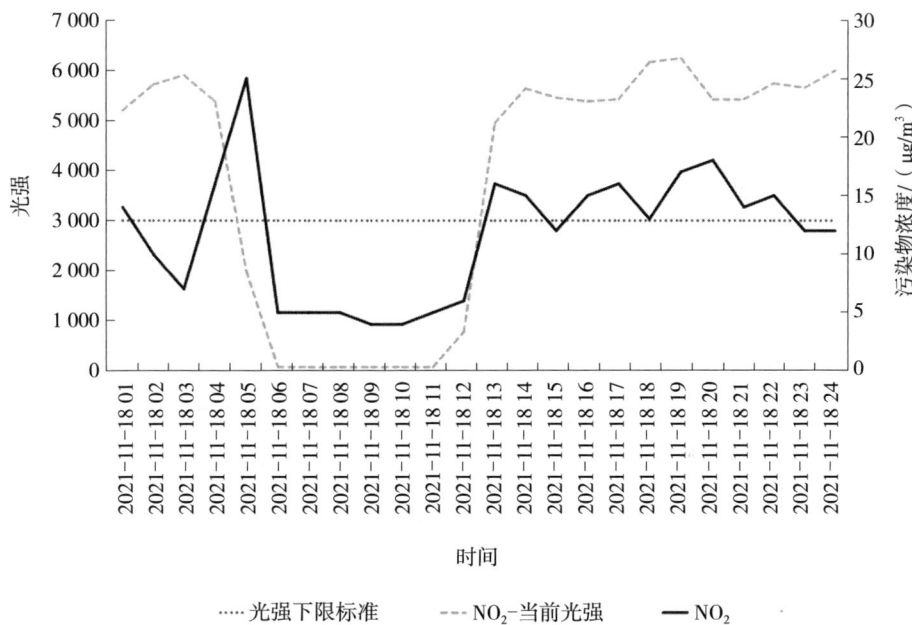

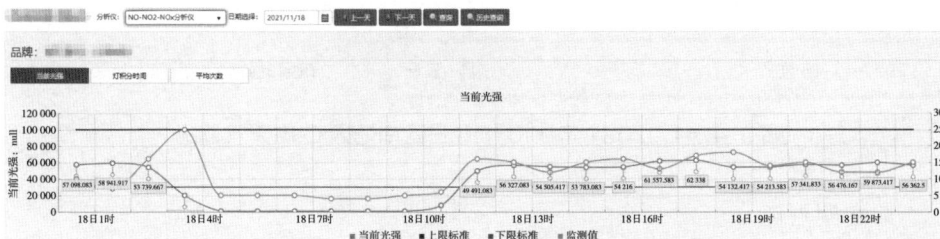

图 3-4-39　2021 年 11 月 18 日西南地区 C 市"国控城市点位 1"NO$_2$ 小时值及光强

178

环境空气质量自动监测数据审核复核技术要求与典型案例分析
HUANJING KONGQI ZHILIANG ZIDONG JIANCE SHUJU SHENHE FUHE JISHU YAOQIU YU DIANXING ANLI FENXI

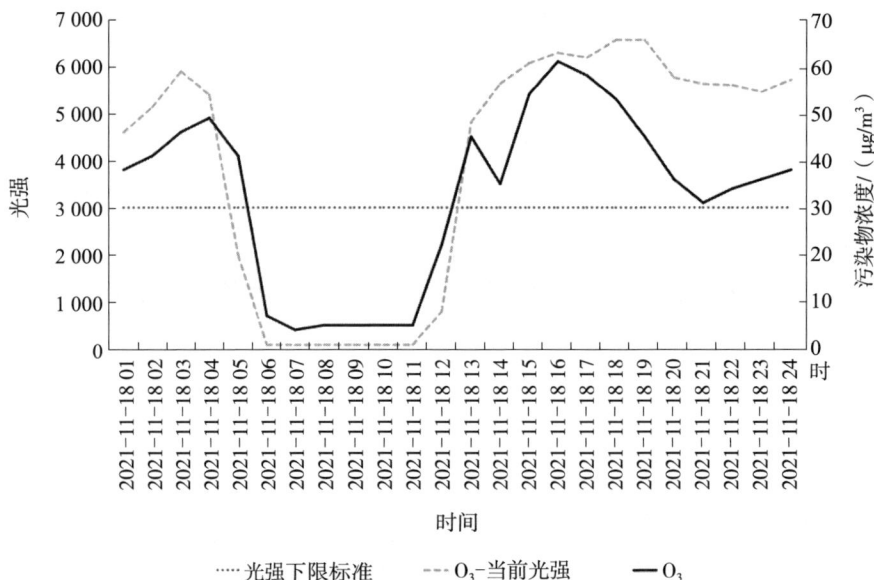

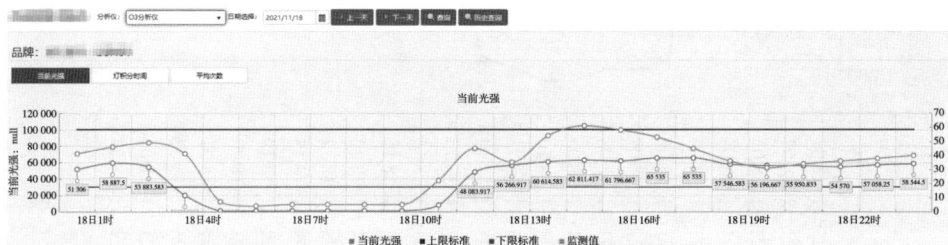

图 3-4-40　2021 年 11 月 18 日西南地区 C 市"国控城市点位 1"O_3 小时值及光强

③气象条件分析

2021 年 11 月 18 日西南地区 C 市天气为雾转多云，如图 3-4-41 所示。

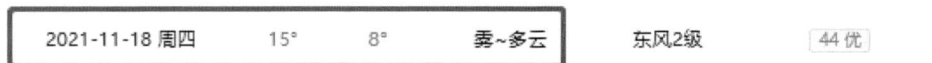

图 3-4-41　2021 年 11 月 18 日西南地区 C 市天气情况

➤ **案例点评**

因雨雾天气光强不足，导致某点位一项或多项污染物数据异常，审核人员应核实当天该城市天气情况、监测仪器是否为长光程监测仪器、数据异常时段光强参数是否低于标准下限等。

运维人员在经常出现雨雾天气的季节，应重点关注长光程监测仪器的参数变化，及时进行维护，确保数据有效性与连续性。

5. 风速、风向突变影响

➤ 案例介绍

2020 年 4 月 28 日 15 时西北地区 A 市"国控城市点位 1"O_3 数据异常突升，该小时数据第 11 个 5 分钟值浓度为 2 960 μg/m³，为异常值，其他 5 分钟值在 119 μg/m³ 左右，导致该小时浓度值为 354 μg/m³，与其他小时浓度值相比偏差较大，如图 3-4-42、图 3-4-43、表 3-4-11 所示。

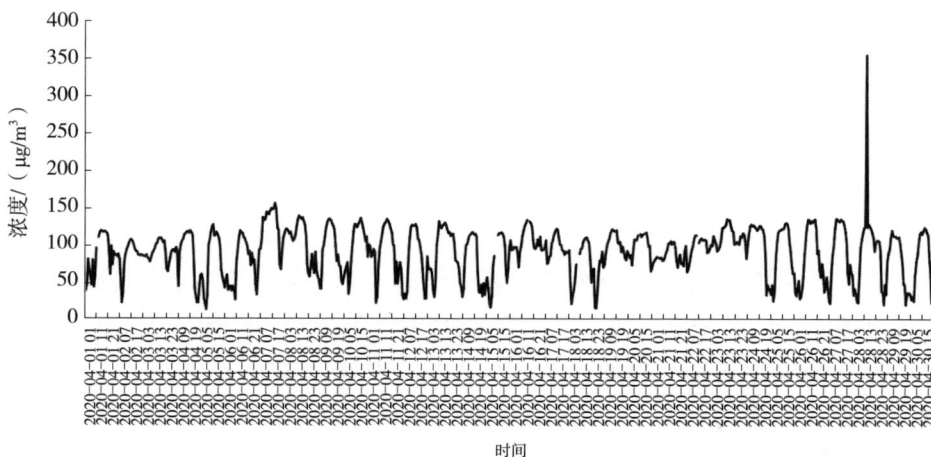

图 3-4-42　2020 年 4 月 1—30 日西北地区 A 市各点位 O_3 小时值

各污染物5分钟数据

时间	SO₂	NO₂	NO	NOx	CO(mg/m³)	O₃	PM₁₀	PM₂.₅	PM₂.₅_2	P...	气压(...	气...	温...	风向(...	风速(...	降水量(...	能见度(...
2020-04-28 14:05	6	9	4	15	0.585	117	14	6	-99	-99	717.5	13.5	21	226.6	1	-99	23.7
2020-04-28 14:10	7	9	3	14	0.592	119	14	6	-99	-99	717.4	13.5	21	225.7	0.4	-99	25.8
2020-04-28 14:15	6	10	4	15	0.599	117	14	6	-99	-99	717.3	13.6	22	133.3	1.5	-99	25.4
2020-04-28 14:20	6	12	4	18	0.595	117	14	6	-99	-99	717.3	13.5	22	135.7	1.4	-99	24.7
2020-04-28 14:25	6	11	4	17	0.592	115	14	6	-99	-99	717.3	13.4	21	200.8	0.5	-99	23.9
2020-04-28 14:30	6	9	4	15	0.603	117	14	6	-99	-99	717.2	13.5	21	136.7	1	-99	25.1
2020-04-28 14:35	6	10	4	15	0.578	117	14	6	-99	-99	717.1	13.5	20	127.2	0.4	-99	26.6
2020-04-28 14:40	6	11	5	17	0.591	115	14	6	-99	-99	717.1	13.8	20	150.3	0.2	-99	25.4
2020-04-28 14:45	7	12	5	19	0.58	115	14	6	-99	-99	717.1	14.2	20	152.7	0	-99	25.4
2020-04-28 14:50	6	11	5	20	0.565	117	14	6	-99	-99	717.1	14.5	19	226.1	1.3	-99	25.1
2020-04-28 14:55	7	6	4	12	0.562	2960	14	6	-99	-99	717.1	14.6	18	123	0.9	-99	28.4
2020-04-28 15:00	6	12	3	17	0.715	119	22	7	-99	-99	717	14.5	18	231.6	0.5	-99	27.7

O3 仪器状态数据

品牌：EC 型号：9810

图 3-4-43　2020 年 4 月 28 日西北地区 A 市部分时段"国控城市点位 1"O_3 5 分钟值

环境空气质量自动监测数据审核复核技术要求与典型案例分析
HUANJING KONGQI ZHILIANG ZIDONG JIANCE SHUJU SHENHE FUHE JISHU YAOQIU YU DIANXING ANLI FENXI

表 3-4-11　2020 年 4 月 28 日 10—20 时"国控城市点位 1"O_3 小时值

单位：$\mu g/m^3$

时间	"国控城市点位 1"
2020-04-28 12：00	114
2020-04-28 13：00	122
2020-04-28 14：00	123
2020-04-28 15：00	354
2020-04-28 16：00	123
2020-04-28 17：00	126
2020-04-28 18：00	123

➤ 案例分析

本案例使用了单点位单项污染物数据变化趋势分析和日常运维情况分析的方法，通过与同城其他点位数据趋势进行比较，并核实运维情况，确认数据异常。

经运维单位确认该点位出现异常高值时风速急剧变化，前后风向突变，应是风速和风向的突然改变导致采样总管出现倒灌现象，致使大量空气样品进入仪器的气路系统，气路中的空气样品交替地或直接经过 O_3 涤除器，再进入吸收池。O_3 对波长为 254 nm 波长的紫外光有特征吸收，采用发射波长为 254 nm 的紫外灯照射一个中空玻璃管，通过电磁阀切换，玻璃管内交替充满样气和被涤除 O_3 的参比气。经过一个循环周期，从而测出更高的 O_3 浓度，导致仪器出现 5 分钟异常采样值，数据异常，如图 3-4-44、图 3-4-45 所示。

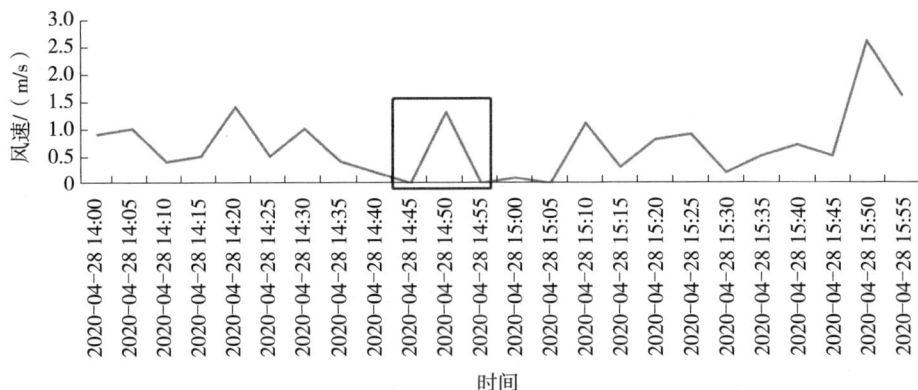

图 3-4-44　2020 年 4 月 28 日西北地区 A 市部分时段"国控城市点位 1"风速 5 分钟值

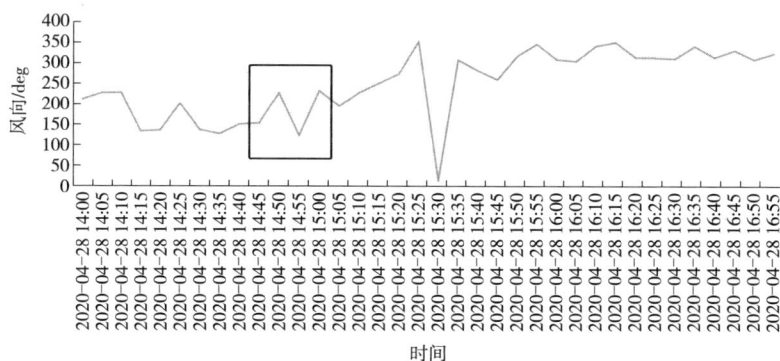

图 3-4-45　2020 年 4 月 28 日西北地区 A 市部分时段"国控城市点位 1"风向 5 分钟值

> **案例点评**

运维单位应重点关注突变天气影响监测仪器导致数据变化的情况，如本案例中由于风速、风向突变数据突增，导致数据异常。

（三）人为环境影响

1. 秸秆焚烧影响

> **案例介绍**

东北地区 A 市"国控城市点位 1"多项污染物浓度因秸秆焚烧导致 2020 年 11 月 15—16 日数据同步突升，趋势基本一致，如图 3-4-46～图 3-4-49 所

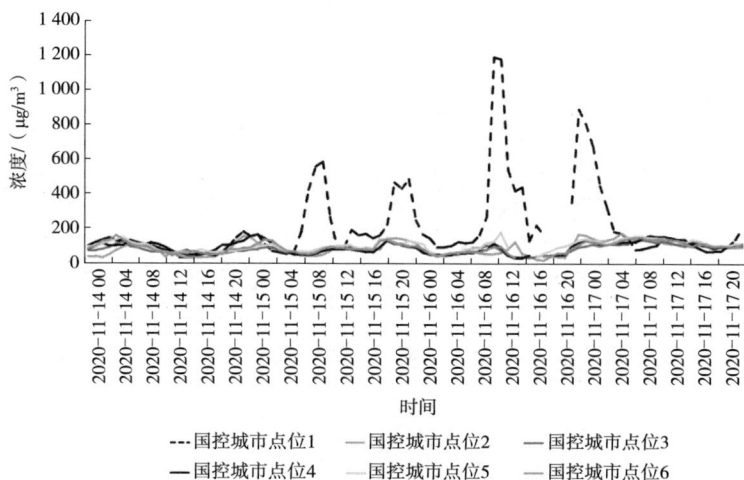

图 3-4-46　2020 年 11 月 14—17 日东北地区 A 市各点位
PM_{10} 小时值

示。"国控城市点位 1"距离市区直线距离约 40 km，周边有大量农田种植玉米，15—16 日该点位附近有焚烧秸秆的情况，焚烧结束后浓烟持续很久，导致多项污染物浓度升高。

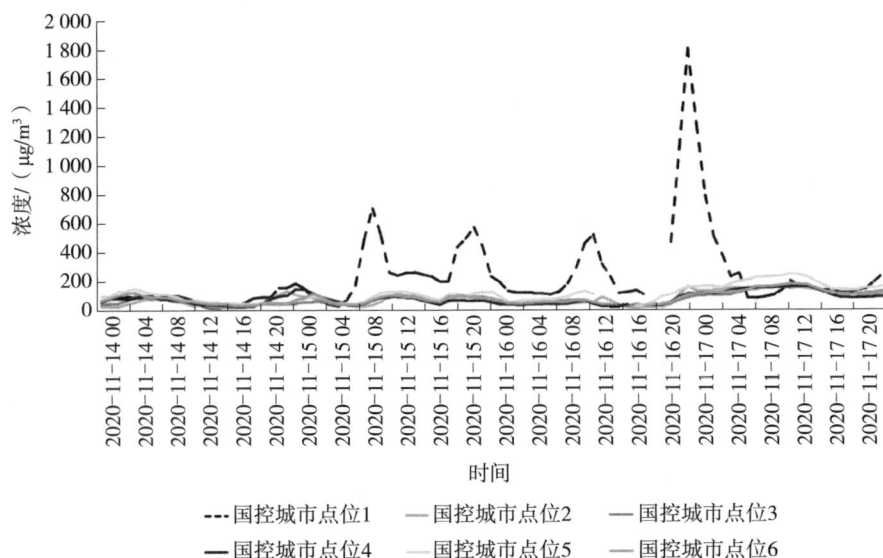

图 3-4-47　2020 年 11 月 14—17 日东北地区 A 市各点位 PM$_{2.5}$ 小时值

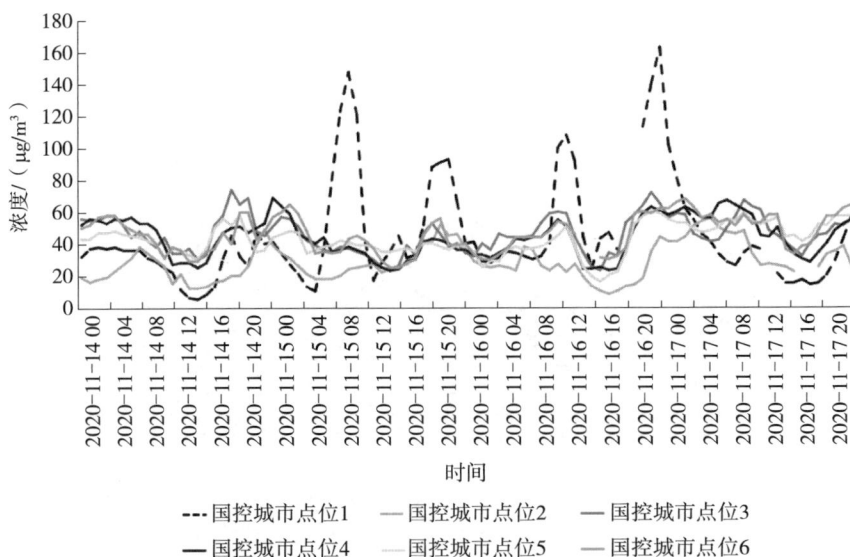

图 3-4-48　2020 年 11 月 14—17 日东北地区 A 市各点位 NO$_2$ 小时值

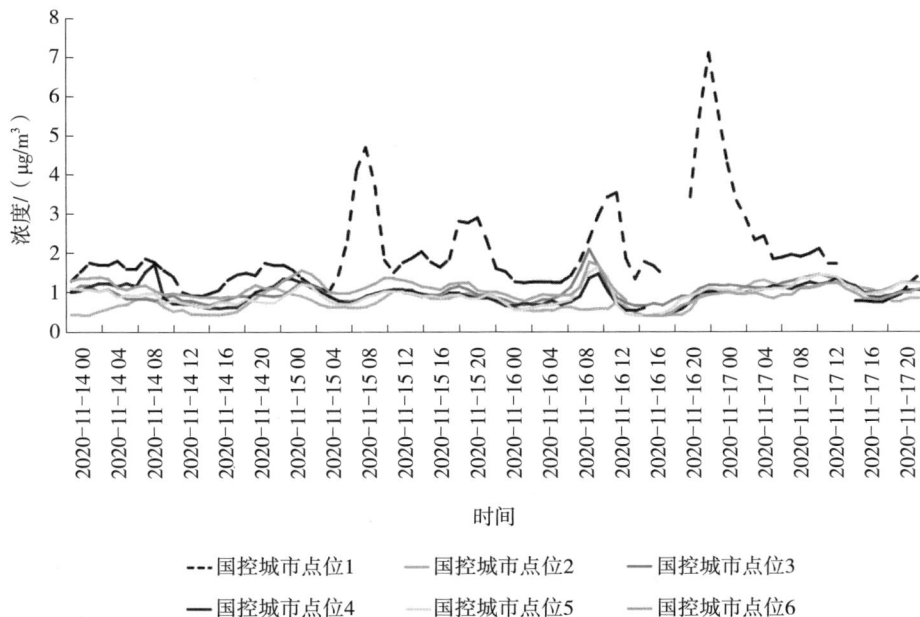

图 3-4-49　2020 年 11 月 14—17 日东北地区 A 市各点位 CO 小时值

➤ **案例分析**

本案例使用了单点位多项污染物数据变化趋势分析、多点位多污染物数据变化趋势分析、日常运维情况分析、地理位置及周边环境分析和气象条件分析相结合的分析方法，确认数据升高是由点位周边污染导致，可以真实地反映点位周边空气质量。

①单点位多项污染物数据变化趋势分析

2020 年 11 月 15—16 日多个时间段，"国控城市点位 1" 5 项污染物 NO_2、SO_2、CO、PM_{10}、$PM_{2.5}$ 小时值同步飙升，其中 11 月 16 日 9 时 PM_{10} 浓度高达 1 186 μg/m³，同一天 21 时 $PM_{2.5}$ 浓度高达 1 796 μg/m³、CO 浓度高达 7.12 mg/m³，各项污染物浓度变化趋势高度一致，如图 3-4-50 所示。

②多点位多项污染物数据变化趋势分析

2020 年 11 月 15—16 日，同城其他点位未发现数据突升现象，当日各项污染物均保持平稳波动，如图 3-4-46～图 3-4-49 所示。

环境空气质量自动监测数据审核复核技术要求与典型案例分析
HUANJING KONGQI ZHILIANG ZIDONG JIANCE SHUJU SHENHE FUHE JISHU YAOQIU YU DIANXING ANLI FENXI

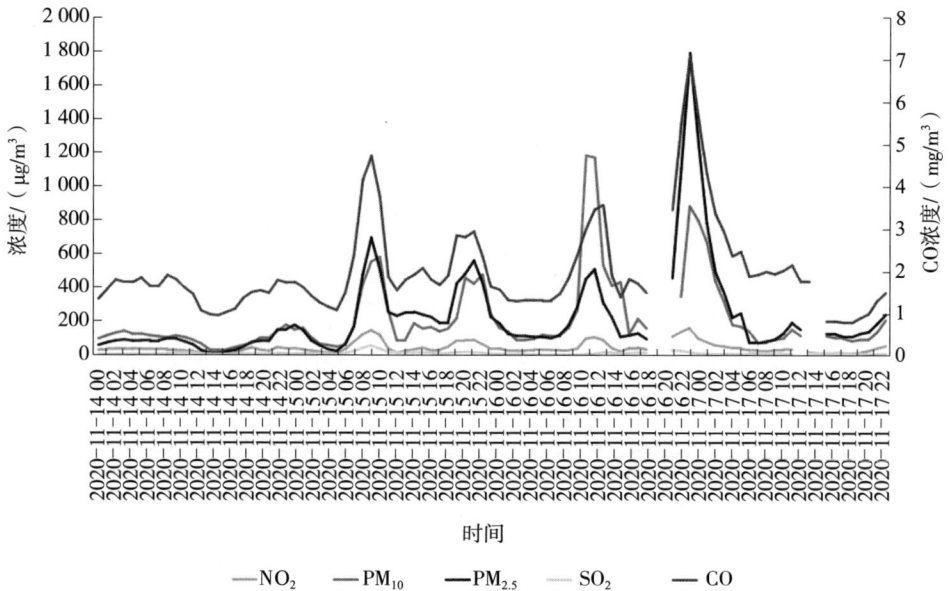

图 3-4-50　2020 年 11 月 14—17 日"国控城市点位 1"多项污染物小时值

③日常运维情况分析

经运维人员现场确认，2020 年 11 月 15—16 日该点位周边发现有焚烧秸秆的情况，焚烧结束后浓烟持续很久，如图 3-4-51、图 3-4-52 所示。

图 3-4-51　2020 年 11 月 15 日"国控城市点位 1"运维异常检查单

图 3-4-52 2020 年 11 月 15 日"国控城市点位 1"周边现场焚烧秸秆照片

④地理位置及周边环境分析

该点位位于东北地区 A 市东南方向，距市区直线距离约 40 km，周边有大量种植玉米的农田，如图 3-4-53 所示。

图 3-4-53 东北地区 A 市"国控城市点位 1"与其他点位位置

⑤气象条件分析

2020 年 11 月 15 日风向主要为西南风，16 日风向主要为东风，两日焚烧秸秆未对市区其他点位数据造成影响。

| 2020-11-15 周日 | 11° | -4° | 多云 | 西南风4级 | 96 良 |
| 2020-11-16 周一 | 7° | 0° | 晴~多云 | 东风2级 | 80 良 |

图 3-4-54　2020 年 11 月 15—16 日东北地区 A 市天气情况

> **案例点评**

若点位周边发生秸秆焚烧的情况，运维人员应及时到现场确认，并上传现场污染图片。

秋收后或春耕前，大面积、高强度的露天秸秆焚烧是东北地区出现大气污染的主要原因之一，近几年国家及东北地区均出台了多项补贴政策来减少秸秆焚烧，避免因其导致的空气污染。通过对比分析城市中各点位的历史数据，可以缩小秸秆焚烧区域排查目标点位范围，方便政府实施监管。

2. 燃放烟花爆竹

案例一

> **案例介绍**

2023 年 1 月 21—23 日华中地区 A 市国控城市点位多项污染物浓度同步突升，并于 22 日达到峰值，如图 3-4-55～图 3-4-57 所示。此时段正值新春佳节之际，点位周边有燃放烟花爆竹的情况，导致短时间内多项污染物浓度急剧升高。

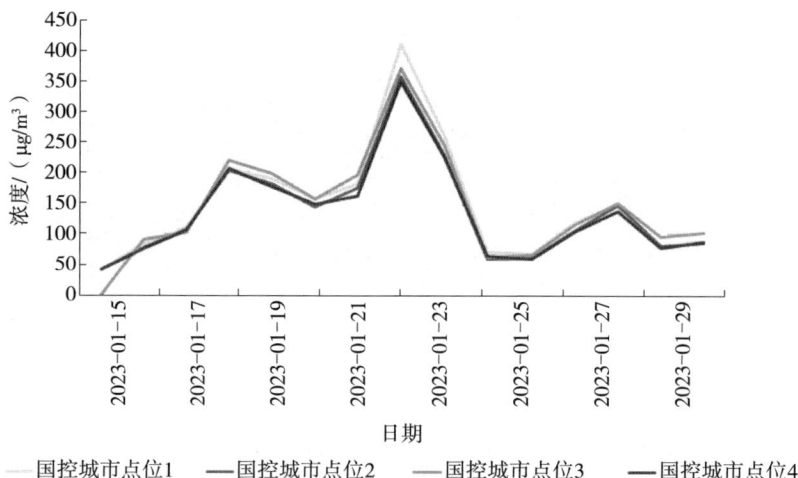

图 3-4-55　2023 年 1 月 15—29 日华中地区 A 市各点位 PM_{10} 日均值

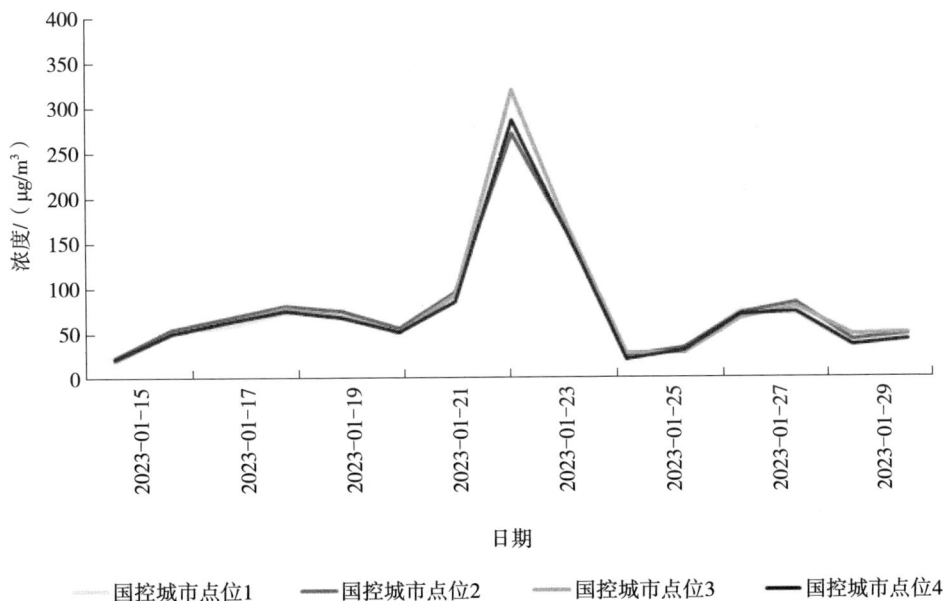

图 3-4-56　2023 年 1 月 15—29 日华中地区 A 市各点位 $PM_{2.5}$ 日均值

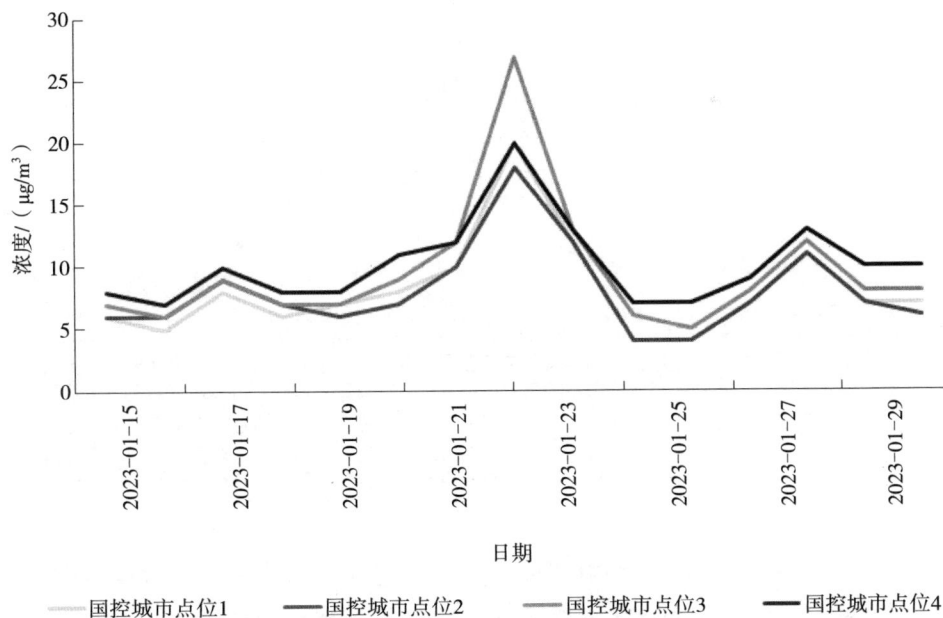

图 3-4-57　2023 年 1 月 15—29 日华中地区 A 市各点位 SO_2 日均值

188

环境空气质量自动监测数据审核复核技术要求与典型案例分析
HUANJING KONGQI ZHILIANG ZIDONG JIANCE SHUJU SHENHE FUHE JISHU YAOQIU YU DIANXING ANLI FENXI

➢ **案例分析**

本案例主要使用了多点位多项污染物数据变化趋势分析、目标城市与周边城市比较分析、监测仪器使用情况分析、周边环境分析的方法。

①多点位多项污染物数据变化趋势分析

华中地区 A 市共有 4 个国控城市点位，分别位于城市的东部、西北部、西南部及中部。2023 年 1 月 21 日 19 时—23 日 16 时，该市的颗粒物及 SO_2 浓度均保持在较高水平，且各点位及各项污染物的数据变化趋势一致。在该时段前后，该市各国控城市点位的 PM_{10} 浓度为 50～200 μg/m³，$PM_{2.5}$ 浓度为 25～100 μg/m³，SO_2 浓度为 5～13 μg/m³；而在 1 月 21 日 19 时—23 日 16 时，PM_{10}、$PM_{2.5}$、SO_2 小时值浓度最高分别达到 608 μg/m³、491 μg/m³、148 μg/m³，各点位污染物浓度均保持在较高水平，且出现不定时升高的情况，如图 3-4-58～图 3-4-60 所示。

由此可见，2023 年 1 月 21—23 日，各项污染物浓度变化受周边污染所致，而且各点位数据变化趋势一致，能够反映城市整体空气质量。

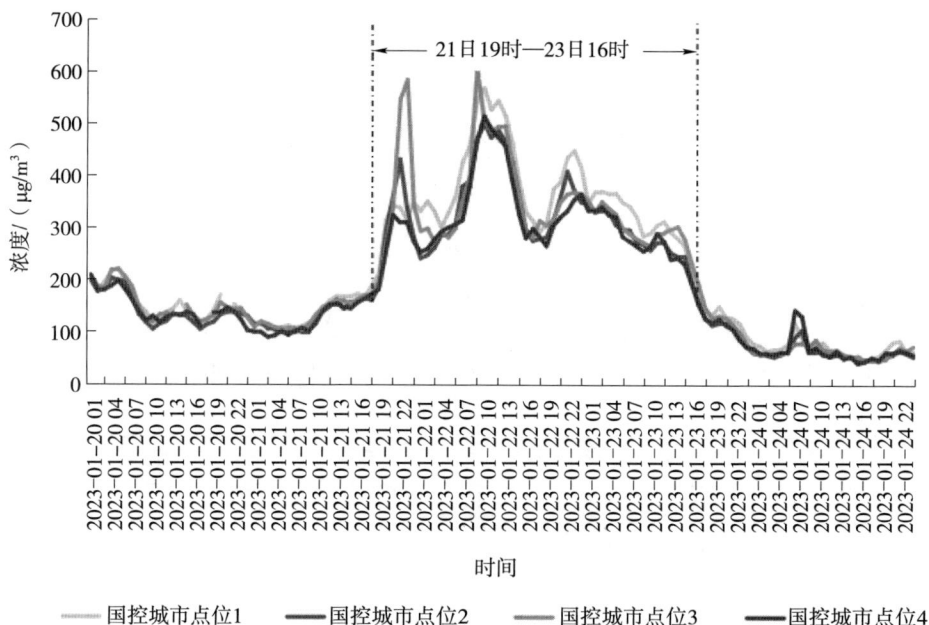

图 3-4-58　2023 年 1 月 20—24 日华中地区 A 市各点位 PM_{10} 小时值

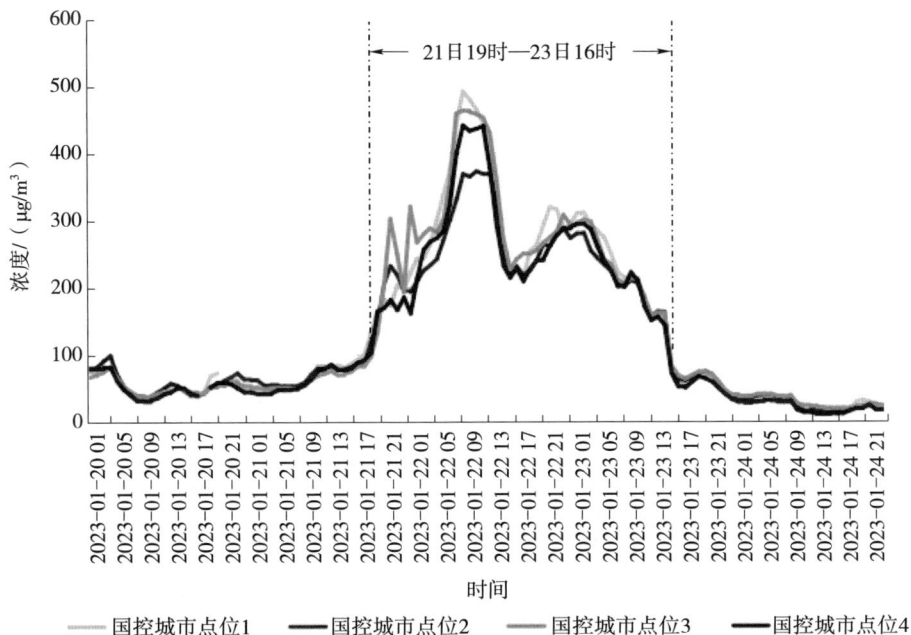

图 3-4-59　2023 年 1 月 20—24 日华中地区 A 市各点位 PM$_{2.5}$ 小时值

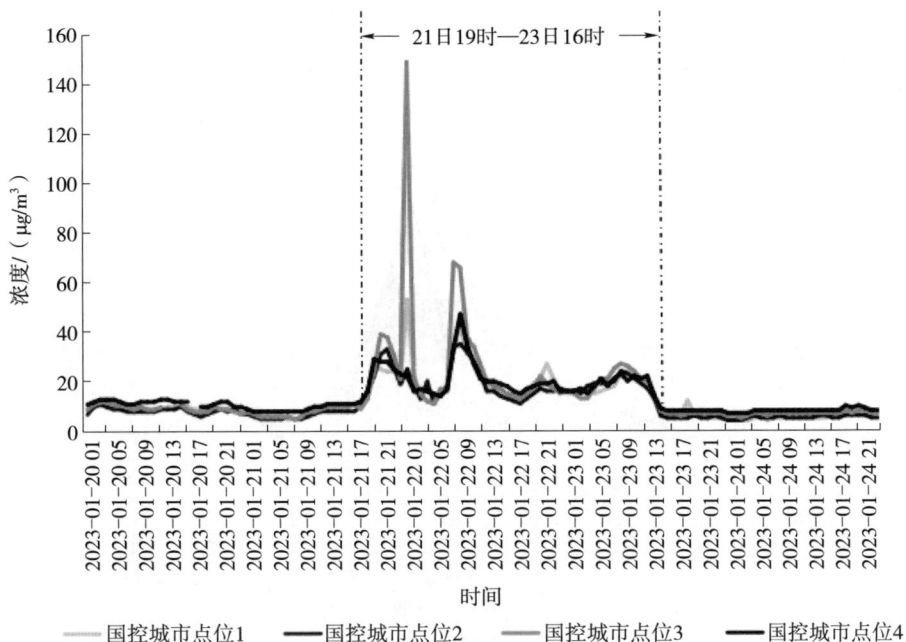

图 3-4-60　2023 年 1 月 20—24 日华中地区 A 市各点位 SO$_2$ 小时值

②目标城市与周边城市比较分析

2023 年 1 月 21—23 日，华中地区 A 市与周边城市的颗粒物及 SO_2 浓度均超过平均水平，22 日污染物浓度均达到较高水平，且华中地区 A 市的颗粒物浓度最高。并且，各项污染物间的相关性较好，颗粒物占比正常，各市 1 月 21—23 日监测数据正常，如图 3-4-61～图 3-4-63 所示。

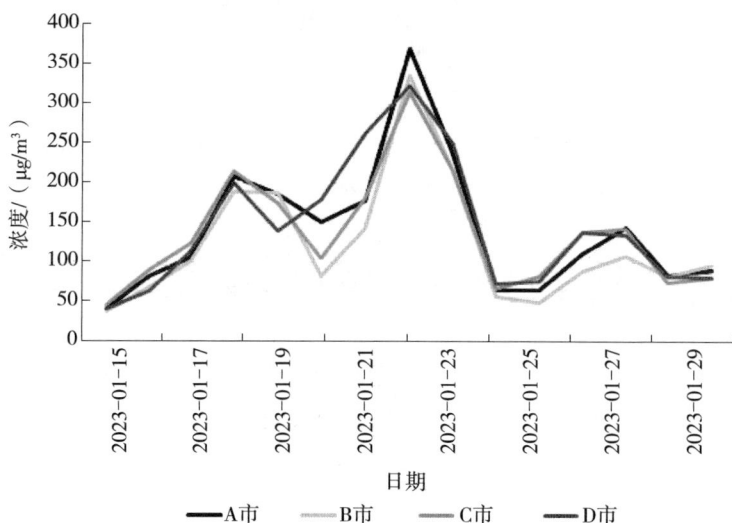

图 3-4-61　2023 年 1 月 15—29 日华中地区 A 市与周边城市 PM_{10} 日均值

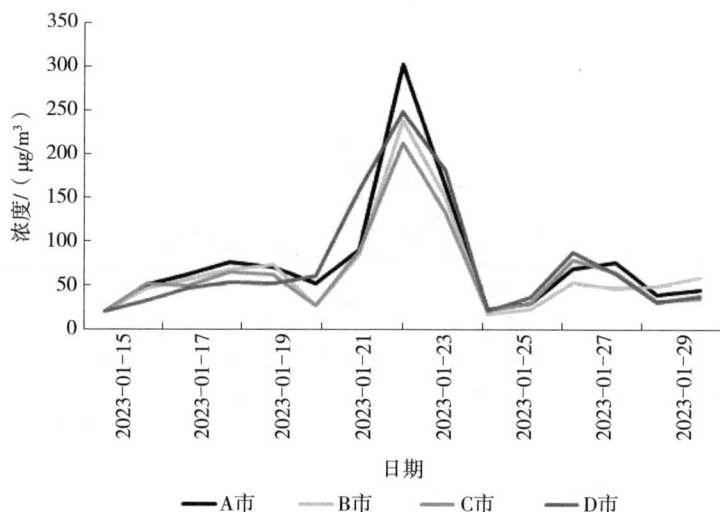

图 3-4-62　2023 年 1 月 15—29 日华中地区 A 市与周边城市 $PM_{2.5}$ 日均值

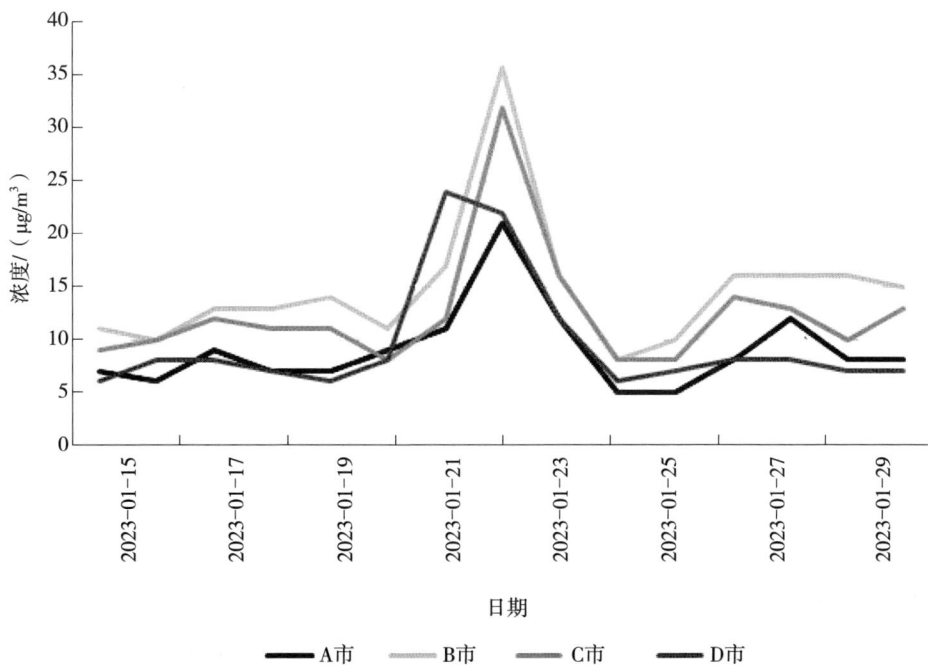

图 3-4-63　2023 年 1 月 15—29 日华中地区 A 市与周边城市 SO_2 日均值

③监测仪器使用情况分析

华中地区 A 市各国控城市点位的 PM_{10} 监测仪器的品牌及型号相同，均采用 β 射线法固定加热的方式进行测量。2023 年 1 月 21—23 日 "国控城市点位 1" 的 PM_{10}、$PM_{2.5}$、SO_2 监测仪器运行正常，各项污染物数据均为正常监测数据，如图 3-4-64～图 3-4-66 所示。

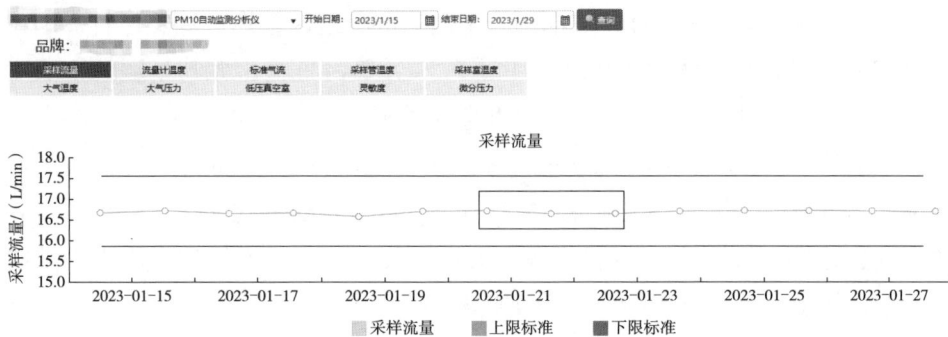

图 3-4-64　2023 年 1 月 15—29 日 "国控城市点位 1" PM_{10} 监测仪器采样流量

图 3-4-65　2023 年 1 月 15—29 日"国控城市点位 1"PM$_{2.5}$ 监测仪器采样流量

图 3-4-66　2023 年 1 月 15—29 日"国控城市点位 1"SO$_2$ 监测仪器采样流量

④周边环境分析

2023 年 1 月 21—23 日春节期间，全国大部分地区会燃放烟花爆竹，烟花爆竹燃放时会释放出大量的 PM$_{10}$、PM$_{2.5}$、SO$_2$ 等污染物，尤其是颗粒物浓度会显著增加，对城市环境空气质量产生较大影响，如图 3-4-67 所示。

综上所述，2023 年 1 月 21—23 日，华中地区 A 市全部点位的多项污染物浓度不定时同步突升，尤其是 PM$_{10}$、PM$_{2.5}$ 浓度短时变化显著，各点位间的数据变化趋势一致，主要与燃放烟花爆竹有关。各项污染物数据均为正常监测数据，能正常反映该市的空气质量状况。

图 3-4-67　2023 年 1 月 21—23 日华中地区 A 市燃放烟花爆竹截图

案例二

➢ 案例介绍

2023 年 1 月 21—22 日，华北地区 A 市存在燃放烟花爆竹情况，全市国控城市点位均出现升高情况，部分点位 PM_{10} 小时值出现 9 985 μg/m³ 恒值，如图 3-4-68 所示。

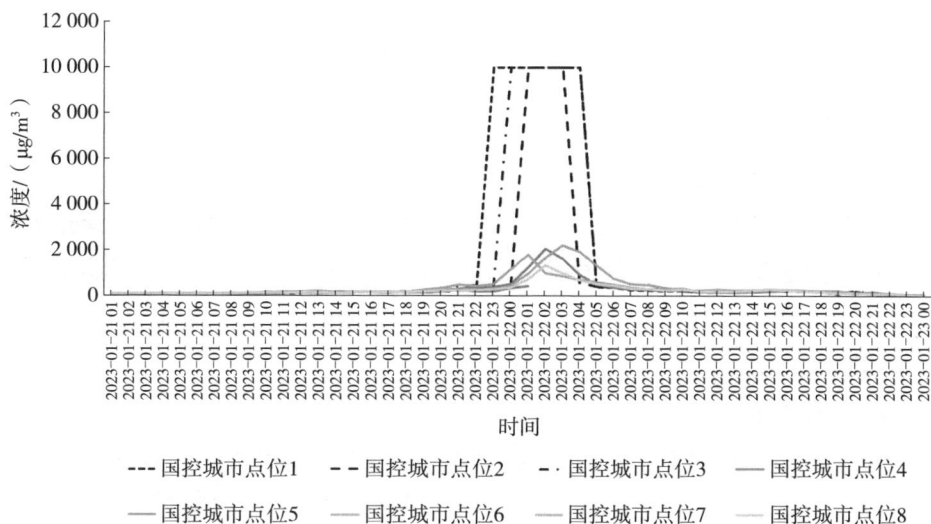

图 3-4-68　2023 年 1 月 21—22 日华北地区 A 市各国控城市点位 PM_{10} 小时值

➤ **案例分析**

本案例主要使用了多点位多项污染物数据变化趋势分析和日常运维情况分析两种分析方法。

①多点位多项污染物数据变化趋势分析

华北地区 A 市"国控城市点位 1""国控城市点位 2""国控城市点位 3"3 个点位 1 月 21—22 日 PM_{10} 小时浓度出现 9 985 μg/m³ 恒值，其他点位 PM_{10} 最高浓度在 2 000 μg/m³ 左右，同时段 $PM_{2.5}$ 数据在 1 500 μg/m³ 以下，如图 3-4-69 所示。3 个点位数据异常突升，可能为仪器运行状态异常。

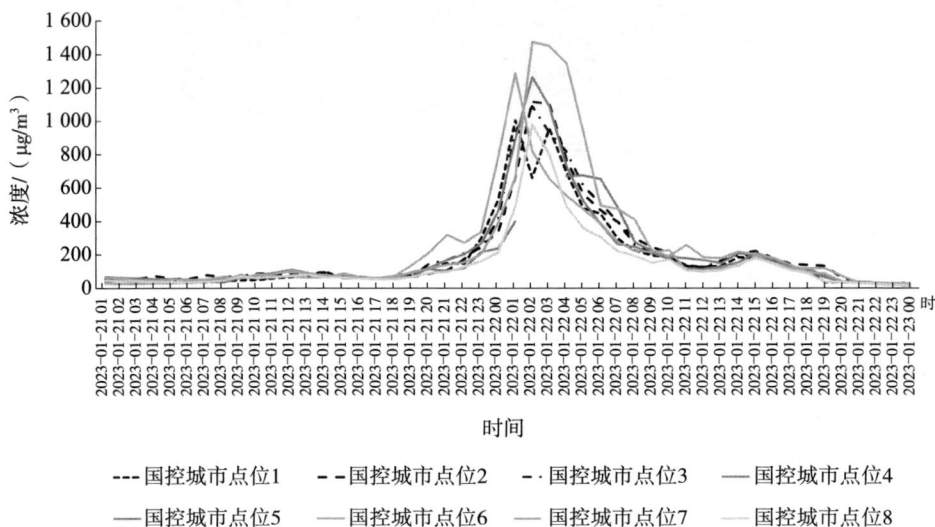

--- 国控城市点位1　　- - 国控城市点位2　　- · 国控城市点位3　　—— 国控城市点位4
—— 国控城市点位5　　—— 国控城市点位6　　—— 国控城市点位7　　—— 国控城市点位8

图 3-4-69　2023 年 1 月 21—22 日华北地区 A 市各国控城市点位 $PM_{2.5}$ 小时值

②日常运维情况分析

经运维单位核实，3 个点位 PM_{10} 为 M 品牌仪器，该品牌仪器压差过大时采样泵抽力达不到正常工作范围，采样泵会停止运行，流量报警仪器会出现 9 985 μg/m³ 数据。3 个点位出现 9 985 μg/m³ 数据时段为仪器流量报警出值，非实际监测数据。

➤ **案例点评**

春节期间会燃放烟花爆竹，导致城市内部各国控城市点位各项污染物浓度短时突升。运维单位应加强对春节期间的数据监控，增加运维频次，及时核实异常报警原因，确认仪器运行状态，检查视频监控中站房周边是否存在异常情况等。

　　数据审核、复核人员应重点关注此类数据的变化情况，对平台中出现的超高值，及时与运维单位确认数据是否为正常监测值，通过分析判断数据突升是由于污染还是仪器运行状态异常。

（四）地理环境影响

案例一

➤ **案例介绍**

　　西南地区 B 市"国控城市点位 1"因距城区较远，$PM_{2.5}$、PM_{10} 和 NO_2 浓度在 2022 年 2 月多天数据较同城其他点位出现分层，且在高浓度时段分层情况更为明显，如图 3-4-70～图 3-4-72 所示。

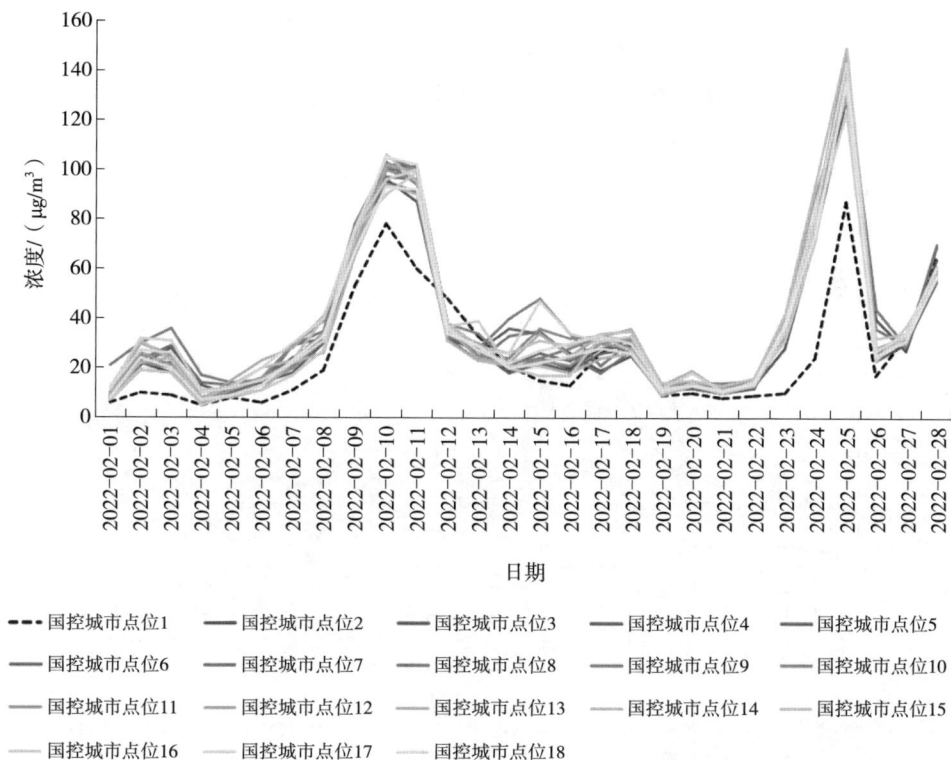

图 3-4-70　2022 年 2 月西南地区 B 市各点位 $PM_{2.5}$ 日均值

環境空气质量自动监测数据审核复核技术要求与典型案例分析
HUANJING KONGQI ZHILIANG ZIDONG JIANCE SHUJU SHENHE FUHE JISHU YAOQIU YU DIANXING ANLI FENXI

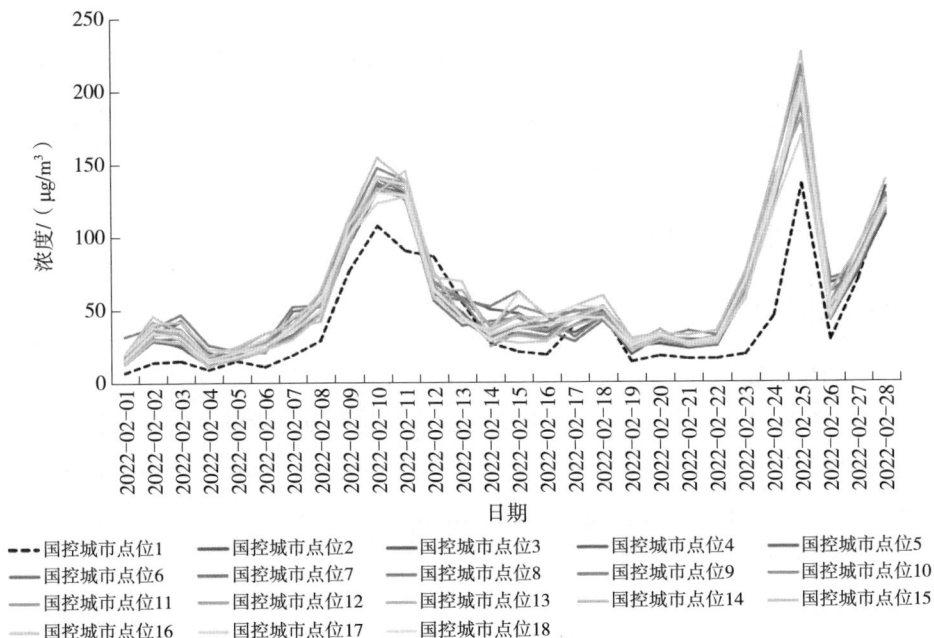

图 3-4-71　2022 年 2 月西南地区 B 市各点位 PM_{10} 日均值

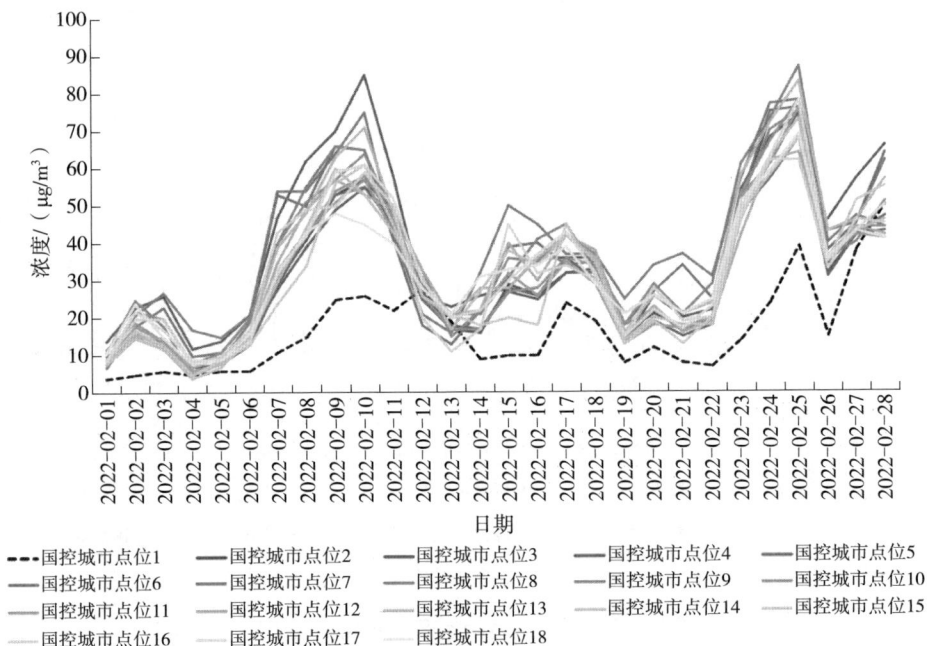

图 3-4-72　2022 年 2 月西南地区 B 市各点位 NO_2 日均值

➢ **案例分析**

本案例使用了"多点位多项污染物数据变化趋势分析"、"多点位历史同期数据变化趋势分析"、"监测仪器使用情况分析"和"地理位置及周边环境分析"等分析方法,确认"国控城市点位 1"数据较同城其他点位出现分层是由于距离较远,点位周边小范围环境差异,数据可以客观反映周边环境空气质量。

①多点位多项污染物数据变化趋势分析

与同城其他点位相比,"国控城市点位 1"$PM_{2.5}$、PM_{10} 浓度在 2022 年2 月多天出现明显分层,但该点位颗粒物相关性较好,相同时段 NO_2 也有相应分层。2 月"国控城市点位 1"$PM_{2.5}$、PM_{10} 和 NO_2 月均值与同城其他点位的相对偏差分别为 -29.7%、-30.1% 和 -50.2%,如表 3-4-12～表 3-4-14 所示。

②多点位历史同期数据变化趋势分析

回顾 2020—2021 年数据情况,"国控城市点位 1"$PM_{2.5}$、PM_{10} 数据在秋冬季与同城其他点位相比出现明显分层,如图 3-4-73、图 3-4-74 所示,偏差较大,累计相对偏差分别为 -19.1%、-23.6%;春夏季较同城其他点位相对偏差分别为 -7.6%、-10.1%,如表 3-4-12、表 3-4-13 所示。

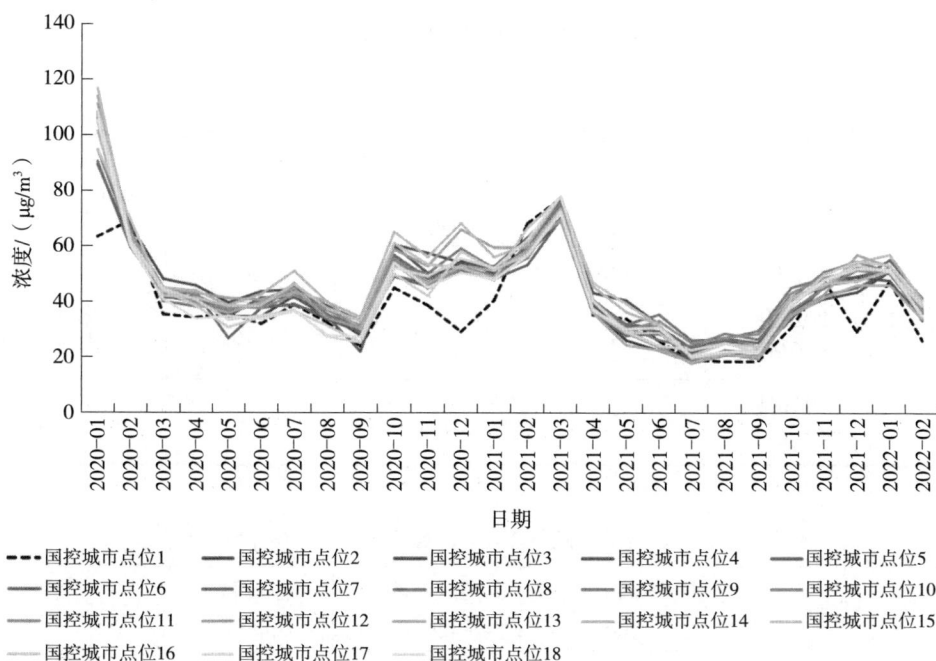

图 3-4-73　2020 年 1 月—2022 年 2 月西南地区 B 市各点位 $PM_{2.5}$ 月均值

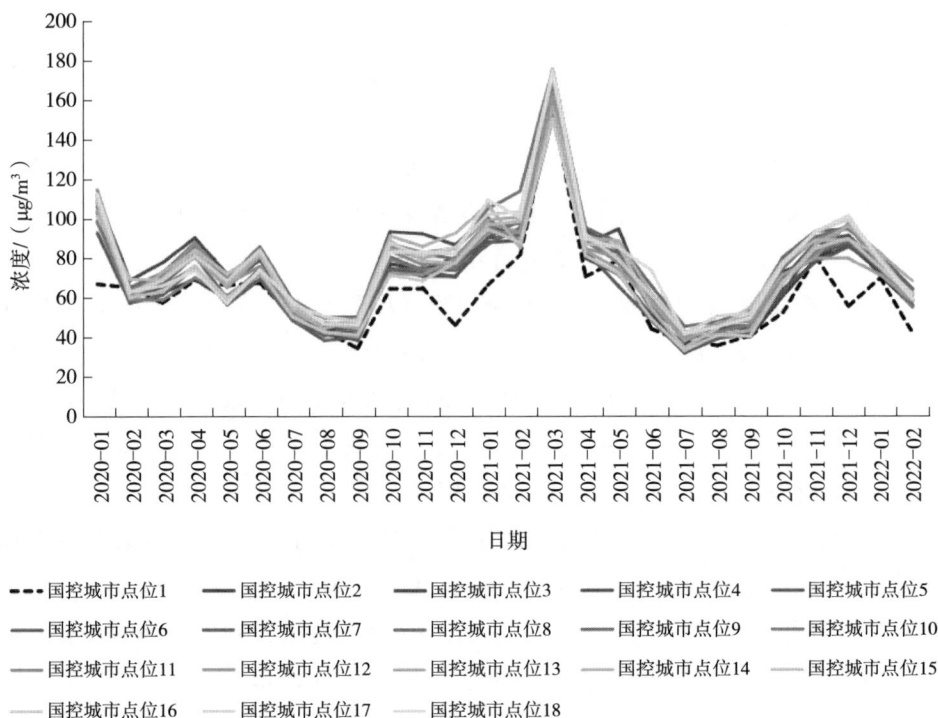

图 3-4-74　2020 年 1 月—2022 年 2 月西南地区 B 市各点位 PM₁₀ 月均值

表 3-4-12　"国控城市点位 1"与同城其他点位 PM$_{2.5}$ 均值及偏差

时间	国控城市点位 1/ （μg/m³）	其他点位均值 / （μg/m³）	绝对偏差 / （μg/m³）	相对偏差 /%
2022 年 2 月	26	37	−11	−29.7
2020—2021 年 秋冬季均值	42	52	−10	−19.1
2020—2021 年 春夏季均值	35	38	−3	−7.6

表 3-4-13　"国控城市点位 1"与同城其他点位 PM$_{10}$ 均值及偏差

时间	国控城市点位 1/ （μg/m³）	其他点位均值 / （μg/m³）	绝对偏差 / （μg/m³）	相对偏差 /%
2022 年 2 月	42	60	−18	−30.1

续表

时间	国控城市点位 1/ （$\mu g/m^3$）	其他点位均值 / （$\mu g/m^3$）	绝对偏差 / （$\mu g/m^3$）	相对偏差 /%
2020—2021 年 秋冬季均值	60	78	-18	-23.6
2020—2021 年 春夏季均值	64	72	-7	-10.1

该点位 NO_2 数据与同城其他点位相比出现长期分层，如图 3-4-75 所示，2020—2021 年累计相对偏差为 -41.9%，如表 3-4-14 所示。

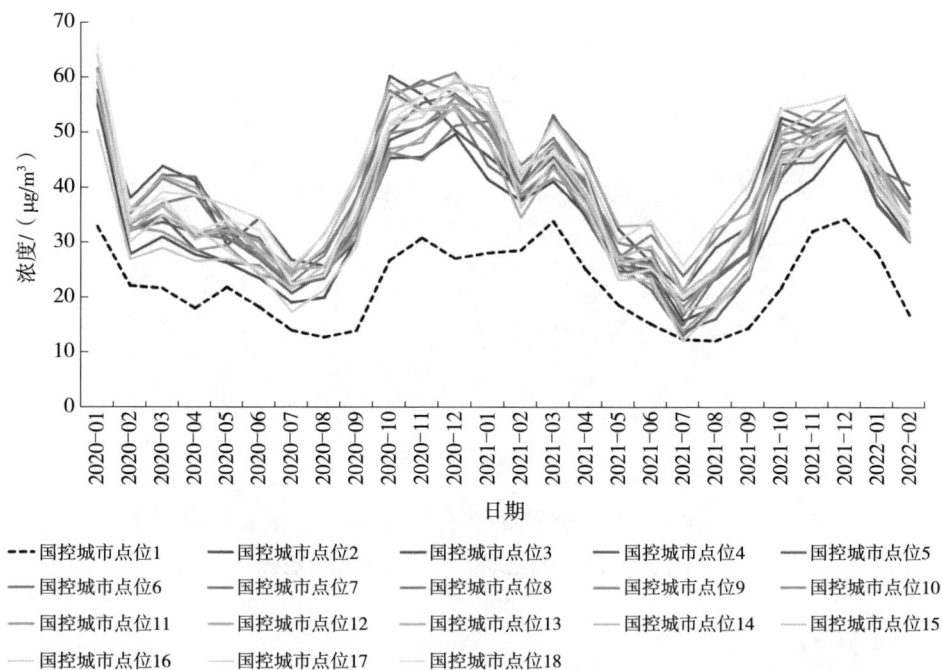

图 3-4-75 2020 年 1 月—2022 年 2 月西南地区 B 市各点位 NO_2 月均值

表 3-4-14 "国控城市点位 1"与同城其他点位 NO_2 均值及偏差

时间	国控城市点位 1/ （$\mu g/m^3$）	其他点位均值 / （$\mu g/m^3$）	绝对偏差 / （$\mu g/m^3$）	相对偏差 /%
2022 年 2 月	17	33	-17	-50.2
2020—2021 年均值	22	38	-16	-41.9

③监测仪器使用情况分析

西南地区 B 市所有点位颗粒物及 NO_2 监测仪器均为同品牌同型号监测仪器。

④地理位置及周边环境分析

西南地区 B 市共有 18 个国控城市点位，其中"国控城市点位 1"位于城区西北部，距城区 68.52 km，如图 3-4-76 所示。

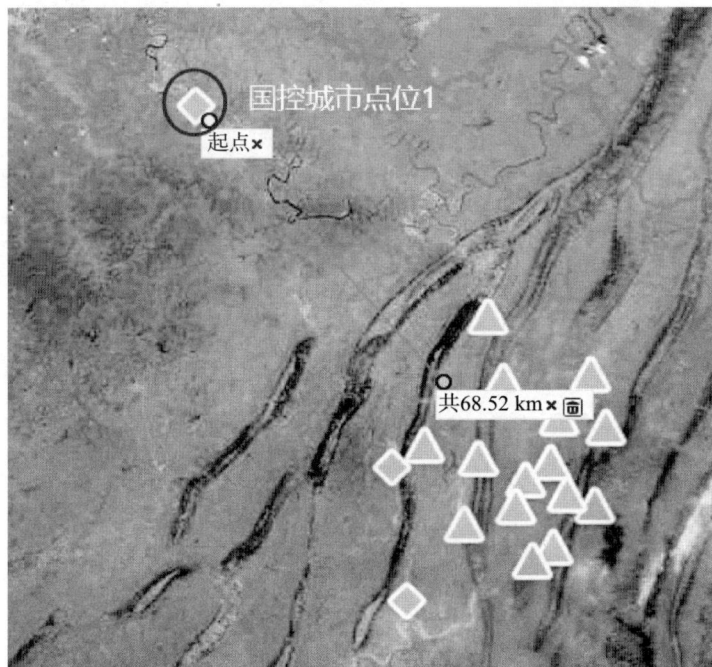

图 3-4-76　西南地区 B 市各点位位置图

案例二

➤ 案例介绍

华东地区 A 市"国控城市点位 1" $PM_{2.5}$、PM_{10} 颗粒物浓度在每年春夏季与同城其他点位相比，数据略有偏低分层，具体如图 3-4-77、图 3-4-78 所示（虚线框出部分为偏低分层数据）。"国控城市点位 1"位置较为偏远，距离最近点位超过 15 km，且周边环境较好；其他点位都位于市中心区域，且靠近城市河道。"国控城市点位 1"点位周边环境与市区点位存在差异，导致该点位颗粒物监测数据变化趋势与其他点位略有差异。

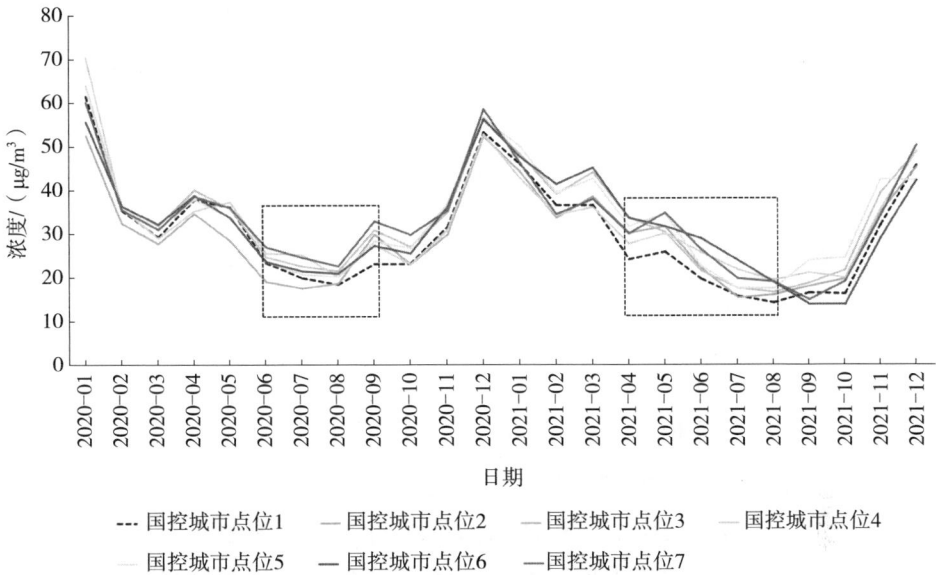

图 3-4-77　2020—2021 年华东地区 A 市各点位 PM$_{2.5}$ 月均值

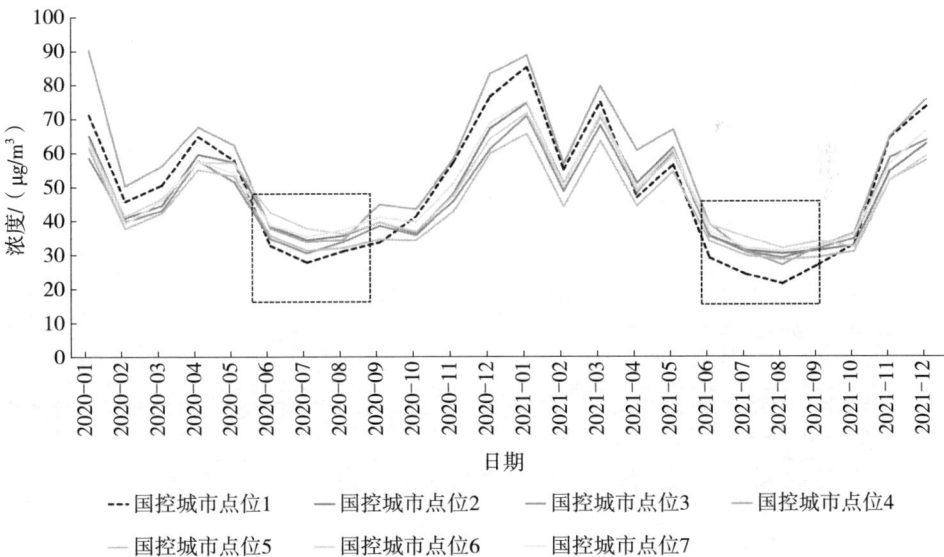

图 3-4-78　2020—2021 年华东地区 A 市各点位 PM$_{10}$ 月均值

➤ 案例分析

本案例使用了单点位相关污染物分析、多点位多项污染物数据变化趋势分析、日常运维情况分析和地理位置及周边环境分析的分析方法，判断该点位颗粒物数据季节性差异为该点位周边环境与同城其他点位周边环境存在差异导致，监测数据可以如实反映该点位周边空气质量情况。

①单点位相关污染物分析

"国控城市点位 1"的 $PM_{2.5}$ 数据浓度在 2021 年 4—8 月的月均值明显较同城其他点位存在差异，与其他点位相对偏差为 -22.7%，年均值与其他点位相对偏差为 -15.5%。

回顾 2020 年华东地区 A 市数据在 6—9 月也存在 $PM_{2.5}$ 数据较其他点位分层的情况，与其他点位相对偏差为 -15.3%，年均值与其他点位相对偏差为 -6.1%。前后两年数据较其他点位出现分层的时段为温度、湿度都比较高的春夏季，在冬春季数据与同城较为一致。

对比"国控城市点位 1"的 PM_{10} 数据，2021 年夏季也呈现类似较其他点位分层的趋势，且颗粒物占比（$PM_{2.5}/PM_{10}$）正常。$PM_{2.5}$ 和 PM_{10} 日均值数据变化趋势对比如图 3-4-79 所示，二者有同步变化的趋势。

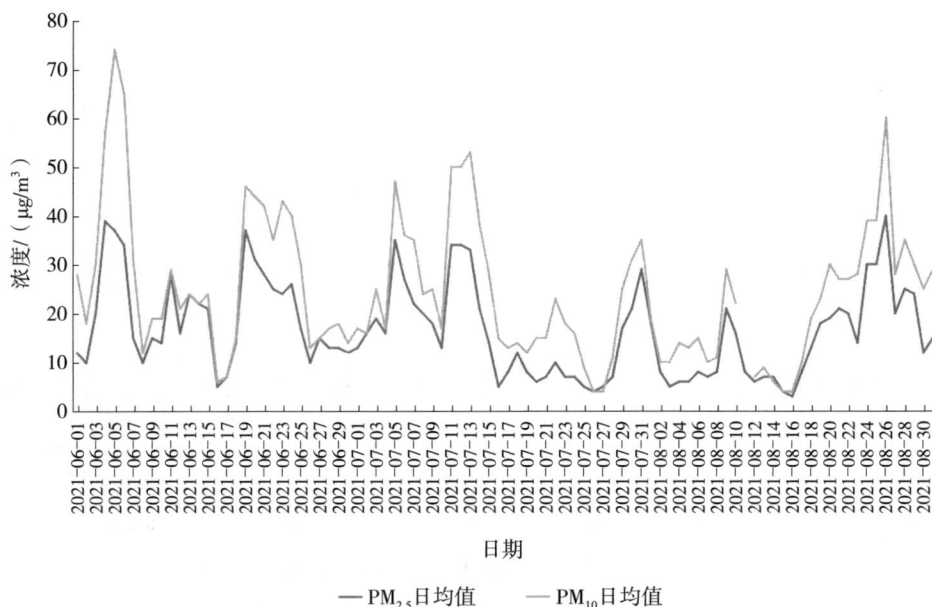

图 3-4-79　2021 年 6—8 月"国控城市点位 1"$PM_{2.5}$ 与 PM_{10} 日均值

该点位 PM_{10} 日均值数据在 2020 年 6—9 月、2021 年 6—9 月都有较其他点位分层的情况，与同城其他点位相对偏差分别为 -17.3% 和 -28.6%。

②多点位多项污染物数据变化趋势分析

除颗粒物外，"国控城市点位 1"其他各项污染物在 2020—2021 年的数据变化趋势中，NO_2 数据也有类似的在春夏季较其他点位分层的趋势，具体如图 3-4-80 所示（虚线框出部分为分层数据）。

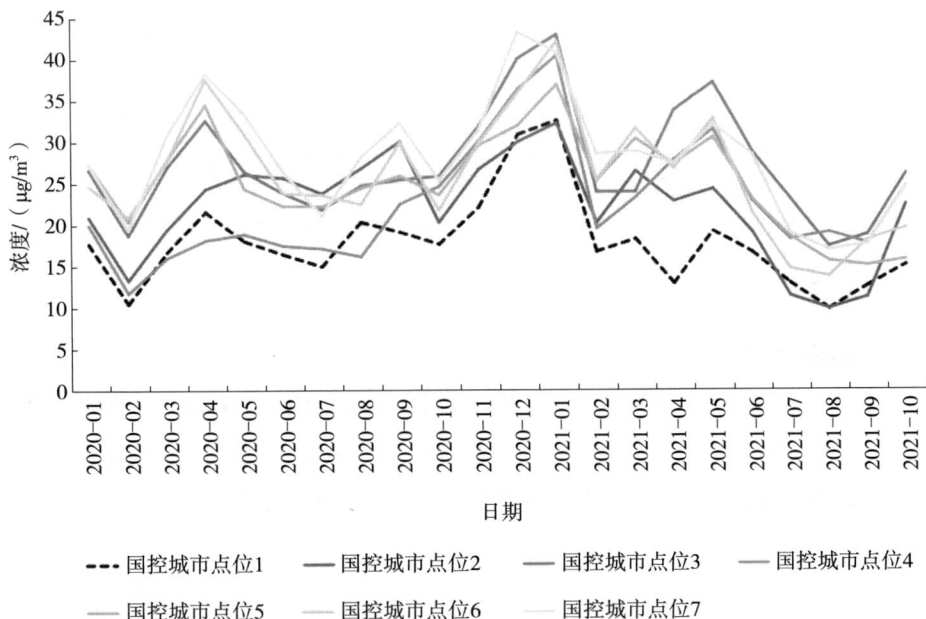

图 3-4-80　2020 年 1 月—2021 年 10 月华东地区 A 市各点位 NO_2 月均值

③日常运维情况分析

经运维单位核实，在"国控城市点位 1"监测数据较其他点位出现差异期间，对 $PM_{2.5}$ 监测仪器、PM_{10} 监测仪器等进行检查，均无问题，未发现异常。

④地理位置及周边环境分析

与同城其他点位相比，"国控城市点位 1"点位较为偏远，距离其最近点位 14.9 km，且点位周边环境较好，靠近农田。其他点位都位于市中心区域，城区工厂、企业及人流等较为密集，且靠近城市河道，水系发达，春夏季湿度较大，与"国控城市点位 1"周边小环境存在差异，具体环境地图如图 3-4-81 所示。

图 3-4-81 华东地区 A 市国控城市点位分布及其地貌卫星图位

案例三

➢ **案例介绍**

华东地区 A 市"国控城市点位 1"因距离城区较远，O_3 数据变化趋势与主城区各国控城市点位有一定差异，但与临近的 A 市"省控城市点位 2"数据变化趋势有较高一致性，主要是地理位置及周边环境差异导致，如图 3-4-82 所示。

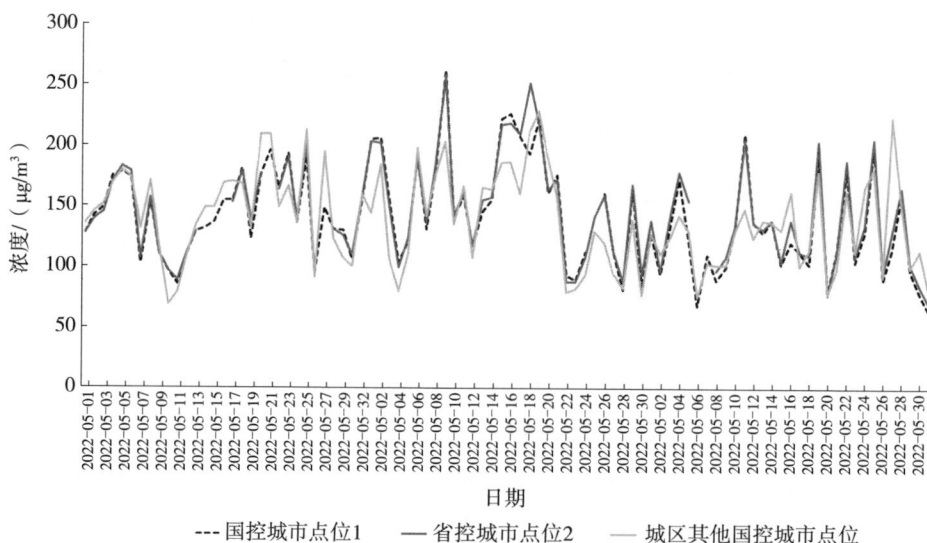

--- 国控城市点位1　　—— 省控城市点位2　　—— 城区其他国控城市点位

图 3-4-82　2022 年 5—7 月华东地区 A 市各点位 O_3 日均值

> **案例分析**

本案例中，通过地理位置及周边环境分析、单点位相关污染物分析、与相邻点位比较分析、与其他国控城市点位相比等分析方法，综合研判为地理环境的不同导致点位监测数据的差异。

①地理位置及周边环境分析

华东地区 A 市共有 13 个国控城市点位，其中"国控城市点位 1"位于城市北部。该点位所在区域地貌大部分为山区，地势北高南低，北部为丘陵山岗地区，中南部为河谷平原、山岗地区，南部为沿江平原圩区。该点位距离华东地区 A 市主城区各点位平均距离超过 30 km，靠近河流，附近为公园，周边环境、气象条件等与主城区有较大差异，如图 3-4-83 所示。

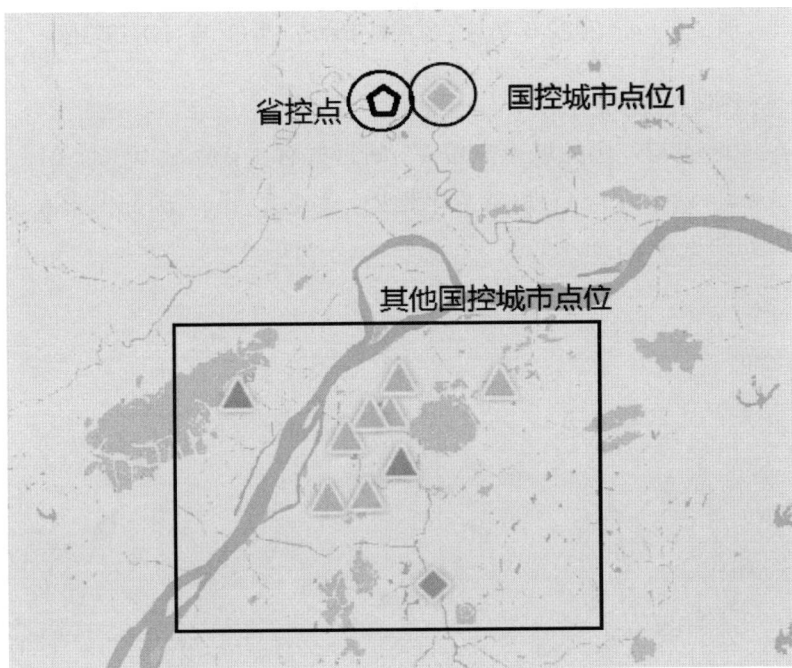

图 3-4-83　华东地区 A 市部分点位位置

②单点位相关污染物分析

华东地区 A 市"国控城市点位 1"NO_2 与 O_3 日均值具有一定的负相关性，如图 3-4-84 所示。

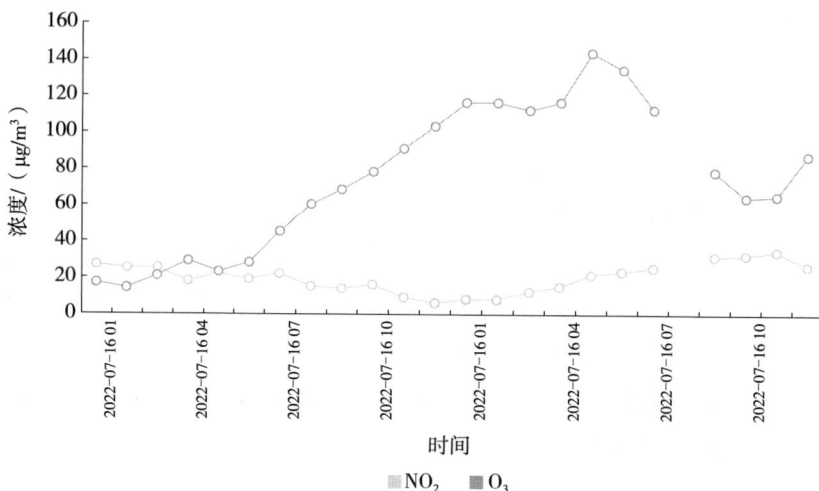

图 3-4-84　2022 年 7 月"国控城市点位 1" O_3 与 NO_2 日均值

③与相邻点位比较分析

华东地区 A 市"国控城市点位 1"附近另有"省控城市点位 2"，二者直线距离 3 km。两个点位 O_3 数据变化趋势一致性较好，"国控城市点位 1"点位偏低，如图 3-4-85 所示。

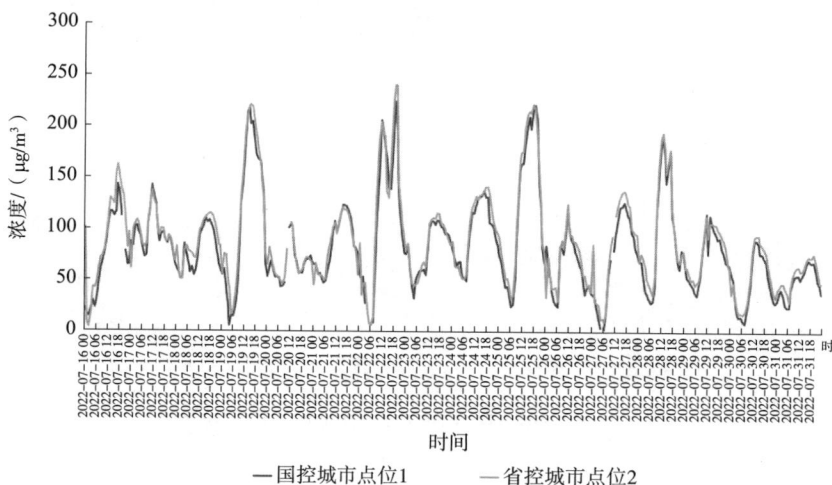

图 3-4-85　2022 年 7 月两个点位 O_3 小时值

"国控城市点位 1"与"省控城市点位 2" NO_2 小时值数据变化趋势一致性较好，如图 3-4-86 所示。

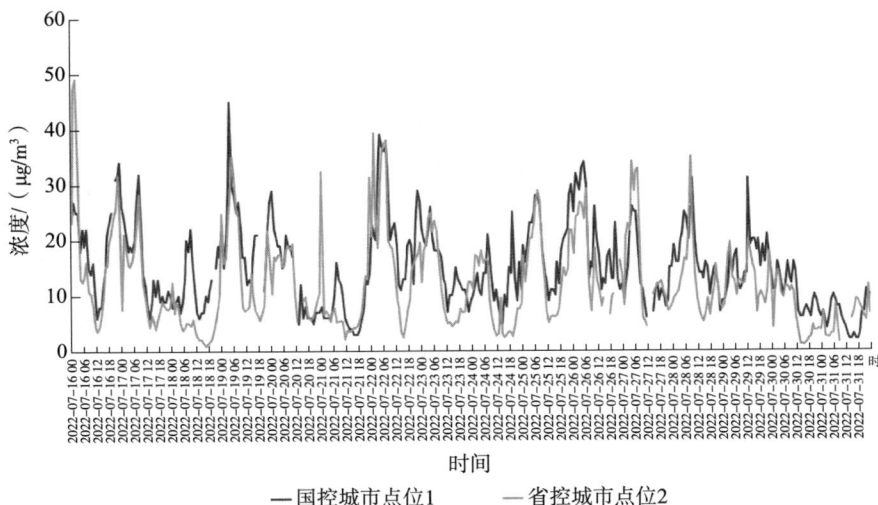

图 3-4-86　2022 年 7 月两个点位 NO$_2$ 小时值

④与其他国控城市点位相比

地理位置相近的"国控城市点位 1"与"省控城市点位 2"两个点位 O$_3$ 数据变化趋势较为一致，但与华东地区 A 市市区其他国控城市点位存在一定差异，如图 3-4-87、表 3-4-15 所示。

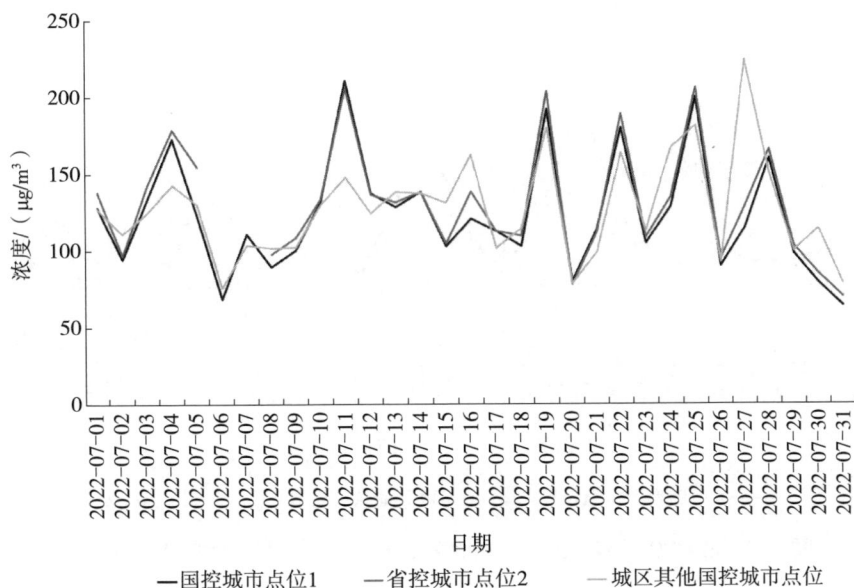

图 3-4-87　2022 年 7 月华东地区 A 市各点位 O$_3$ 日均值

表 3-4-15　2022 年 7 月华东地区 A 市各点位 O_3 数据及相对偏差

日期	国控城市点位 1/（μg/m³）	省控城市点位 2/（μg/m³）	其他国控城市点位 /（μg/m³）	国控城市点位 1 与省控城市点位 2 相对偏差 /%	国控城市点位 1 与其他国控城市点位均值相对偏差 /%
7 月 16 日	121	139	166	−13	−27
7 月 27 日	115	129	206	−11	−43

案例四

➢ **案例介绍**

东北地区 G 市"国控城市点位 1"因距离城区较远，$PM_{2.5}$、PM_{10} 浓度在 2021 年 12 月多天与同城其他点位分层，且浓度变化趋势不一致，但是与相邻 B 市"国控城市点位 2"浓度变化趋势较为一致，如图 3-4-88、图 3-4-89 所示。

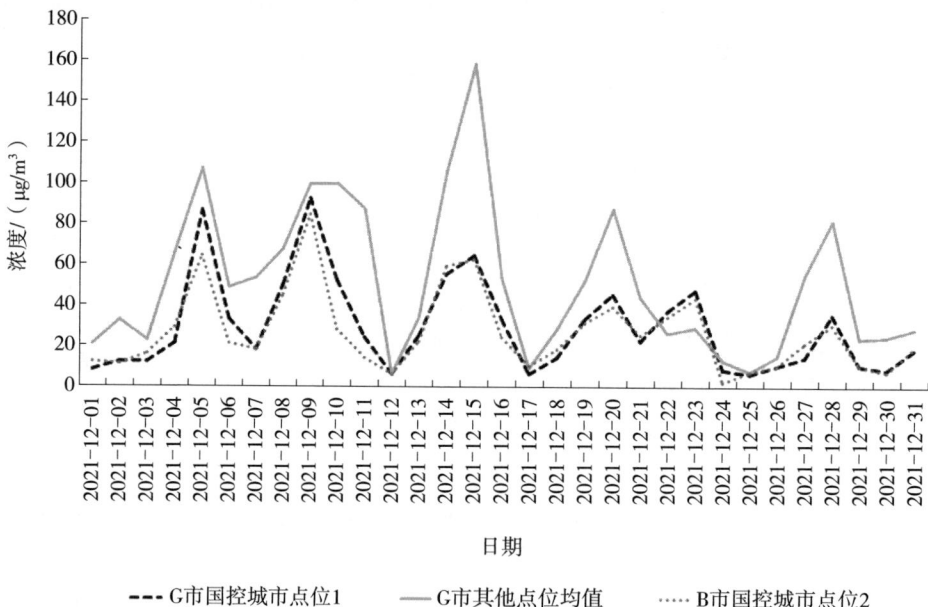

- - - G市国控城市点位1　——— G市其他点位均值　········ B市国控城市点位2

图 3-4-88　2021 年 12 月东北地区 G 市和 B 市部分点位 $PM_{2.5}$ 日均值

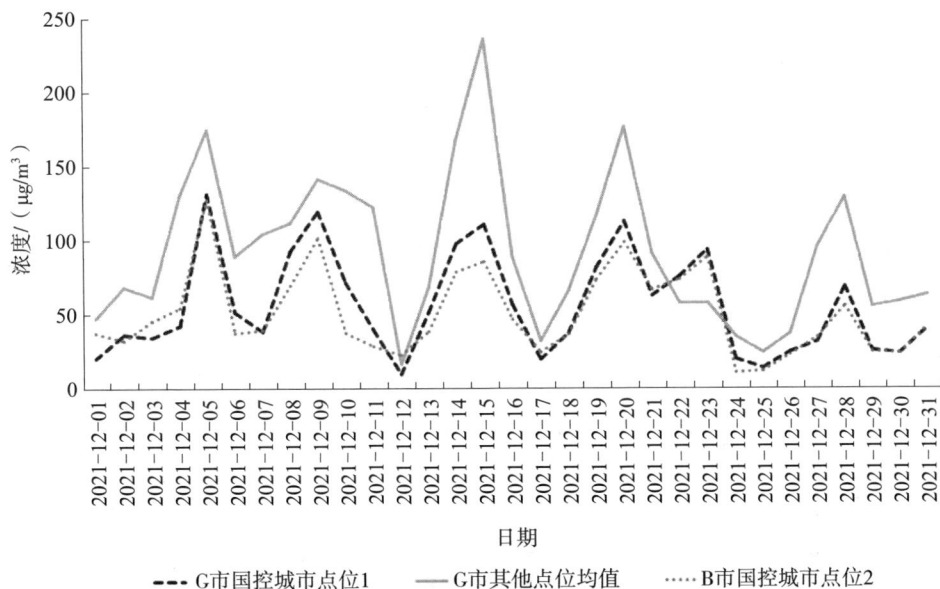

图 3-4-89　2021 年 12 月东北地区 G 市和 B 市部分点位 PM_{10} 日均值

➤ **案例分析**

本案例使用了多点位多项污染物数据变化趋势分析、多点位历史同期数据变化趋势分析和地理位置及周边环境分析 3 种分析方法。

①多点位多项污染物数据变化趋势分析

与同城其他点位相比，东北地区 G 市"国控城市点位 1"颗粒物数据在 2021 年 12 月多天明显分层，在浓度较高的 12 月 15 日，$PM_{2.5}$ 浓度较其他点位绝对偏差超过 90 $\mu g/m^3$，PM_{10} 浓度绝对偏差超过 120 $\mu g/m^3$。但该点位颗粒物数据与 B 市"国控城市点位 2"的变化趋势高度一致，同升同降，大部分日期两点位均比 G 市其他点位偏低分层，但是 12 月 22—23 日又同步偏高。

②多点位历史同期数据变化趋势分析

回顾 2020—2021 年月均值数据，东北地区 G 市"国控城市点位 1"颗粒物数据与同城其他点位相比，与 B 市"国控城市点位 2"变化趋势更加一致，如图 3-4-90、图 3-4-91 所示。2020 年和 2021 年 12 月，G 市其他点位颗粒物数据较上个月有所升高，但是"国控城市点位 1"与 B 市的颗粒数据较上个月有所下降。

环境空气质量自动监测数据审核复核技术要求与典型案例分析
HUANJING KONGQI ZHILIANG ZIDONG JIANCE SHUJU SHENHE FUHE JISHU YAOQIU YU DIANXING ANLI FENXI

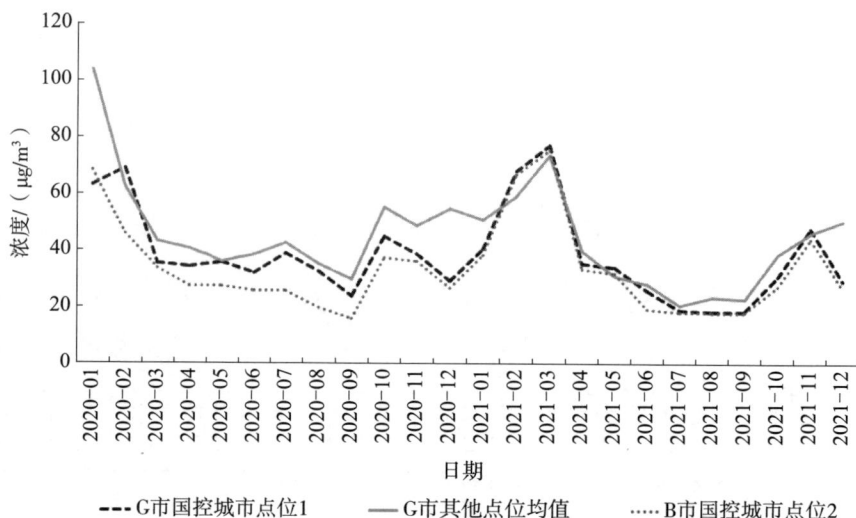

图 3-4-90　2020 年 1 月—2021 年 12 月东北地区 G 市与
B 市部分点位 $PM_{2.5}$ 月均值

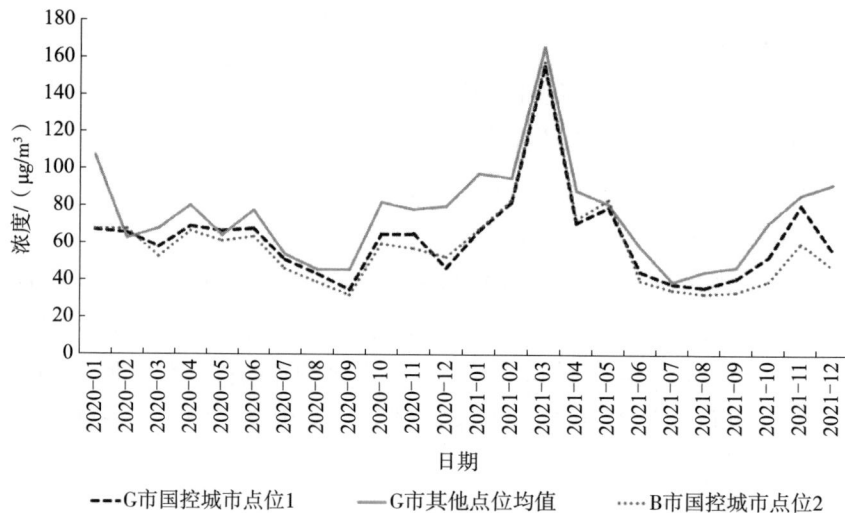

图 3-4-91　2020 年 1 月—2021 年 12 月东北地区 G 市与
B 市部分点位 PM_{10} 月均值

③地理位置及周边环境分析

东北地区 G 市"国控城市点位 1"位于城区东部，如图 3-4-92 所示，距城区约 40 km，但与相邻 B 市"国控城市点位 2"相距约 12 km，且两点位均靠近山脉，周边环境相似。

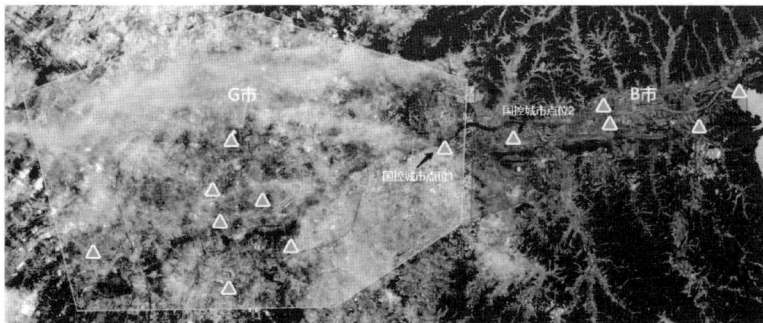

图 3-4-92　东北地区 G 市各点位位置

案例五

➤ 案例介绍

　　距离城区大多数点位较远的华北地区 A 市"国控城市点位 1"在 2022 年 7 月 14 日、15 日、17 日 O_3 监测数据较同城其他点位偏差较大，但距离其最近的 B 市"国控城市点位 17"的 O_3 监测数据与其数据变化趋势一致，并无异常，如图 3-4-93 所示。

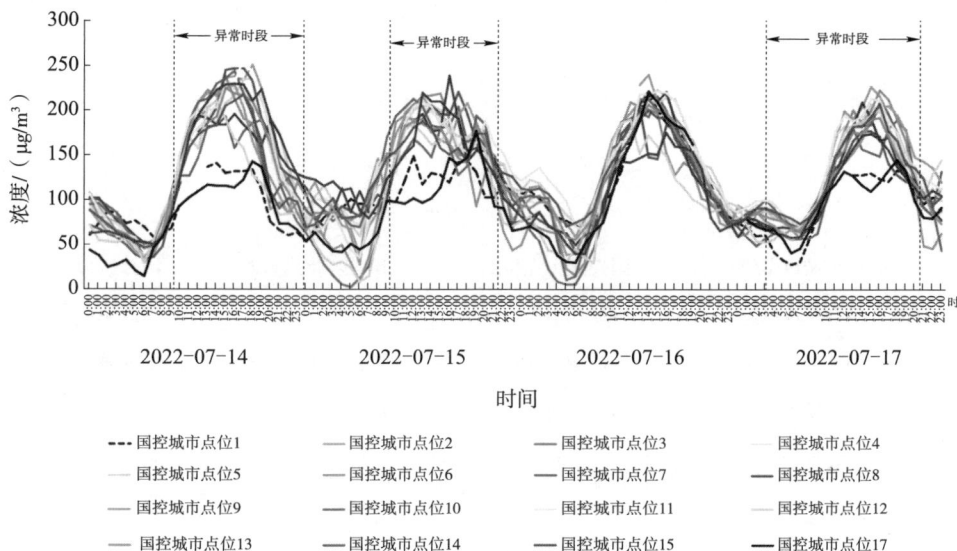

图 3-4-93　2022 年 7 月 14—17 日华北地区 A 市各点位和
B 市"国控城市点位 17" O_3 小时值

➤ 案例分析

本案例使用了多点位单项污染物数据变化趋势分析、单点位相关污染物分析、日常运维情况分析、地理位置及周边环境分析和目标城市与周边城市点位比较分析的方法。

①多点位单项污染物数据变化趋势分析

2022 年 7 月 14—17 日华北地区 A 市"国控城市点位 1"O_3 监测数据多次出现数据变化趋势与同城其他点位差异较大的现象，如图 3-4-94 所示，尤其在 7 月 14 日、15 日和 17 日 O_3 高浓度时段，"国控城市点位 1"较同城其他点位偏差较大。通过查看日均值，"国控城市点位 1"在 7 月 14 日、15 日和 17 日与同城其他点位均值的相对偏差分别为 -31%、-28% 和 -28%，偏差较大，如表 3-4-16 所示。

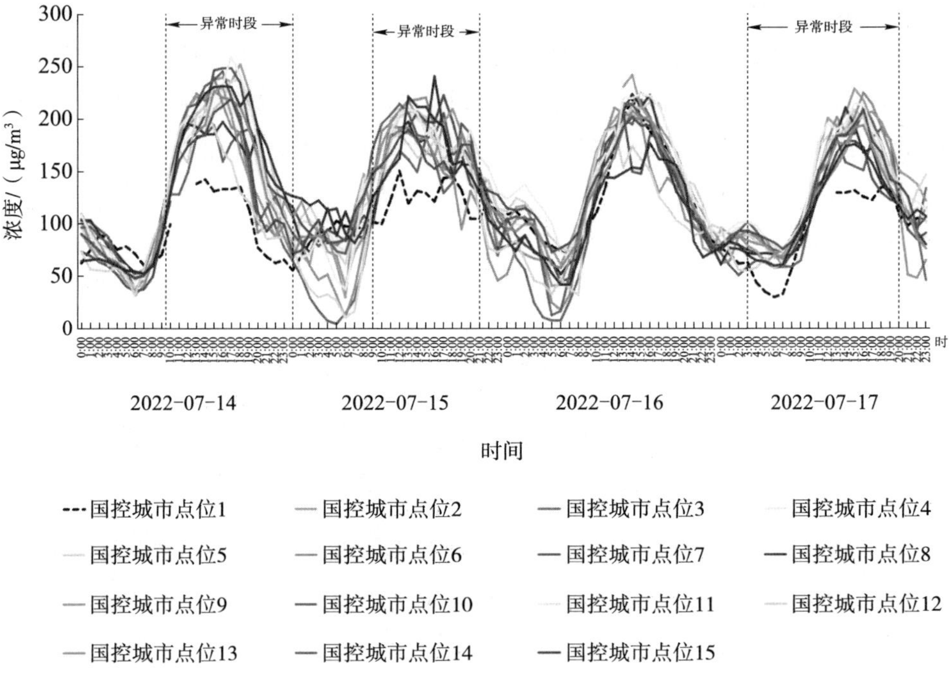

图 3-4-94 2022 年 7 月 14—17 日华北地区 A 市各点位 O_3 小时值

表 3-4-16　2022 年 7 月 14—17 日华北地区 A 市 O_3 浓度日均值及
同城其他国控点位日均值偏差

日期	国控城市点位 1/（$\mu g/m^3$）	同城其他国控点位日均值/（$\mu g/m^3$）	绝对偏差/（$\mu g/m^3$）	相对偏差/%
2022-07-14	134	195	-61	-31
2022-07-15	133	185	-52	-28
2022-07-16	185	179	6	3
2022-07-17	128	177	-49	-28

②单点位相关污染物分析

在 2022 年 7 月 14—17 日"国控城市点位 1"O_3 浓度变化趋势较同城其他点位出现偏差时段内，该点位 NO_2 浓度变化趋势与 O_3 浓度变化趋势负相关性较好，并无异常，且 NO_2 浓度变化趋势在 O_3 异常时段也较同城其他点位存在偏差，如图 3-4-95、图 3-4-96 和表 3-4-17 所示。由此判断，"国控城市点位 1"的 O_3 数据没有明显异常，需进一步分析。

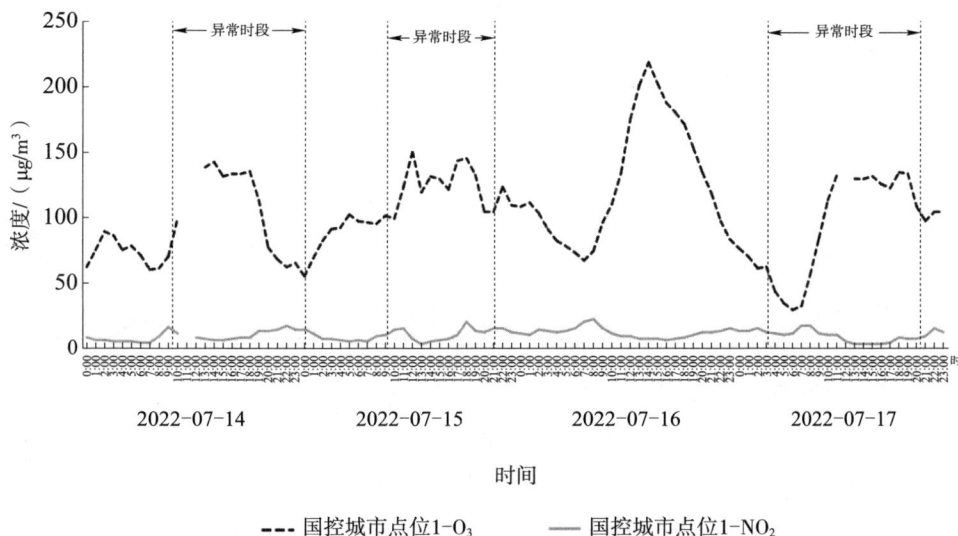

图 3-4-95　2022 年 7 月 14—17 日华北地区 A 市"国控城市点位 1"
O_3 和 NO_2 小时值

214

环境空气质量自动监测数据审核复核技术要求与典型案例分析
HUANJING KONGQI ZHILIANG ZIDONG JIANCE SHUJU SHENHE FUHE JISHU YAOQIU YU DIANXING ANLI FENXI

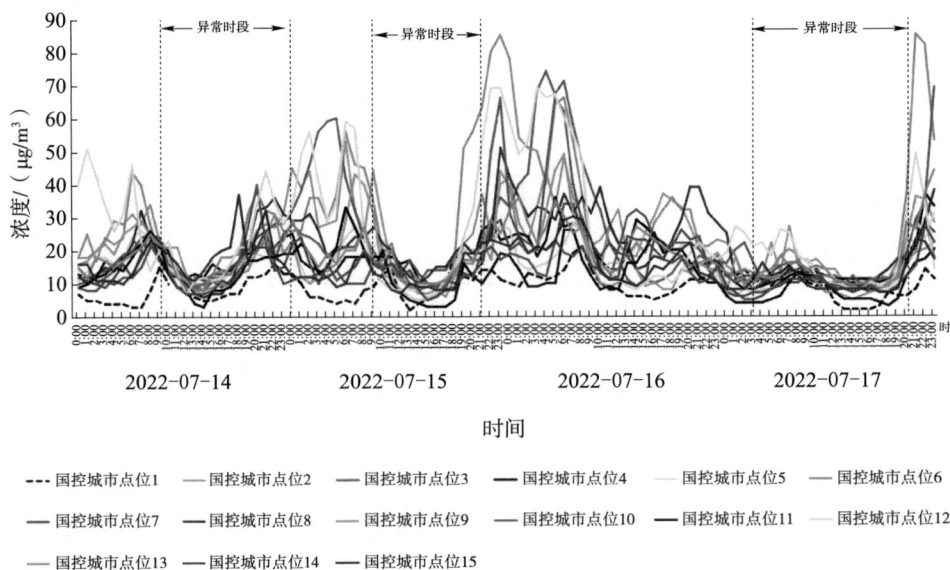

图 3-4-96　2022 年 7 月 14—17 日华北地区 A 市"国控城市点位 1"NO$_2$ 小时值

表 3-4-17　2022 年 7 月 14—17 日华北地区 A 市 NO$_2$ 浓度日均值及
同城其他国控点位日均值偏差

日期	国控城市点位 1/（μg/m³）	同城其他国控点位日均值 /（μg/m³）	绝对偏差 /（μg/m³）	相对偏差 /%
2022-07-14	8	20	-12	-59
2022-07-15	9	22	-13	-59
2022-07-16	20	23	-3	-12
2022-07-17	8	15	-7	-47

③日常运维情况分析

经核实，在 2022 年 7 月 14 日华北地区 A 市"国控城市点位 1"O$_3$ 数据变化趋势开始出现异常的当天，运维人员进入该点位进行了周巡检，对 O$_3$ 监测仪进行了零跨检查，结果为合格。7 月 17 日，因 O$_3$ 数据异常，运维人员进入站房专门对 O$_3$ 监测仪器进行跨度、零点检查，采样风机检查，O$_3$ 支管检查，O$_3$ 滤筒、滤膜检查，检查结果均为合格，如图 3-4-97、图 3-4-98 所示。

零点	2022-07-14 10:14	2022-07-14 10:30	0 PPB	0.5	PPB	-	PPB
满量程的80%	2022-07-14 10:30	2022-07-14 10:45	400 PPB	399.5	PPB	-	PPB
零点漂移(PPB)		0.5					PPB
跨度漂移(%)		-0.1					%

站点校准信息自动获取失败手工补录	* 零点显示值响应浓度	1.0	PPB
	* 满量程的80%显示值响应浓度	401	PPB
	零点漂移	1.0	PPB
	跨度漂移	0.25	%

检查项目	* 正常范围	* 检查值	异常时处理记录
测量信号(测量电压/紫外测量检测器信号)	2500~4800 mV(API) 1.5~4.096 V(聚光) 500~4800 mV(ESA) 45000~150000 HZ(赛默飞) 2300~5200 mV(天虹) 2000~4900 mV(新先河) 2000~4900 mV(新先河V2.0)	A: 62390.167 B: 62390.167	
参比信号(参比电压/紫外参考检测器信号	2500~4800 mV(API) 1.5~4.096 V(聚光) 500~4800 mV(ESA) 45000~150000 HZ(赛默飞)	A: 97348.583	

图 3-4-97 2022 年 7 月 14 日华北地区 A 市"国控城市点位 1"监测仪器周巡检工单

市（区、县）:		站点名称:	▼
运维单位:			
是否作废:	○ 是　◉ 否		

项目	工作内容
* 其他需要记录的内容	O3跨点、零点检查，采样风机检查，O3支管检查，O3滤筒，滤膜检查（未见异常），采样数据正常。 拍摄站房周边环境照片，此站点位于大山深处中心地势较高，多山林树木，地势空旷，远离城市污染，导致该区域污染浓度相对较小。

* 巡检人	▼	* 进站房时间	2022-07-17 10:45:39
		* 出站房时间	2022-07-17 11:35:44

注：每次巡检结束离开子站前，由巡检人员填写此表。

所用耗材

耗材名称	数量	图片	上传时间
留痕	1		2022-07-17 11:21

图 3-4-98 2022 年 7 月 17 日华北地区 A 市"国控城市点位 1"监测仪器周巡检工单

④地理位置及周边环境分析

华北地区 A 市共有 15 个国控城市点位，其中"国控城市点位 1"位于 A 市北部，与同城其他点位距离较远，A 市其他国控城市点位均位于 A 市城中心。在图 3-4-98 工单中，有显示"国控城市点位 1"站房周边环境照片，该点位于大山深处，地势较高，周围多山林树木，地势空旷，远离城市污染，导致该区域污染浓度相对较小。

如图 3-4-99 所示，华北地区 B 市位于 A 市西北方向，B 市的"国控城市点位 17"与 A 市的"国控城市点位 1"距离较近，且周边环境相似。

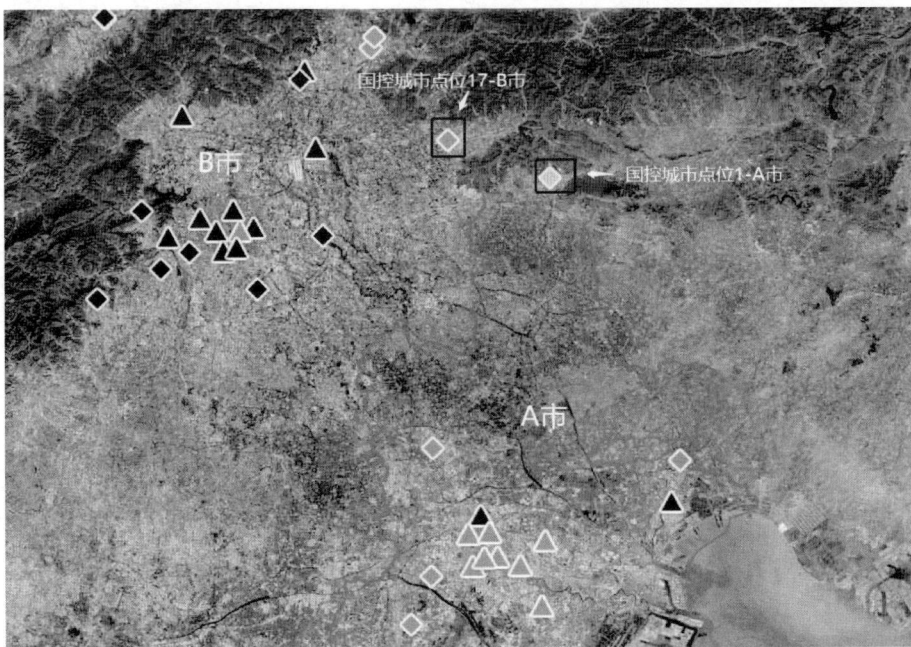

图 3-4-99 华北地区 A 市和 B 市各点位位置图

⑤目标城市与周边城市点位比较分析

如图 3-4-100 所示，2022 年 7 月 14—17 日华北地区 A 市"国控城市点位 1"O_3 异常时段的数据变化趋势与 B 市"国控城市点位 17"的 O_3 小时数据变化趋势较为一致。由此判断，2022 年 7 月 14—17 日华北地区 A 市"国控城市点位 1"O_3 数据并无明显异常。

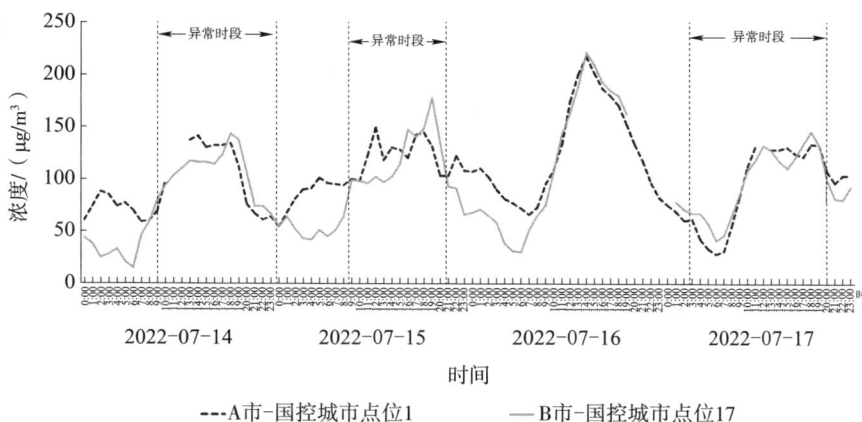

图 3-4-100　2022 年 7 月 14—17 日华北地区 A 市"国控城市点位 1"和
B 市"国控城市点位 17"O_3 小时值

➤ **案例点评**

对于点位较多的城市，某点位距离城区其他点位较远，会出现单项或多项污染物数据变化趋势与同城其他点位存在差异的现象。运维单位应检查点位周边环境，核实点位位置，检查仪器运行状态，必要时可进行联机比对，确认监测仪器是否正常运行。

排除仪器问题，回顾历史数据，某些点位的颗粒物数据具有季节性分层的特征，且 $PM_{2.5}$ 和 PM_{10} 数据变化趋势大体一致，如在案例一中，"国控城市点位 1"在远离城市的郊区，秋冬季颗粒物数据较同城其他点位出现分层，历年也存在类似分层现象；在案例二中，"国控城市点位 1"在夏季较其他点位出现分层。具有以上特征的点位，其数据分层是由地理位置、周边小环境差异导致的，可以客观反映周边环境情况。

此外，因远离城区，这些点位数据与同城其他国控城市点位可比性小，可以选择与其周边省控城市点位、区县点位甚至邻近城市的国控点位数据进行对比分析，如在案例三中与省控点位相比，在案例四和案例五中与邻近城市的国控点位相比，来分析数据变化趋势是否正常。

（五）突发环境影响

➤ **案例介绍**

2022 年 4 月 4 日 13 时前后，华东地区 A 市"国控城市点位 1"6 项污

环境空气质量自动监测数据审核复核技术要求与典型案例分析
HUANJING KONGQI ZHILIANG ZIDONG JIANCE SHUJU SHENHE FUHE JISHU YAOQIU YU DIANXING ANLI FENXI

染物浓度突然升高，数据明显高于其他点位；14 时数据明显下降，恢复至与其他点位一致，具体数据变化如图 3-4-101、图 3-4-102 所示（以颗粒物为例）。经核实，该点位东侧某小区内临时建筑垃圾堆放点突发小型火灾，后经消防、公安等专业力量到场进行扑救。火灾导致当日 13 时"国控城市点位 1"6 项污染物浓度突然升高。

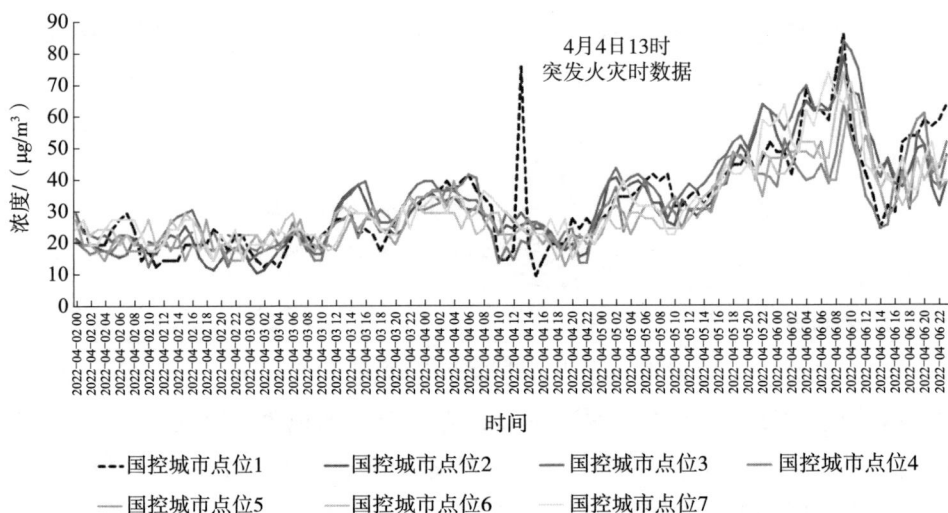

图 3-4-101　2022 年 4 月 2—6 日华东地区 A 市各点位 PM$_{2.5}$ 小时值

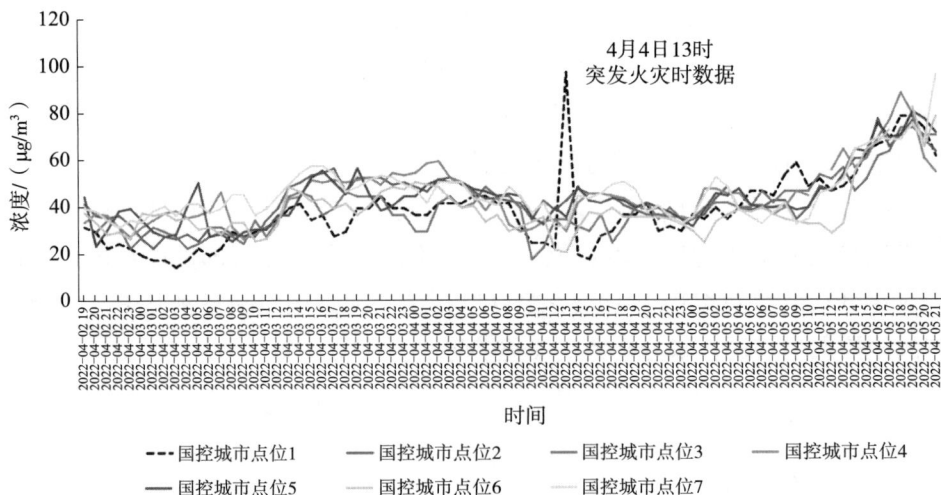

图 3-4-102　2022 年 4 月 2—5 日华东地区 A 市各点位 PM$_{10}$ 小时值

> **案例分析**

本案例中，使用多点位多项污染物数据变化趋势分析，发现点位在同一时间点，多项污染物都有突升。经日常运维情况分析，发现点位东侧附近小区内突发火灾，并将情况拍照留存。结合地理位置及周边环境分析，确定点位周边火灾的影响范围和时段。

①多点位多项污染物数据变化趋势分析

2022 年 4 月 4 日 13 时，"国控城市点位 1"的 6 项污染物数据突升，尤其是 $PM_{2.5}$、PM_{10} 数据升高明显，$PM_{2.5}$ 数据由 12 时的 17 $\mu g/m^3$ 上升至 13 时的 75 $\mu g/m^3$；PM_{10} 数据由 12 时的 22 $\mu g/m^3$ 上升至 13 时的 97 $\mu g/m^3$。14 时后"国控城市点位 1"数据与同城其他点位基本恢复一致，具体数据变动计算结果如表 3-4-18 所示。

表 3-4-18　2022 年 4 月 4 日 12—14 时华东地区 A 市"国控城市点位 1"和其他点位对比数据

时间	点位名称	SO_2	NO_2	O_3	CO/（mg/m³）	PM_{10}	$PM_{2.5}$
12：00	国控城市点位 1/（μg/m³）	1	7	123	0.3	22	17
	其他点位均值/（μg/m³）	9	29	95	0.5	33	23
	相对偏差/%	-88.5	-75.7	30.2	-29.8	-33.0	-24.4
13：00	国控城市点位 1/（μg/m³）	10	23	127	0.5	97	75
	其他点位均值/（μg/m³）	8	27	108	0.5	32	24
	相对偏差/%	22.4	-14.8	18.1	-4.1	204.7	208.2
14：00	国控城市点位 1/（μg/m³）	1	6	133	0.3	19	19
	其他点位均值/（μg/m³）	8	22	118	0.5	40	24
	相对偏差/%	-86.7	-73.1	13.0	-40.4	-52.7	-20.8

②日常运维情况分析

根据地方反馈，华东地区 A 市"国控城市点位 1"东侧某小区内临时建筑垃圾堆放点突发小型火灾。12 时 10 分小区物业进行扑救，由于条件限制，未能将火扑灭，12 时 22 分前后属地公安、消防等专业力量到场扑救，12 时 40 分前后现场处置成功。

经现场勘查，起火点位于"国控城市点位 1"东侧约 35 m 处，12 时实时风向为东风，由于当时火势较大，现场浓烟及颗粒物等顺风势向国控城市点位飘散，导致该点位实时颗粒物等监测物浓度迅速升高。

运维单位及时到达现场核实情况，将该点位东侧附近小区内的火情情况拍照留存，具体如图 3-4-103、图 3-4-104 所示。

图 3-4-103 "国控城市点位 1"东侧小区内火情（1）

图 3-4-104 "国控城市点位 1"东侧小区内火情（2）

③地理位置及周边环境分析

根据华东地区 A 市各国控城市点位分布可知，"国控城市点位 1"位于城市东北方向，远离市区及其他点位。当日火灾未对其他点位 6 项污染物数据产生影响，具体点位分布如图 3-4-105 所示。

图 3-4-105　华东地区 A 市国控城市点位分布及其地貌卫星图

注：图片右上角方框中的菱形位置为"国控城市点位 1"的位置。

➤ **案例点评**

点位的多项污染物数据在某时段同时突升，可能受到周边实际突发事件的污染影响，事件结束后，各项污染数据同时下降至正常水平。该情况需要运维单位及时到达现场对数据突升情况进行核实，判断是否为不可抗力引起的例外事件。

在实际运维中，如果地方生态环境部门或运维单位发现突发事件，应及时汇报具体污染情况，辅助数据审核及分析。

参考文献

［1］环境保护部.关于发布国家环境质量标准《环境空气质量标准》的公告 [I].
2012 年 2 月 29 日，公告 2012 年第 7 号.

［2］国务院.大气污染防治行动计划 [Z].2013 年 9 月 10 日，国发〔2013〕
37 号.

［3］国务院办公厅.大气污染防治行动计划实施情况考核办法（试行）[Z].
2014 年 4 月 30 日，国办发〔2014〕21 号.

［4］环境保护部，发展改革委，工业和信息化部，财政部，住房城乡建设部，
能源局.大气污染防治行动计划实施情况考核办法（试行）实施细则 [Z].
2014 年 7 月 18 日，环发〔2014〕107 号.

［5］国务院办公厅.生态环境监测网络建设方案 [Z].2015 年 7 月 26 日，国办
发〔2015〕56 号.

［6］环境保护部.关于印发《国家生态环境质量监测事权上收实施方案》的通
知 [Z].2015 年 12 月 30 日，环发〔2015〕176 号.

［7］中共中央办公厅，国务院办公厅.关于深化环境监测改革提高环境监测数
据质量的意见 [Z].2017 年 9 月 21 日.

［8］生态环境办公厅.关于印发《国家环境空气质量监测网城市站运行管理办
法》的通知 [Z].2020 年 6 月 11 日，环办监测〔2020〕15 号.

［9］中国环境监测总站.关于《国家环境空气质量监测网城市站运行管理
技术要求（试行）》的通知 [Z].2020 年 10 月 28 日，总站气字〔2020〕
486 号.

［10］中国环境监测总站.关于印发《国家环境空气质量监测网城市点位数据
审核复核工作规定》的通知 [Z].2022 年 1 月 10 日，总站气字〔2022〕
16 号.

［11］中国环境监测总站.关于印发《地方生态环境部门申请国家环境空气质

量监测网城市点位异常数据复核技术规定（试行）》的通知 [Z]. 2022 年 1 月 10 日，总站气字〔2022〕20 号.

［12］环境保护部. 关于发布国家环境保护标准《环境空气质量指数（AQI）技术规定（试行）》的公告 [Z]. 2012 年 2 月 29 日，公告 2012 年第 8 号.

［13］环境保护部. 环境监测质量管理技术导则：HJ 630—2011 [S]. 北京：中国环境科学出版社，2011.

［14］中华人民共和国国家质量监督检验检疫总局，中国国家标准化管理委员会数据的统计处理和解释　正态样本离群值的判断和处理：GB/T 4883—2008 [S]. 北京：中国标准出版社，2008.

［15］环境保护部. 环境空气气态污染物（SO_2、NO_2、O_3、CO）连续自动监测系统技术要求及检测方法：HJ 654—2013 [S]. 北京：中国环境出版社，2013.